例題で学ぶ

はじめてのメカトロ制御

臼田昭司 著

技術評論社

はじめに

メカトロ制御とは、メカトロニクスのことを指します。メカトロニクス（*Mechatronics*）とは、さまざまなメカ部品や電子機器が組み込まれている機械を制御する技術の総称です。機械を電子回路によって制御することを意味します。メカトロニクスという言葉は、日本で生み出された造語で、機械工学（メカニクス）と電子工学（エレクトロニクス，*Electronics*）の合成語です。“メカトロ”とはメカトロニクスを短くした表現で、“メカトロ制御”はメカトロニクスの制御技術を総称した表現になります。

本書は、メカトロ制御に必要となる半導体センサ、メカトロセンサ、シーケンス制御、*PLC* 制御について解説した入門書です。各章の概要は以下のようになります。

第 1 章は、「プロローグ」と題して、信号の入力部に相当する半導体センサとメカ制御の駆動源に使用される *DC* モータについて総論します。

第 2 章は、「メカトロ制御の構成要素 半導体編」と題して、メカトロ制御で使用する主要な構成要素となる代表的な電子部品として半導体素子について説明します。半導体の基礎的な知識を含めながら説明します。

第 3 章は、「メカトロ制御の構成要素 メカ機器編」と題して、メカトロ制御で使用する主要な駆動要素であるアクチュエータについて説明します。最初に、アクチュエータの基礎について説明し、次に、電動アクチュエータについて説明します。また、構造と動作が単純で機械負荷を直接駆動することができるソレノイドついて説明します。

第 4 章は、「メカトロセンサ」と題して、半導体方式からメカ方式まで幅広く数多くあるセンサを“メカトロセンサ”と呼称し、半導体型センサとして光電センサと近接センサを、メカ方式のセンサとしてマイクロスイッチを取り上げます。これらセンサの概要から基本構造と動作原理、代表的な特性ついて説明します。

第 5 章は、「リレーシーケンス」と題して、電磁リレーを使用したリレーシーケンスについて説明します。最初に、電磁リレーの基本構成について説明した後、リレーシーケンスの基本になっている基本論理回路について図記号と真理値表を用いて説明します。最後に、基本論理回路を組み合わせた代表的な応用回路についてシーケンスと動作について説明します。

第 6 章は、「*PLC* の基礎」と題して、メカトロ制御では必要不可欠となる *PLC*（*Programmable Logic Controller*）の特徴や *PLC* のプログラミング方式、*PLC* の基本構成について説明します。次に、*PLC* のプログラムを図式化したラダー図について説明し、ラダーシンボルを用いてシーケンス回路図を図式化します。最後に、*PLC*の入力リレーと出力リレーについて、具体的なリレー回路を例に説明します。

第7章は、「*PLC*の実際」と題して、*PLC*で使用するラダー図（ラダープログラム）を作成します。使用する*PLC*の機種とプログラム作成ソフトはメーカや機種により異なりますが、基本的な作成法については大きな差異はありません。本書では、汎用*PLC*である*OMRON*社製プログラムリレー*ZEN*と*ZEN*サポートソフトを使用します。具体的には、サポートソフトで自己保持回路とタイマを使用したタイマ回路のラダー図を作成します。次に、パソコンから*PLC*にラダー図を転送し、自作の「実験*PLC*制御ボード」を使用してメカトロ制御の模擬実験を行います。

付録*A*「トグルスイッチ、押しボタンスイッチ、パイロットランプ」では、実験*PLC*ボードに組み込んだトグルスイッチと押しボタンスイッチについて説明します。

付録*B*「パワー・トランジスタとフォトカプラを組み合わせた直流無接点スイッチ」では、半導体であるトランジスタで回路を*ON/OFF*する無接点スイッチの回路設計と実験例を説明します。

付録*C*「デジタル・マルチ・サーキットプロテクタ」では、遮断電流値や警報値をデジタルで設定できる*OMRON*社製多機能型直流回路保護装置（デジタル・マルチ・サーキットプロテクタ、直流無接点プロテクタ）の実験例について説明します。

付録*D*「*LED*レベル表示センサ回路」では、制御機器に使用されるバッテリの端子電圧をレベル表示する*LED*レベル表示センサ回路を設計します。実際に、ブレッドボード上で動作確認します。

本書は、第6章と第7章に進むために、第1章から第5章をまとめていますので、最初から例題を解きながら読む進まれることを望みます。また、*PLC*にはいくつかのメーカやバリエーションがあり、ラダー図作成にメーカ固有のやり方がありますが、ラダー図作成のための基本的な考え方や作成法は同じです。

メカトロ制御が扱う分野は広範囲にわたっており、すべてを網羅することはできませんが、本書があらたにメカトロ制御を学ぶ方々に1つのガイダンスになれば筆者として望外の喜びです。

最後に、本書執筆の好機を与えていただいた技術評論社の谷戸伸好副編集長、松井竜馬課長はじめ関係の諸氏にお礼いたします。

2021年3月　著者しるす

CONTENTS

第3章 メカトロ制御の構成要素 メカ機器編

第4章 メカトロセンサ

第5章　リレーシーケンス

第6章　PLCの基礎

第7章　PLCの実際

付録

第1章 プロローグ

メカトロ制御では、信号の入力部に相当するセンサと出力部である動きをもつメカトロ機器が重要な役割を担います。本書のはじめに、プロローグとして、半導体センサとメカトロ制御の駆動源に使用されるDCモータについて総論します。本書では、第3章でアクチュエータを、第4章で半導体センサとメカトロセンサについて説明します。また、DCモータの位相制御の実験例について説明します。

1－1 半導体センサ

センサは大別して物理センサ、化学センサ、生物センサに分類できます。物理センサの中には電気系センサやメカトロ機構のみでセンシングする機械系センサがあります。電気系センサの中には、機械的な応力を与えると電気的性質が変わるストレンゲージのようなセンサも含まれます。

物理センサは、光、温度、磁気、応力、回転および位置変化などの外界からの信号を受けて計測、制御に必要となる電気信号に変換する素子、ユニットを総称して定義されます（図１－１）。電気系センサの出力信号は、電圧であったり、起電力であったり、電荷の変化であったり、いくつかの出力形態をもちます。また、同じ種類のセンサであっても目的用途に応じて多くの種類、仕様のものがあります（表１－１）。

図1－1 センサの定義

表1－1　センサの機能別分類

機能	センサ
光	フォトダイオード
	フォトトランジスタ
	フォトカプラ
	CdS
温度	サーミスタ
	白金温度センサ
	熱電対
	赤外線センサ（赤外線サーモグラフィ）
	IC 温度センサ
	感温フェライト
圧力	抵抗式ひずみゲージ
	半導体式圧力センサ
磁気	ホール素子
	磁気抵抗素子

機能	センサ
回転位置	光電式ロータリエンコーダ
	磁気式ロータリエンコーダ
近接スイッチ	高周波誘導型近接スイッチ
	静電容量型近接スイッチ
電流検出	一般計器用変流器
	シャント
	ホール素子電流センサ
超音波	圧電振動子
	磁歪振動子
ガス	半導体ガスセンサ
	熱式ガスセンサ
湿度	セラミック湿度センサ
人体検出	焦電形赤外線センサ

光センサは、光起電力効果、光導電効果、焦電効果、光電子放出効果を利用したものがあります。

光起電力効果は、光を照射するとセンサの出力端子に電圧が発生する効果で、代表的なものはホトダイオードとホトトランジスタがあります（図１－２）。

光導電効果は、光を照射するとセンサの出力端子の抵抗（導電率）が減少（増加）する効果で、代表的なものは CdS であります（図１－３）。

焦電効果は、物質に温度変化を与えると、物質の表面に温度の変化に応じた電荷が発生する効果（パロイ効果という）で、代表的なものは、焦電形赤外線センサがあります（図１－４）。定常時（$T\,[K]$）は素子表面の $+$ 電荷と $-$ 電荷は空気中の逆極性の電荷と結合し電気的に中和されます。素子表面の温度が変化 $(T+\Delta T)[K]$ すると温度変化に応じて分極の大きさが変化し、これにより安定時の電荷の中和状態が崩れ、電気的に不平衡になり、余分の電荷が素子表面の電極を通して外部に取り出すことができます。

光電子放出効果は、真空中で光を照射すると物体から光電子が放出される効果で、代表的なものは光電管や光電子増倍管（ホトマル）があります。

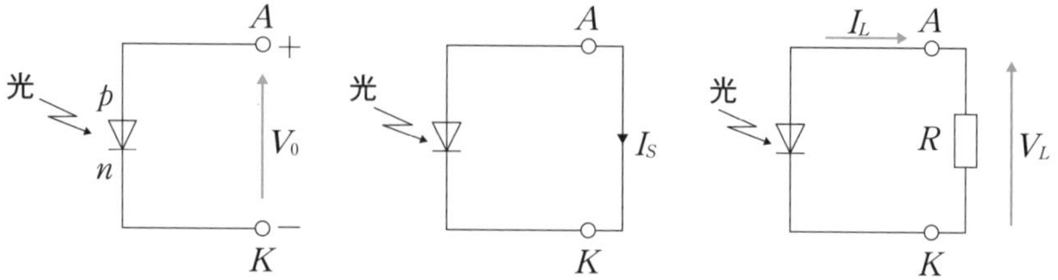

図1−2　ホトダイオードの基本回路

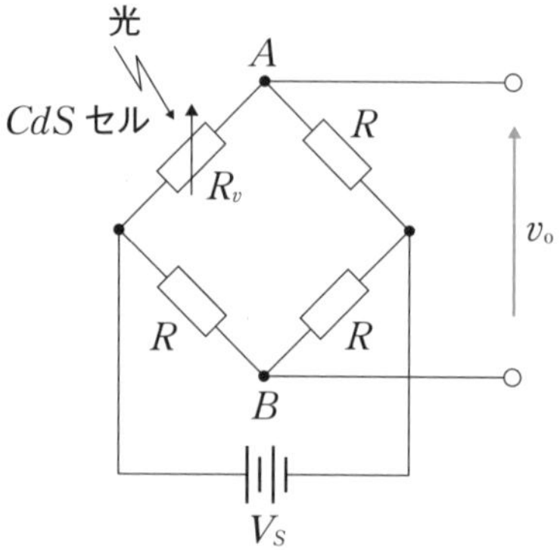

図1−3　CdSの検出回路（ブリッジ回路法）

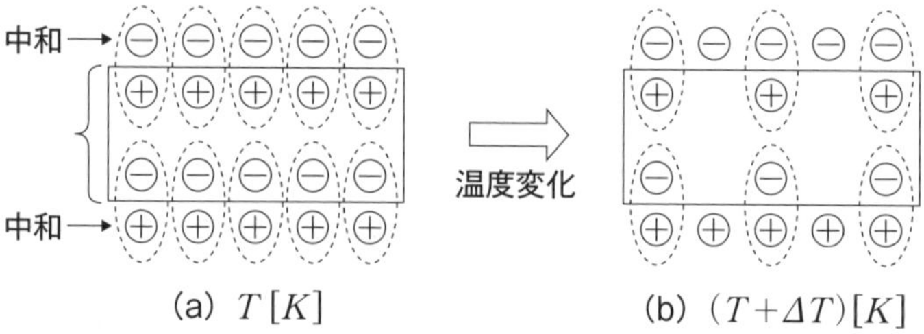

図1−4　焦電形赤外線センサの基本原理

温度センサは、金属の電気抵抗値が温度によって変化することを利用した測温抵抗体の１つである白金測温抵抗体（図１－５）、温度上昇により抵抗値が変化する半導体のサーミスタ（図１－６）、異種金属導線の両端を接合し、両接合点に温度差を与えると起電力を生じるゼーベック効果を利用した熱電対（図１－７）、磁気変態によってキュリー温度で磁気特性が急変する感温フェライト、ダイオードの順方向電圧降下やトランジスタのベース・エミッタ間電圧が温度によって変化することを利用した *IC* 温度センサなどがあります。

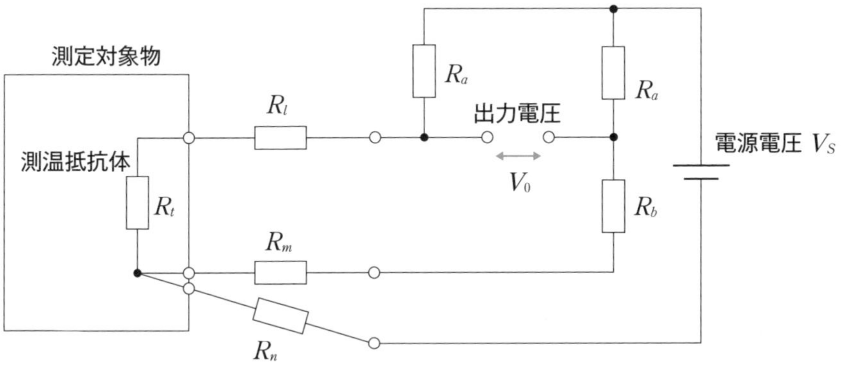

図１－５　3線式定電圧ブリッジ法※注

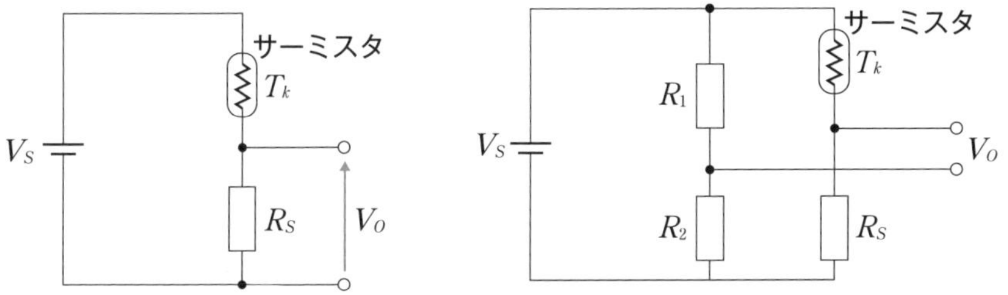

(a) 抵抗分圧法　(b) ブリッジ回路法

図１－６　サーミスタの検出回路

※注：本章末のコラム「２線式と３線式」を参照。

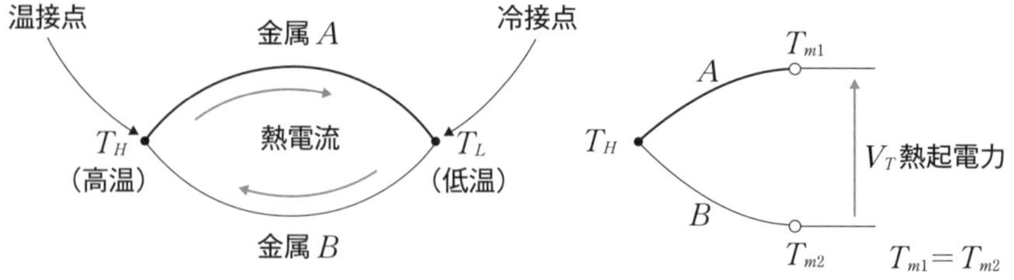

図1−7　熱電対の原理

磁気センサは、磁界によって抵抗が変化する磁気抵抗効果を利用した磁気抵抗素子（図1−8）と、電流と磁界を加えることにより両者に直角に電圧を発生するホール効果を利用したホールセンサがあります（図1−9）。

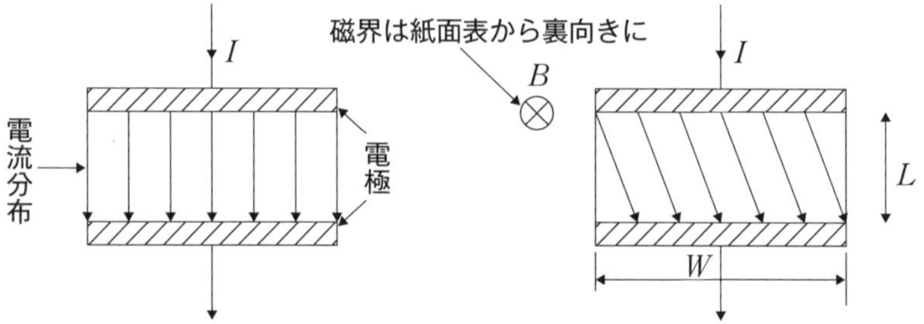

図1−8　磁気抵抗効果

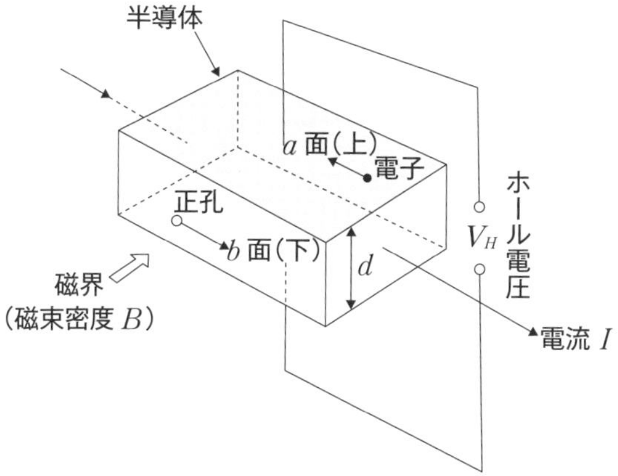

図1－9　ホール効果

圧力センサは、圧力→ひずみ→電気量の変化をするストレンゲージ式圧力センサに代表されます。ストレンゲージ式には、機械式の金属抵抗ひずみゲージ（図1－10）と半導体式の半導体圧力センサ（図1－11）があります。

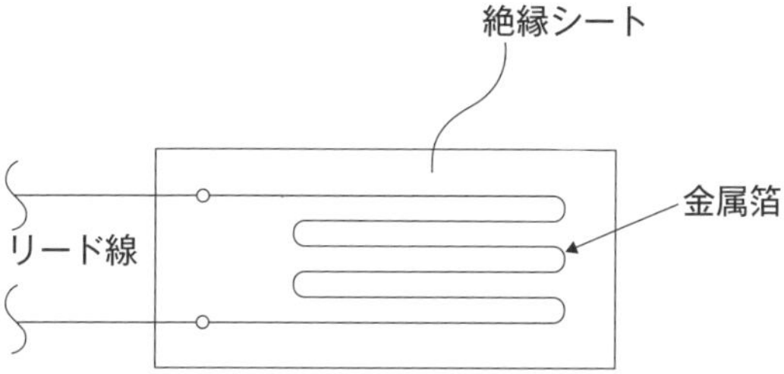

図1－10　金属抵抗ひずみゲージの構成

写真1－1　金属抵抗でひずみゲージの例（協和電業製 *KFG*-30-120-*C*1-*IL*）

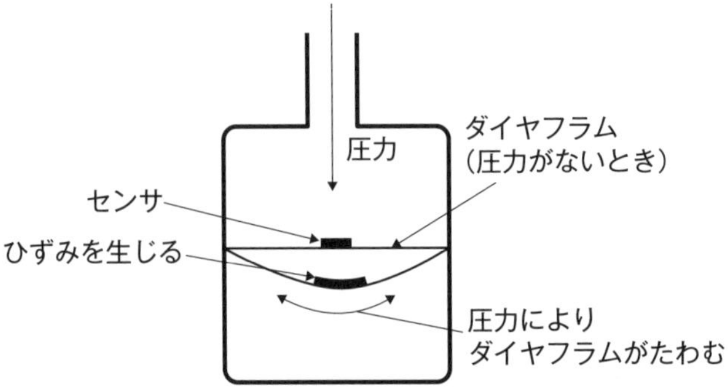

図1−11　半導体式圧力センサの構成

回転位置センサは、ロータリエンコーダ、近接スイッチ、作動トランスなどに代表されます。ロータリエンコーダは、機械的なアナログ変位量をデジタル信号に変換することにより、角度、回転数、位置、速度の測定が可能で、機械制御に最も多く使用されている回転位置センサです。相対的回転角を検出するインクリメンタル式と絶対的回転角を検出するアブソリュート式があります（図1−12）。

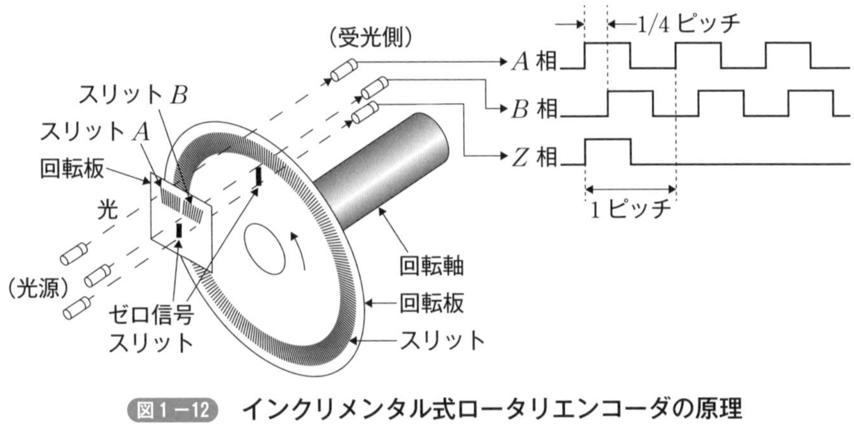

図1−12　インクリメンタル式ロータリエンコーダの原理

次に、センサのインターフェースである信号検出回路における電圧モードリニアライズについて説明します。

光センサである *CdS* や温度センサであるサーミスタは、光、温度の変化でそれぞれの抵抗値が変化します（図1−13（*a*））。いずれの抵抗値も光または温度の変化に対して非線形に変化します。この非線形の抵抗変化を抵抗分圧法またはブリッジ回路（同図（*b*））を用いることによりリニア（直線的）な電圧の変化

（同図（c））として取り出すことができます。この信号検出回路法を電圧モードリニアライズといいます。

抵抗分圧法（図1－6（a）参照）とブリッジ回路法との違いは、ブリッジ回路法の場合は、定常状態のときに3つの抵抗Rの値を調整してブリッジ回路の出力電圧v_0をゼロに調整することができるので、オフセットゼロの状態で測定することができます。ブリッジ回路の出力電圧が小さい場合は、通常のオペアンプによる直流増幅回路や基準電圧と比較する差動増幅回路などを接続して信号増幅することができます。

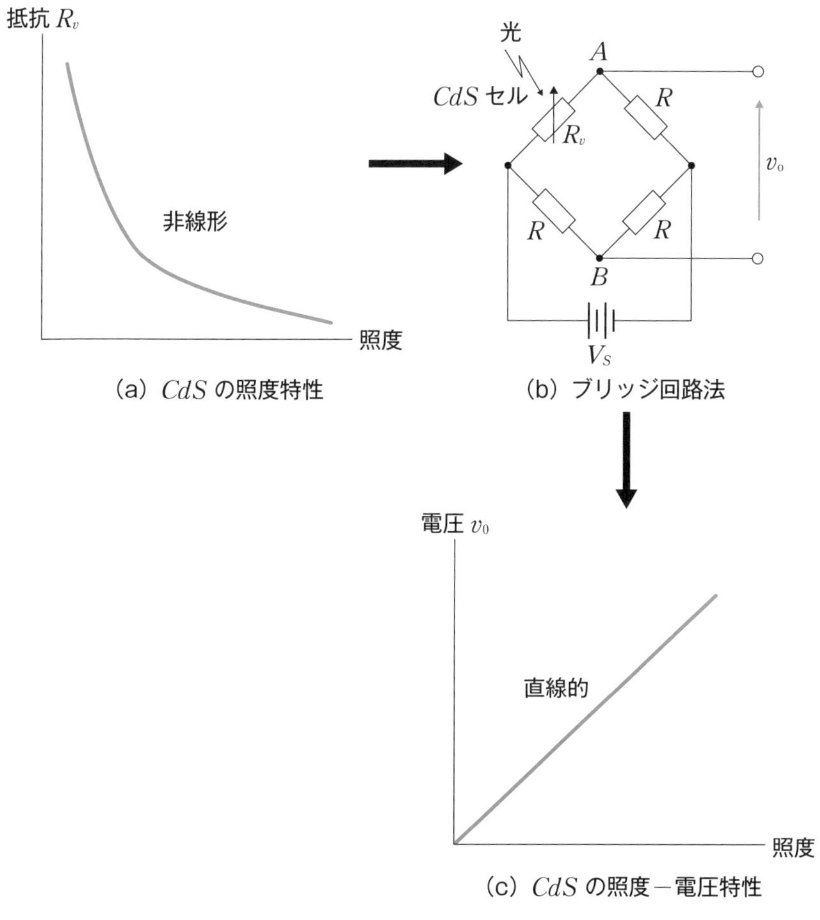

図1－13　光センサ CdS の場合の電圧モードリニアライズのイメージ

また、金属抵抗ひずみゲージをブリッジ回路の1辺に接続し、ブリッジ回路の出力端子に差動増幅回路を接続した場合の圧力センサの検出回路例を図1−14に示します。実際に、ひずみゲージに加重を加えたときの出力電圧を測定した例を図1−15に示します。

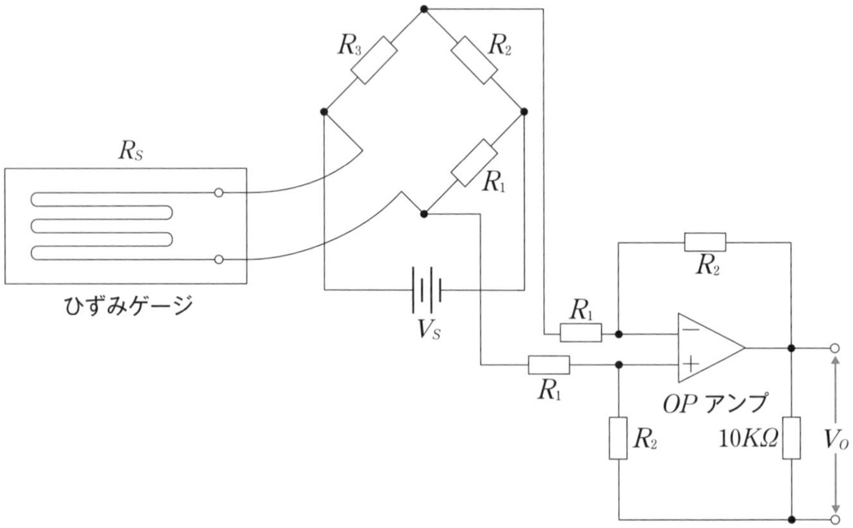

図1−14　差動増幅回路を接続した場合の圧力センサの検出回路

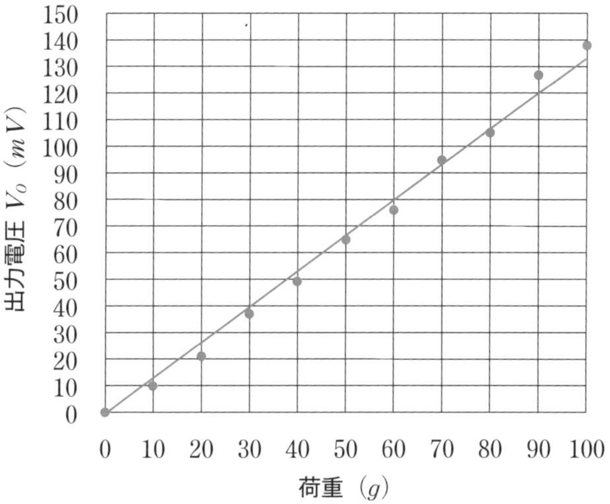

図1－15　ひずみゲージの加重とアンプの出力電圧の関係

最後に、センサを設置する方法や設置場所は、使用目的により異なってきますが、設置方法を誤ると予想外の信号を得ることになります。各センサにはメーカが推奨する正しい設置方法が記載されています。振動や汚れ、温度変化の激しい環境下では、何らかの対策を施す必要があります。

光センサの場合は、外光が進入しないように設置することが望まれます。また、光源と光センサの結合効率を増すような設置が望まれます。赤外センサの場合は、周りの外壁などから漏れ出てくる赤外線の影響をできるだけ少なくするように工夫することが必要です。

ロータリエンコーダを使用する場合には、固定方法がしっかりしていないと、正常なパルス信号を得ることができません。筆者の経験から、ロータリエンコーダと *DC* モータのカプリングの際の固定台をアルミシャーシに取り付けた場合は予定のパルス信号を得ることができませんでしたが、10*cm* 厚みのアルミ製板材に固定することによって安定したパルス信号を得ることができました。

熱電対を使用する場合は、専用の温度調節計や温度補償回路が付属したトランスジューサを使用することが望まれます。熱電対のメーカや計測制御機器メーカでは専用のいくつかのバリエーションをもったインターフェースを用意しているのでこれらを利用することが１つの選択肢となります。

赤外線サーモグラフィは、測定方法そのものはマニュアルにそって実施すれば、さほど難しいものではありませんが、目的にあった熱画像を得るためには、それなりの熟練や測定ノウハウが必要となります。筆者の経験から、対象物の放射率によって満足した熱画像が得られなかったことがあります。極端な例として、パワー*LED*を装着したアルミ放熱器の温度分布を測定した際に、放熱器は表面磨き上げの光沢性（放射率0.05相当）があったためほとんど熱画像を測定できませんでした。擬似的に黒色の放熱板（放射率0.9相当）に変更することにより予定の熱画像を測定することができました。

1－2 メカトロ制御の駆動源に適したDCモータ

DC モータは、制御用モータとしてアクチュエータやロボットなどに多く使用されています。これらの制御には、速度制御、位置制御、トルク制御、またはこれらの組み合わせの制御が使われています。最初に、モータの基礎として、モータの用途と種類を説明し、続いて、*DC* モータの制御方法の基本について説明します。最後に、これらの基礎知識をもとに *DC* サーボ・モータの実験装置を使用した *PID* 制御による位置制御の実験例について説明します。

1－2－1　モータの用途と種類

モータとは、電気エネルギーを機械エネルギーに変換して物を動かす動力を備えた回転機のことをいいます。

モータの用途は、動力とアクチュエータに大別されます。

動力とは、エネルギー変換としての利用を主目的にした使い方で、モータは一定の速度で回転すればよいことになります。この場合、モータを制御することは必要とせず、単に動力源として使用します。

アクチュエータとは、機械を動かす駆動要素、すなわち、直線運動をする駆動装置または制御装置のことを指します。制御装置としてのアクチュエータは制御系の中で操作部の役割を担います。このアクチュエータの駆動源にモータや電磁コイルが使用されます[※注]。プロセス制御で、制御対象として流量を扱う場合、流量はバルブの開閉によって調節します。このとき、調節弁としてアクチュエータ付きのバルブを使用します。電磁コイルで駆動するアクチュエータとしてソレノイドがあります。ソレノイドは、電気的エネルギーを直線運動の機械的エネルギーに転換するコンバータの一種で、固定鉄心をコイルで励磁させ、その中をプランジャ形または丸棒形の可動鉄心を駆動させるようにした構造です（写真1－2）。

※注：アクチュエータについては、第3章を参照。

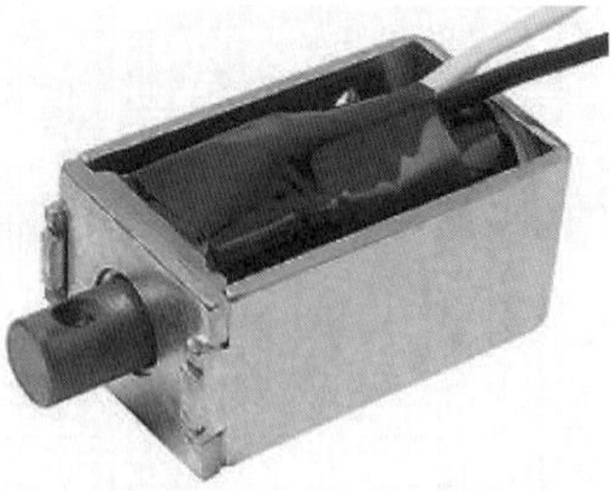

写真1−2 アクチュエータ（DCソレノイド）

モータの主な種類として、DCモータ、ステッピングモータ、同期形ACサーボ・モータ、ブラシレス・サーボ・モータ、インダクション・モータなどがあります。

DCモータは、直流モータ、直流サーボ・モータとも呼ばれています。小型のDCモータは、アクチュエータ用として使われます。このようにDCモータは、回転の制御がしやすく、高速応答であることから制御用モータとして最も適したモータであるといえます。ただし、DCモータは、構造上、回転子と接触する機械式接点（ブラシ）を使用していることから、回転時に発生するスパークや回転騒音があり、接点摩耗からくる寿命といった問題があります。最近では、一般家庭用のバッテリで駆動できる掃除ロボットや工場、倉庫などで使用される無人搬送用台車などに搭載されています。

ステッピングモータは、ステップモータ、パルスモータとも呼ばれています。デジタル入力で駆動し、回転角が入力パルスに比例するという特徴があります。このことからステッピングモータはアクチュエータとして使用されます。応答速度があまり速くないので、高速応答を必要とするフィードバック制御には不向きですが、シーケンス制御に多く使われています。

同期形ACサーボ・モータは、交流サーボ・モータまたは同期モータとも呼ばれています。交流で駆動する交流モータで、コイルに3相交流を加えると回転磁界が発生し、回転子である磁石は、この回転磁界に引っ張られて回転します。電源周波数に同期して回転するので同期モータの名で呼ばれています。

ブラシレス・サーボ・モータは、DCモータと同じ直流モータに属し、原理的にはDCモータと同じように回転動作をします。ただし、構造や寸法からくる制約の違いで、性能的にはDCモータと少し異なります。

インダクション・モータは、交流モータに属します。安価で、堅牢であり、大形のものが容易に製作できるので、汎用モータとして民生用、産業用に広く使用されています。

写真1－3　スピードコントローラ付きインダクション・モータ

1－2－2　DCモータの原理

*DC*モータの原理図を図1－16に示します。固定子に永久磁石を使い、回転子（電機子）にコイルを使います。固定子から出る磁束Φの中で有効長Lのコイルに電流Iを流すと力（トルク）Fが発生します。図中の力Fの方向はフレーミングの左手の法則に従います。

トルクFは次式で表され、この力によって回転子が回転します。

$$F=\Phi\cdot I\cdot L \quad (1-1)$$

このように、モータの回転子が回転することによりトルクが発生しますが、トルクの時間的な変化は、図1－17に表すことができます。回転数が上がりトルクが増していく加速運動と、一定速度で回転する等速運動に分けることができます。

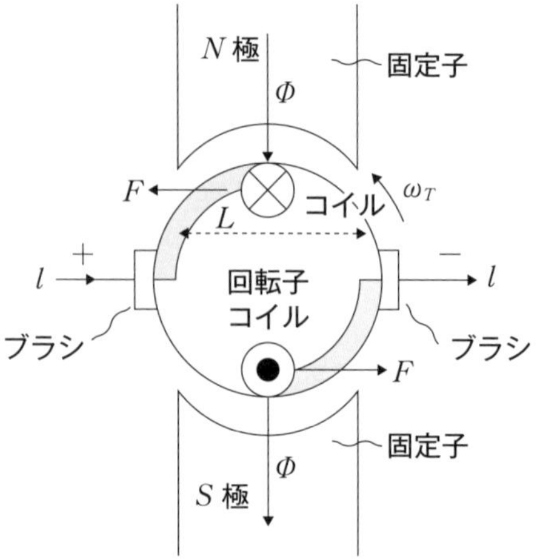

図1−16　*DC*モータの原理

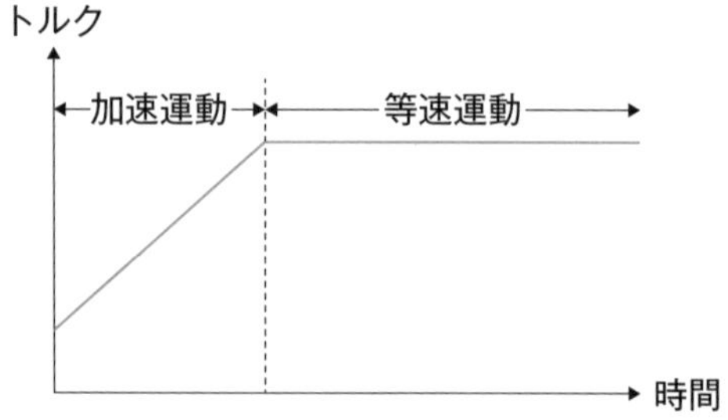

図1−17　*DC*モータのトルクの変化

永久磁石の磁束 Φ は一定なので、発生する力 F はコイルに流す電流 I に比例します。アクチュエータは、この性質を積極的に利用しています。

回転子であるコイルが回転を続けるためには、コイルに流す電流の向きを切り替えることが必要で、ブラシとコイルに接続されたコミュテータという機械式接点によって、電流を切り替えて、磁力の反発、吸引力で回転力を発生させています。

*DC*モータの特徴として、

・起動トルクが大きい

・回転数は入力電圧に比例する

・トルクは入力電流に比例する

・回転数とトルクは反比例する

があげられます。

これらの特性をまとめたものを図1－18に示します。これは、*DC*モータの基本特性として知られており、以下のように説明することができます。

・入力電流を大きくしていくとトルクが直線的に大きくなっていく。これをトルク(T)－電流(I)特性といいます。大きなトルクが必要なときは入力電流を大きくすればよいことがわかります。

・トルクと回転数は反比例します。これをトルク(T)－回転数(N)特性といいます。すなわち、トルクが大きくなると回転数は低下します。これはモータの負荷が重ければその分回転数が下がることを意味します。

・入力電圧が大きくなると回転数が上がり、トルクは大きくなります。すなわち、入力電圧に対して回転数とトルクは比例して大きくなります。これは、図1－18では、$T-N$特性の平行移動で表されます。

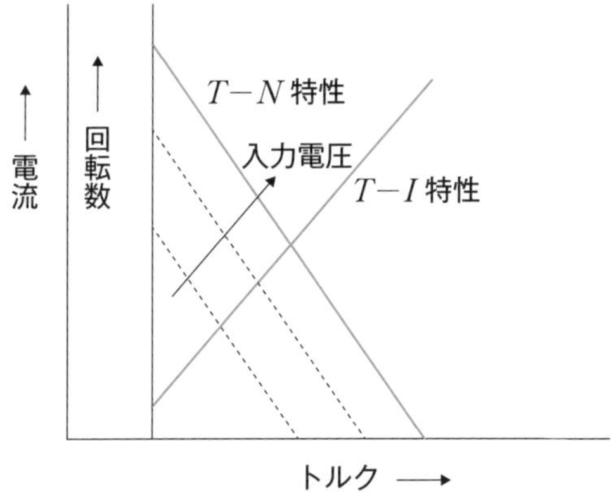

図1－18　*DC*モータの基本特性

$T-I$特性と$T-N$特性は互いに連動しており、トルクを制御するには電流を制御すればよいことがわかり、回転数とトルクを一定にするには電圧を制御すればよいことがわかります。すなわち、電流、電圧を制御することにより、トルクまたは回転数の制御が可能になります。このことから、*DC*モータは最適な制御用モータであるといえます。

*DC*モータの駆動回路を図1－19に示します。

図中のモータの逆起電力E_mは、入力電圧と逆極性の電圧で、モータが回転するときのモータ内部に発生する起電力のことです。

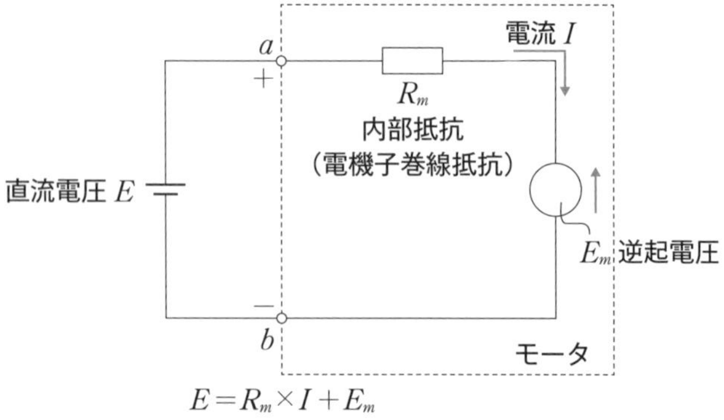

図1−19　DCモータの駆動回路

1−2−3　モータの制御方法

モータの制御には、速度制御、位置制御、トルク制御の3種類があります。入力電圧と回転数が比例関係にあること、入力電流とトルクが比例関係にあるとからこれらの制御に向いているといえます。

速度制御は、モータの回転速度を調整する制御で、負荷に関係なく、一定の速度でモータを回転させることができます。負荷変動、電源変動、温度変動などの外乱に対して回転数が一定になることを目標とした制御です。速度制御には、速度センサとして、回転速度を電圧または電流に変換するタコゼネレータや光学式エンコーダが使われます。

コラム　タコゼネレータや光学式エンコーダ

タコゼネレータ（*tachogenerator*、“*tacho*”は速度の意味、一般に“*TG*”と略す）とは、対象のモータに直結またはギアなどで連結してモータの回転数を電圧（起電力）として出力する機械式アナログセンサの1つです。フレーミングの右手の法則に基づいた直流発電機で、回転数に比例した直流電圧を発生します。

光学式エンコーダは、アブソリュート型ロータリエンコーダに代表されるように、回転体の移動量や角度を検出する光学センサです。

位置制御は、ある地点から別の地点まで物を移動させる制御で、位置センサにポテンショメータを使うアナログ位置制御とエンコーダを使うデジタル位置制御があります。位置決め、定寸送り、数値制御など位置や寸法を制御対象としたアクチュエータやロボット制御に多く使用されています。停止中のモータに位置指令を入力し、目的の位置まで移動させ、モータを停止させることができます。すなわち、指令された位置にモータを動かし、その位置に保持します。また、別の位置が指令されれば、すぐにその位置へ移動します。アクチュエータは直線的な動きが多いので、センサとしては直線的な位置の動きを回転運動の角度に変換して検出します。回転角度の検出には、ロータリエンコーダが多く使用されます。

トルク制御は、モータのトルクを調整する制御で、速度に関係なく一定のトルクでモータを駆動するように制御することができます。トルク指令を与えてモータに流す電流を制御してモータの発生トルクを制御する方式です。センサにはロータリエンコーダが使われます。

モータの発生トルク（T_m）は、モータ・トルク定数を $K\,(N{\cdot}m/A)$、電流を $I\,(A)$ とすると、次式で与えられます。

$$T_m = K \cdot I \qquad (1-2)$$

また、モータの回転力 T_r は、半径 $r\,(m)$ と $F\,(N)$ 力の積

$$T_r = F \times r\ (N{\cdot}m) \qquad (1-3)$$

で与えられ、モータの発生トルク T_m に等しくなります（図1－20）。

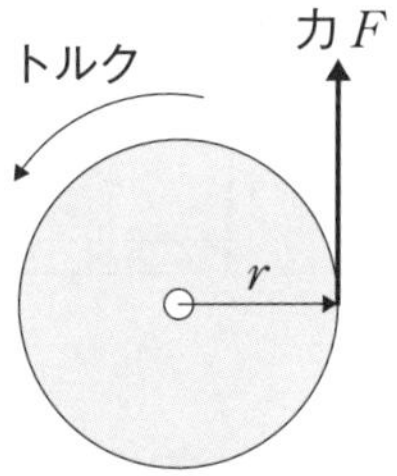

図1－20　トルクのイメージ

これら3つの制御は、モータの回転制御が基本になっています。

回転制御の代表的な方法に *PWM*（*Pulse Wide Modulation* の略）があります。*PWM* による回転制御の基本原理は以下のようになります。

PWM とは、パルス信号の *ON/OFF* の比率を変化させるパルス幅制御方式です。*PWM* による *DC* モータの制御回路の基本を図1－21に、*PWM* のパルス幅と *DC* モータの回転数の関係を図1－22に示します。

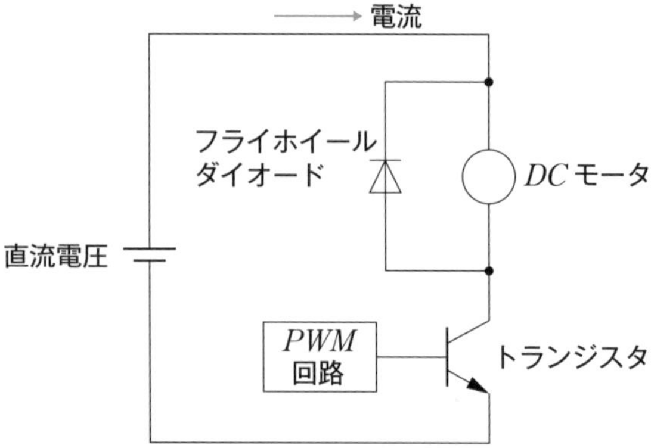

図 1 −21 DC モータの PWM 制御回路

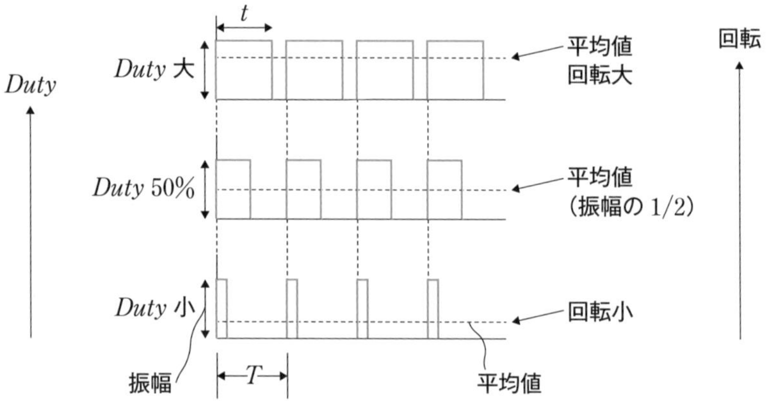

図 1 −22 DC モータの回転数とパルス幅の関係

デューティ（*Duty*）とは、モータの稼働率のことで、パルスのスイッチング周期を T、通電時間を t とすると、

$$Duty=\frac{t}{T}\times 100 \qquad (1-4)$$

で与えられます。

ON タイムが *OFF* タイムの 1/2 の場合（5：5）は、$Duty=\frac{50}{100}\times 100=50\%$ となり、平均値は振幅の 1/2 になります。また、*ON* タイムと *OFF* タイムが 7：

3の場合は、$Duty=\frac{70}{100}\times 100=70\%$ となり、平均値は振幅の70%になります。

このように、*ON/OFF* 時間の比率（パルス幅）を変えることにより回転数の制御が可能になります。

1－2－4　DCモータによる位置制御の実験

DC モータを使用した位置＆速度制御実験装置（*PID*－*QET DC* モータ制御実験装置、*http://www.pid*－*control.com/*）を使用した *PID* 制御による位置制御の実験例（*I* 制御の場合）について説明します。この実験装置には、*DC* モータ、ロータリエンコーダ、ポテンショメータ、プログラム用 *PIC* 回路基板、回路製作用ブレッドボード、通信用シリアルポート、*HapticKnob*※注が搭載されています（写真1－4）。また、制御用ソフトウェア *MATLAB* や *LabVIEW* から制御が簡単に行えるように各種接続ポート（*A/D*、*D/A*、エンコーダ、タコメータ、コマンド信号ポート）が用意されています。

実験装置は、専用のソフトウェアを使用して、制御のモデリングから、*PID* 制御による位置および速度制御、モデル設計誤差によるロバスト性の検証など多くの実験が行えるように構成されています。

※注：Haptics（ハプティクス）とは、ユーザ（利用者）に対して力・振動・動きなどの“触覚”を通じて情報を伝達するテクノロジー（Haptic Technology）の総称で、触覚技術とも呼ばれる。HapticKnobはPID位置コントローラと機械要素部品を結びつけてシミュレートできる簡単な制御を意味する。

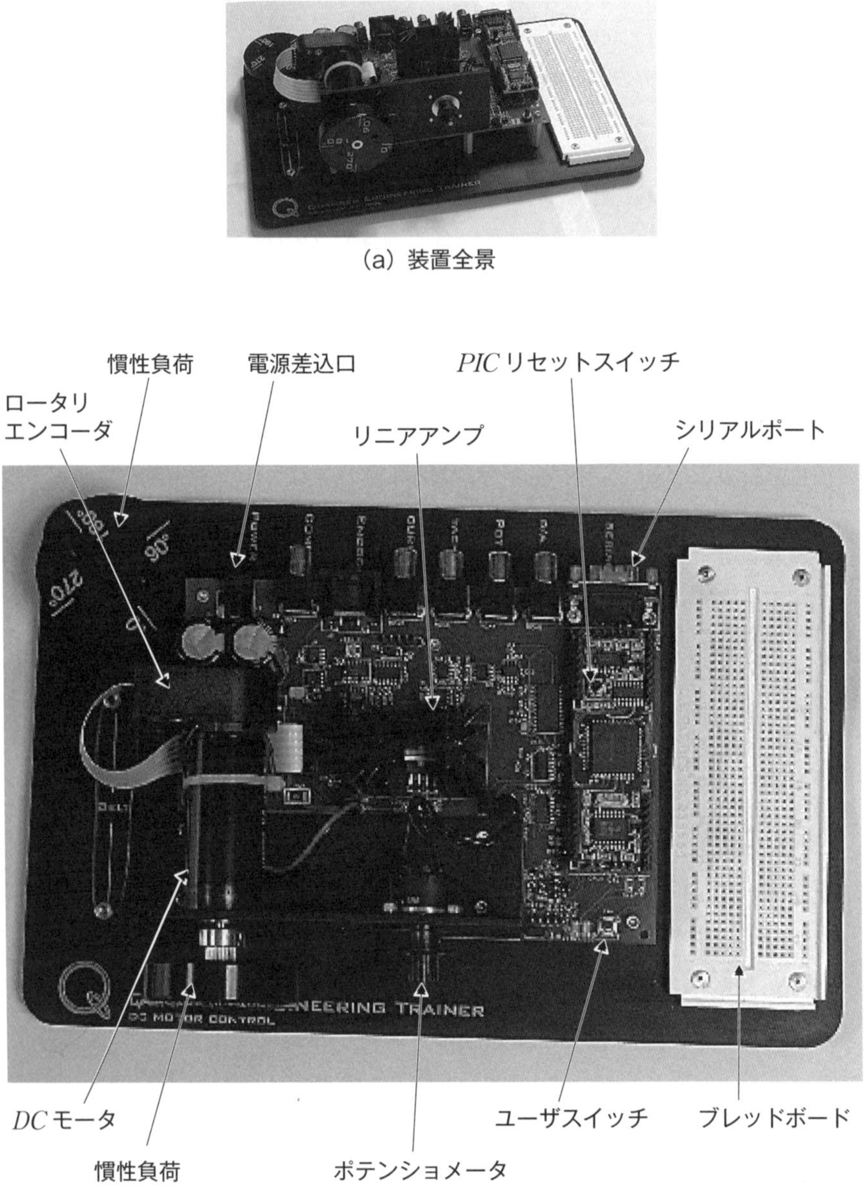

(a) 装置全景

(b) パーツレイアウト

写真1−4　*PID-QET DC* モータ制御実験装置

パソコンにインストールした*QICii*を起動し、*QICii*インタラクティブインターフェース（以下、QICii ウィンドウ）を立ち上げた後、パソコンと実験装置本体を接続します（写真１－５）。QICii ウィンドウのツールボタンから「通信接続」ボタンをクリックし、実験装置本体とパソコンを接続します。

DC モータに印加する信号波形はデフォルトの方形波（Amplitude＝2.0、Frequency＝0.4、Offset＝0）を使用します。最初に、PID パラメータを P＝0.6、I＝0、D＝0 に設定します。このときの QICii ウィンドウのプロット波形を図１－23に示します。上段のプロットウィンドウは信号波形である方形波と DC モータに直結した慣性負荷※注の回転角度（単位：ラジアン rad）を、下段のプロットウィンドウは DC モータに印加される電圧波形（単位：V）を表示されています。

測定結果から慣性負荷は定位置でオフセットを生じています。次に、I 値を I＝0.6（P 値と D 値は同じ）に設定すると、慣性負荷は定位置でオフセットがほとんどゼロになっています（図１－24）。I 制御が効果的に働いていることがわかります。

同様に、P 制御による慣性負荷の回転と定位置における振動の様子、また、外乱を入れた場合の D 制御による慣性負荷の応答比較などについて確認することができます。

このように、PID－QET DC モータ制御実験装置を使って、PID 制御による DC モータの位置制御の実験を行うことができます。

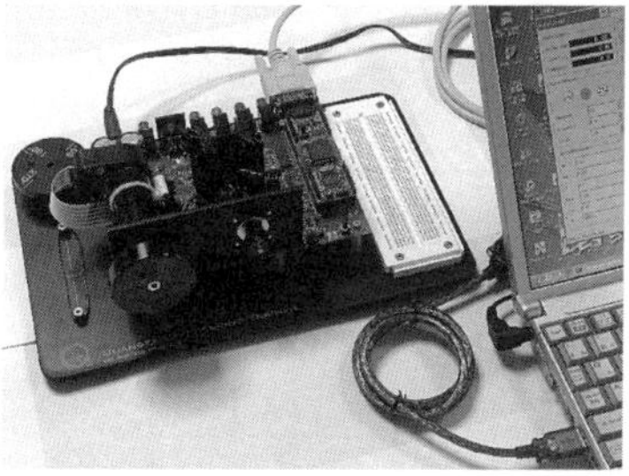

写真１－５　実験装置とパソコンをシリアルケーブルで接続する

※注：負荷慣性モーメントともいう。物体が現在の運転状態を持続させるための力の大きさで、物体は必ず慣性負荷をもっている。慣性負荷が大きいと加減速時に大きなトルクが必要となる。このトルクの大きさは、慣性負荷の大きさ、運転速度、加速度の大きさに比例する。

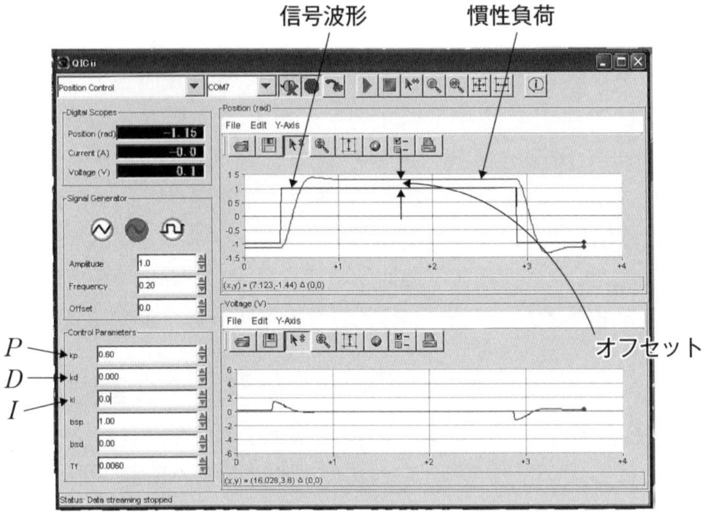

図1−23　慣性負荷の位置制御（*I*=0の場合）

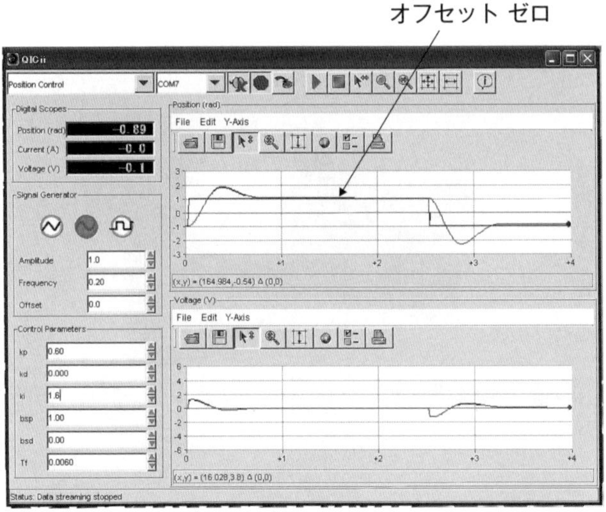

図1−24　慣性負荷の位置制御（*I*=1.6の場合）

コラム　PID 制御

自動制御方式の中でもっともよく使われる制御方式が *PID* 制御[※注]です。

PID とは

P：*Proportinal*（比例）

I：*Integral*（積分）

D：*Differential*（微分）

の略称で、*P* 動作、*I* 動作、*D* 動作の 3 つの組み合わせで制御する方式です。

単純な *ON/OFF* 制御の場合は、制御操作量は0％と100％の間を往復するので、操作量の変化が大き過ぎて、目標値に対してオーバーシュートとアンダーシュートを繰り返す制御となってしまいます。

PID 制御の *P* 動作は、制御量のオーバーシュートとアンダーシュートを解消し、*I* 動作は最終値と目標値との偏差（オフセット）を解消し、*D* 動作は外乱に対して素早く反応するので、全体としてスムーズな制御が可能となります。

上記の *DC* モータの慣性負荷の実験例は、*I* 動作の働きについて動作確認したものです。

※注：PID 制御については、『例題で学ぶはじめての自動制御』（臼田昭司 著／技術評論社）の第10章を参照。

コラム　2線式と3線式

2線式とは、2線のリード線でブリッジ回路に結線する方法です（図1−25（a））。3線式に比べて配線数は少なくなりますが、測定中の温度変化で生じたリード線の抵抗値変化が出力に加わるため、温度変化の少ない環境で使用する必要があります。

3線式とは、3線のリード線でブリッジ回路に結線する方法です（図1−25（b））。測定中の温度変化で生じたリード線の抵抗値変化による出力への影響を除去することができます。

この他に、4線式もあります。センサの使用法により使い分けることができます。

図では測温抵抗体の例ですが、抵抗変化を検出するひずみゲージにおいてもこれらの検出方式が使用されています。

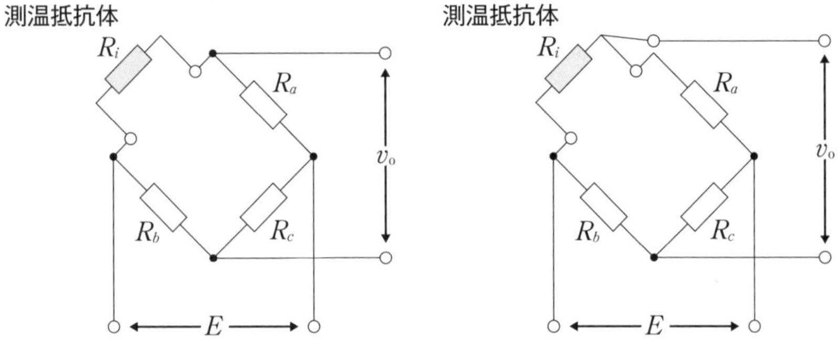

(a) 2線式　　(b) 3線式

E：ブリッジ電圧、V_O：出力電圧

図1−25　2線式と3線式の定電圧ブリッジ法

第2章

メカトロ制御の構成要素　半導体編

　メカトロ制御で使用する主要な構成要素となる代表的な電子部品として半導体素子について説明します。半導体素子については非常に多くの種類やバリエーションがありますが、本章では、抵抗、コンデンサ、ダイオードとダイオードの種類、トランジスタ、接合型FETとMOSFET、サイリスタについて、半導体の基礎的な知識を触れながら説明します。また、実際に使用する際に役に立つ内容についても言及します。

2－1 抵抗器

抵抗値が固定された抵抗器を固定抵抗器といいます。一般に“抵抗器”と呼んでいます。電池のプラス極とマイナス極の間に抵抗器を接続し、閉回路を構成すると、抵抗器で制限された電流が閉回路に流れます。このとき、回路に流れる電流の大きさはオームの法則※注で表され、抵抗の端子電圧を抵抗値で割った値になります。このように、抵抗器は、閉回路に流れる電流を制限し、抵抗内で消費された電気エネルギーを熱に変換します。抵抗器は、電気の量を制限したり、電圧を分圧したり、電気エネルギーを熱に変換したり電子回路において適正な動作をさせる働きをします。

抵抗器本体に４本の帯で抵抗値が表示している抵抗器を、カラー抵抗器といいます（図２－１（*a*））。通常、電子回路ではカラー抵抗器が多く使用されています。また、抵抗器の新 *JIS* の図記号を図２－１（*b*）に示します。

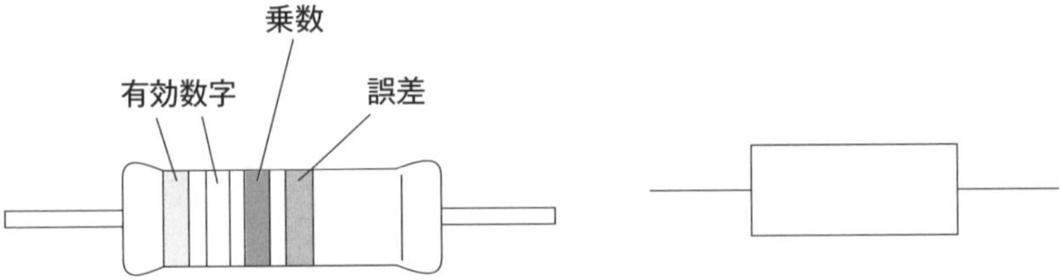

(a) カラー抵抗器　　(b) 抵抗器の図記号

図２－１　カラー抵抗器と抵抗器の図記号

カラーの10色で０から９の数値を表し、先頭の２本の帯（第１色帯と第２色帯）が抵抗値の有効数字を、３本目の帯（第３色帯）が10の乗数、４本目の帯（第４色帯）が抵抗値の誤差を表します（表２－１）。単位は Ω（オーム）です。誤差は金と銀の色で表します。金または銀の色を４本目の帯の目印にしています。

※注：電流の大きさＩは、電圧Ｖに比例し、抵抗Ｒに反比例する。電流・電圧・抵抗の間には、$I=\frac{V}{R}$ が成り立つ。これをオームの法則という。

例えば、「茶黒赤 金」は、(1)、(0)、10^2、±5％となり、$10\times10^2=100$ [Ω] の抵抗で誤差は±5％（90 [Ω]～100 [Ω]）となります。

また、「赤黒緑 銀」は、(1)、(0)、10^5、±10％となり、$10\times10^5=10^6$ [Ω]$=1$ [$M\Omega$] の抵抗で、誤差は±10％（90000 [Ω]～110000 [Ω]）となります。

表2－1　カラー抵抗の抵抗値

色	数値	10の乗数	誤差（記号）
黒	0	0乗	
茶	1	1乗	±1％（*F*）
赤	2	2乗	±2％（*G*）
橙	3	3乗	
黄	4	4乗	
緑	5	5乗	±0.5％（*D*）
青	6	6乗	±0.25％（*C*）
紫	7	7乗	±0.1％（*B*）
灰	8	8乗	±0.05％（*A*）
白	9	9乗	
金		－1乗	±5％（*J*）
銀		－2乗	±10％（*K*）

抵抗の種類として、固定抵抗器、可変抵抗器、半固定抵抗器があります（写真2－1）。

固定抵抗器は炭素被膜抵抗器と金属皮膜抵抗器があり、前者は、セラミックスの円筒の表面に焼き付けられた炭素皮膜が抵抗体となり、らせん状の切り込みで抵抗値が調整されています。安価で一般の電子工作や電子回路に使用されます。後者は、抵抗体にニッケルクロム合金などの金属が使われており、精度が高く、温度による抵抗値の変化やノイズ発生が少ないのが特長で、通信機器などに使用されます。温度変化に対する抵抗値変化の割合を抵抗温度係数といいます。1℃に対する抵抗値の割合として表現し、単位は [*ppm*/℃] です。金属皮膜抵抗の場合は、一般的に、±50*ppm*、±100*ppm*、±200*ppm* で規定されています。炭素被膜抵抗の場合は、温度係数が大きいので一般的には規定はされていません。

可変抵抗器は、抵抗値を変えることができる抵抗器で、つまみを回したり直線状にスライドすることで抵抗値が変わるしくみです。

半固定抵抗器は、電圧や電流の微調整のために使われる可変抵抗器で、回路の組み立ての際にドライバで調整します。

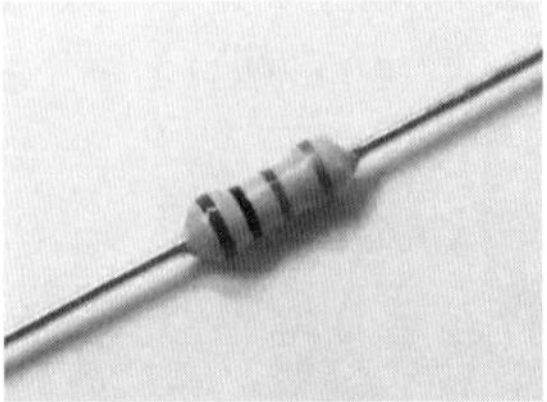

(a) 炭素被膜抵抗器

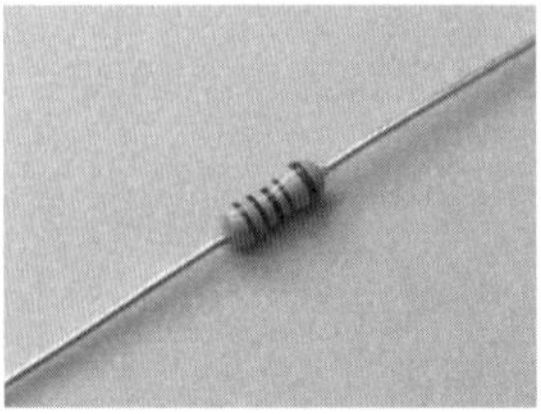

(b) 金属被膜抵抗器

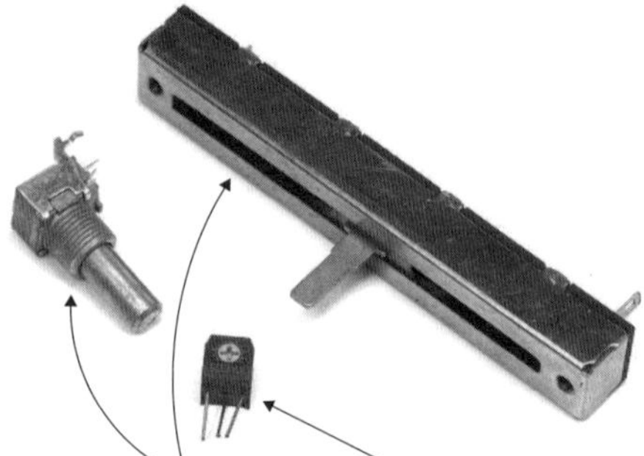

(c) 可変抵抗器と半固定抵抗器

写真 2 − 1　抵抗器の種類

[例題 2 − 1]

2本のカラー抵抗の4本の色帯が「黄赤緑 金」と「茶黒橙 銀」であった。抵抗値と誤差を求めなさい。

[解答]

表2−1のカラー抵抗の抵抗値から読み取ります。「黄赤緑 金」は(4)、(2)、10^5、誤差±5%です。すなわち、抵抗値は、$42\times10^5=4200\times10^3$ [Ω]$=4200$ [$k\Omega$]$=4.2$ [$M\Omega$] です。また、「茶黒橙 銀」は(1)、(0)、10^3、誤差±10%です。抵抗値は、$10\times10^3=10$ [$k\Omega$] です。

答：「黄赤緑 金」は4.2 [$M\Omega$]、誤差±5%　「茶黒橙 銀」は10 [$k\Omega$]、誤差±10%

2−2 コンデンサ

コンデンサは電気を蓄えたり放出したりする電子部品です。コンデンサの基本的な機能は、電圧の安定化（充電や放電を行うことで、電圧の変化を吸収する）、ノイズ除去（本来の信号に重畳された高周波ノイズをカットする）、周波数成分の選別（直流分を除去し、必要な周波数の信号を選別する）などです。

コンデンサの基本構造は、2つの金属箔や金属板が絶縁体を挟み込んだ状態です（図2－2）。コンデンサは絶縁体（誘電体）の種類によって、性質や機能が異なります。

また、コンデンサは種類や用途によって構造にさまざまな工夫がなされており、金属で絶縁体を挟み込み、これを巻いた状態でケースに封入したコンデンサ、絶縁体と電極を交互に多層積層し、折り重なるような形状にしたコンデンサなどがあります（図2－3）。

セラミックコンデンサは、内部電極を多数積層し、大きな誘電率をもつセラミックを用いることで、小さなサイズで大きな静電容量を実現しています。

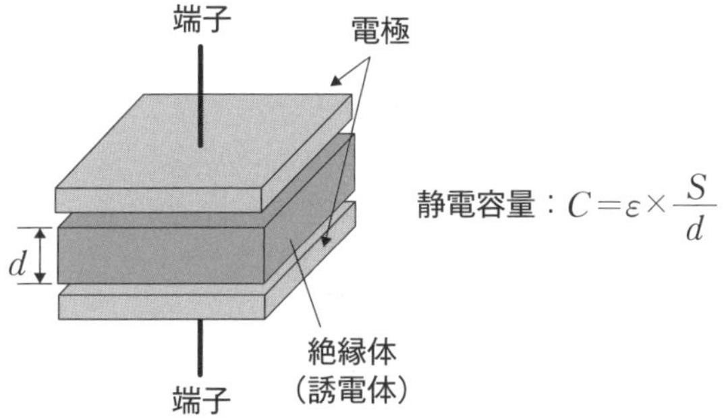

S：電極表面積　d：絶縁体の厚さ　ε：絶縁体の誘電率

図2－2　コンデンサの基本構造

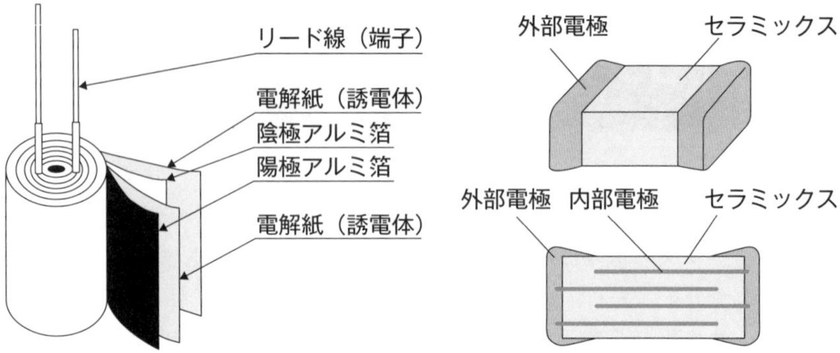

（a）アルミ箔と電解紙の重ね巻き構造　　（b）多層積層構造

図2－3　コンデンサの2種類の構造

コンデンサの種類として、電解コンデンサ、セラミックコンデンサ、フィルムコンデンサ、可変コンデンサなどがあります。構造的には、リード線（ラジアルリード、アキシャルリード）型、*SMD*（表面実装）型、ネジ端子型などがあります。

2－2－1　電解コンデンサ

電解コンデンサには、アルミ電解コンデンサとタンタル電解コンデンサがあります。

アルミ電解コンデンサは、電解質が乾式と水溶液の湿式があり、現在では乾式が主流となっています。湿式アルミ電解コンデンサは、陽極部と陰極部はともにアルミ箔、誘電体がアルミ酸化皮膜（酸化アルミ二ウム、*Aluminium oxide*、Al_2O_3）、電解質が水溶液（溶媒に電解質を溶かした液体）の電解コンデンサです。一方、乾式アルミ電解コンデンサは電解質がホウ酸アンモニウムとエチレングリコール（またはグリセリン）を使用したペースト状の電解液の電解コンデンサです。

酸化アルミニウムの比誘電率ε_rは7〜10であり、絶縁破壊電圧が高く（>$500kV/mm$）、絶縁性（10^8〜10^9 $[\Omega/m]$）や生産性に優れています。静電容量が大きいことが特徴です。

アルミ箔表面に生成された酸化アルミニウムはアルミ箔との間で電気的に擬似ダイオードを構成します（図2－4、図2－5）。ダイオードの逆極性の空乏層容量を利用しています。アルミ電解コンデンサは、このような特性の酸化アルミニウム層をもつアルミ箔を＋極（陽極）に、酸化アルミニウムを－極（陰極）にした構造になります。すなわち、アルミ電解コンデンサは極性をもつコンデンサになります。

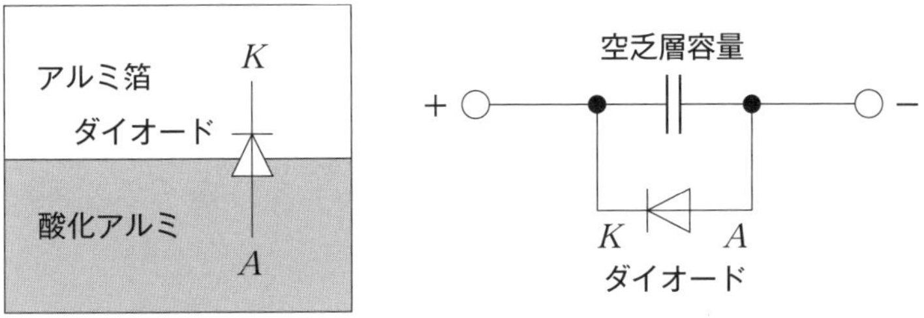

(a) 疑似ダイオード　　(b) 等価回路

図2−4　酸化アルミニウムとアルミ箔との間の疑似ダイオードのイメージ

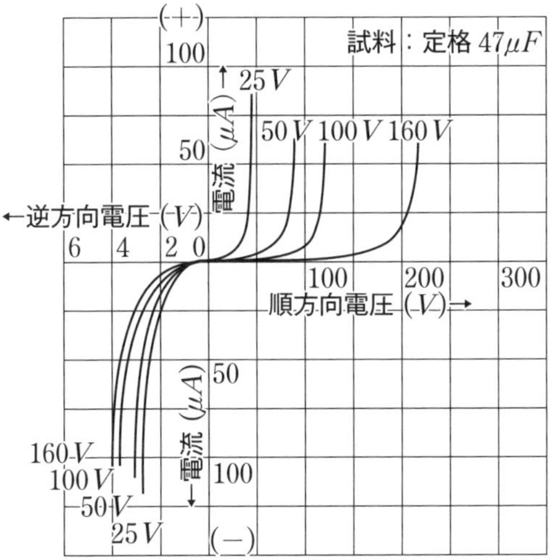

図2−5　酸化アルミの V−I 特性

タンタル電解コンデンサは、酸化アルミニウムの代わりにタンタルと呼ばれる稀少金属を用いたコンデンサです。アルミ電解コンデンサ、積層セラミックコンデンサなど、他のコンデンサに比べて単位体積当たりの静電容量が大きいという特長があります。

陽極部にタンタル（タンタル金属粉の燃結体）を、陰極部に銀層とグラファイト層を、誘電体にタンタル酸化皮膜（五酸化タンタル、Ta_2O_5）を、電解質は液体または固体を使用します。固体は二酸化マンガン（MnO_2）を使用します。全体を樹脂で覆った固体式のタンタル電解コンデンサを図２－６に示します。固体式は湿式に比べて、漏れ電流が小さいという特徴がありますが、逆電圧には弱く、逆電圧がかかると容易に内部ショートし、故障してしまうという欠点があります。

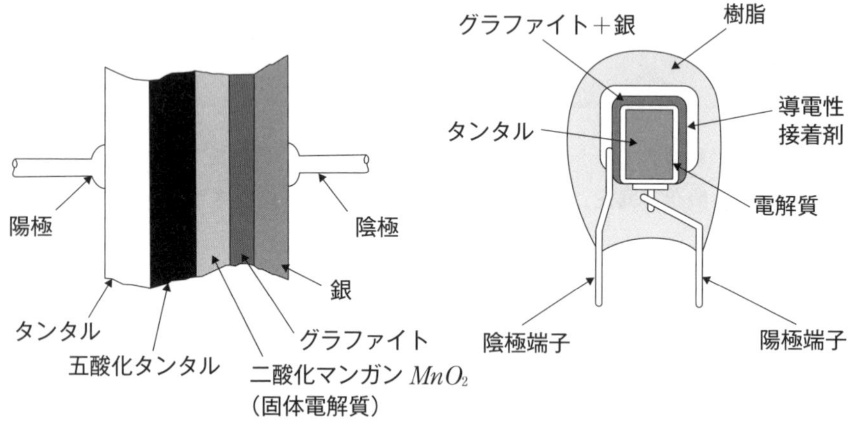

（a）模式図　　（b）樹脂ディップ形

図２－６　タンタル固体式電解コンデンサ

２－２－２　フィルムコンデンサ

フィルムコンデンサは、誘電体にプラスチックフィルム（または紙のフィルム）を使っています（写真２－２）。無極性のコンデンサです。ポリマーフィルムコンデンサとも呼ばれています。温度による容量の変化が小さく、高精度なコンデンサです。

フィルムコンデンサの容量値は３桁の数値で表示されます。前２桁の数値が仮数部で、最後の数値が指数部です。単位は $[pF]$（ピコファラッド）です。

例えば、“103”であれば、$10\times10^3=10000\ [pF]=10\ [nF]=0.01\ [\mu F]$ となります。

フィルムコンデンサは、電極の構造で分類され、金属箔電極と蒸着（メタライズド）電極の２種類があります。

金属箔電極を使用したコンデンサはフィルムコンデンサまたはプラスチックフィルムコンデンサと呼ばれています。誘電体であるプラスチックフィルムを金属箔で挟んだ構成となっています（図２－７（a））。金属箔は一般的にはアルミニウムを使用します。金属箔電極のフィルムコンデンサは高いサージ電流に対して耐性があります。

蒸着電極を使用したフィルムコンデンサは、メタライズドフィルムコンデンサ、*MP*（メタライズドペーパー）コンデンサ、金属化紙コンデンサ、メタライズドプラスチックフィルムコンデンサと呼ばれています。誘電体であるプラスチックフィルムの上に蒸着電極である金属層を多重重ねた構成となっています（図2－7（*b*））。薄片紙に直接、金属を蒸着させています。蒸着する金属はアルミニウムまたは亜鉛が一般的です。

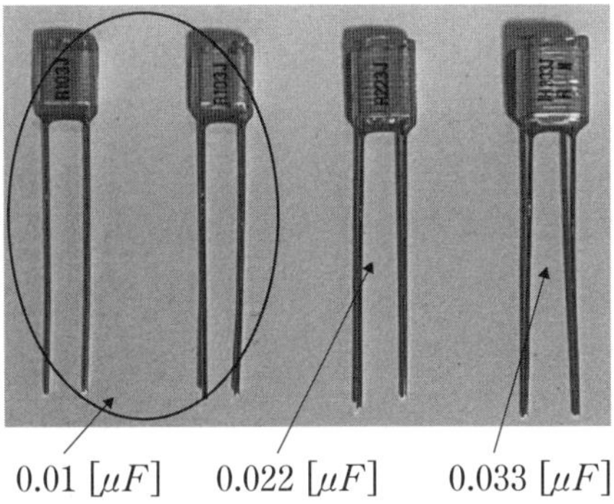

写真2－2　市販のフィルムコンデンサ

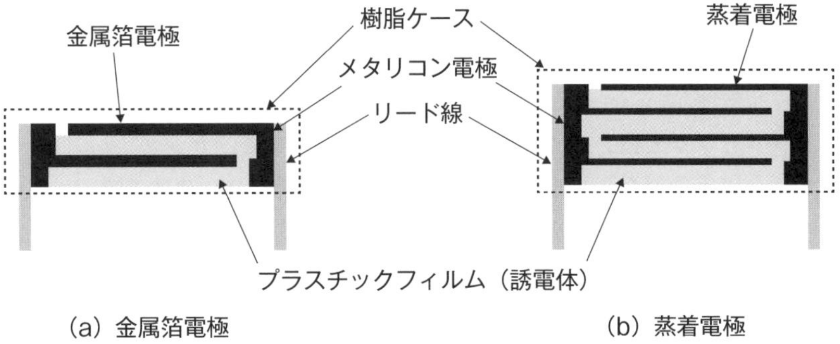

図2－7　フィルムコンデンサの構成

さらに上記の各電極において、使用する誘電体の種類によって細かく分類されています。例えば、*PET*（ポリエチレンテレフタレート）を誘電体に使用したものを*PET*フィルムコンデンサ、*PP*（ポリプロピレン）を誘電体に使用したものを*PP*フィルムコンデンサと呼んでいます。その他、多くの種類があります。

フィルムコンデンサの内部電極を取り出すためにメタリコンという技術が使用されています。溶融した金属を粉霧状にして対象物の表面に吹き付けて金属被覆層を得る技術で、日本ではメタリコンと呼んでいます。フィルムコンデンサの内部電極（金属箔、蒸着金属箔）の集電面にメタリコンで金属被覆材を塗布してリード線と接続しています。

2−2−3 セラミックコンデンサ

セラミックコンデンサは、酸化チタンやチタン酸バリウムなどの誘電体と電極を多数積み重ねたコンデンサです。誘電体として高誘電率のセラミックを使用し、シンプルな構造で、容量の大きなコンデンサを形成することができます。セラミックがもつ優れた高周波特性などのメリットを活かし、小型で大容量のコンデンサが実現できるため、広範囲に使われています。特に、大容量のセラミックコンデンサは、バイパス、デカップリング（*De-Coupling*）、平滑、バックアップなどへ用途が拡がり、電子回路によっては、電解コンデンサやタンタルコンデンサからの置き換えが可能になっています。

コラム　デカップリング、バックアップ、カップリング

デカップリングとは、コンデンサを充放電することで、交流成分を減衰させる機能です。デカップリングコンデンサは、電源ラインである直流に乗った交流成分をアースに逃がすとともに、絶えず電荷を蓄えておいて安定した直流電圧を供給する役割を果たしています。

バックアップとは、コンデンサに溜まった電荷を補充することで電圧を一定に保つ機能をいいます。

カップリングとは、回路間を結合するという意味で、カップリングコンデンサは交流成分のみ伝え直流成分をカットする機能をいいます（図2−8）。

また、バイパスコンデンサ（通称：パスコン、*Bypass capacitor*）は、電源と*GND*間に接続しノイズを吸収する機能をもちます。ノイズ成分の山の部分を充電で小さくし、谷の部分を放電で小さくするという機能です。このコンデンサは、用途に応じて、バックアップ機能またはデカップリング機能として働きます。

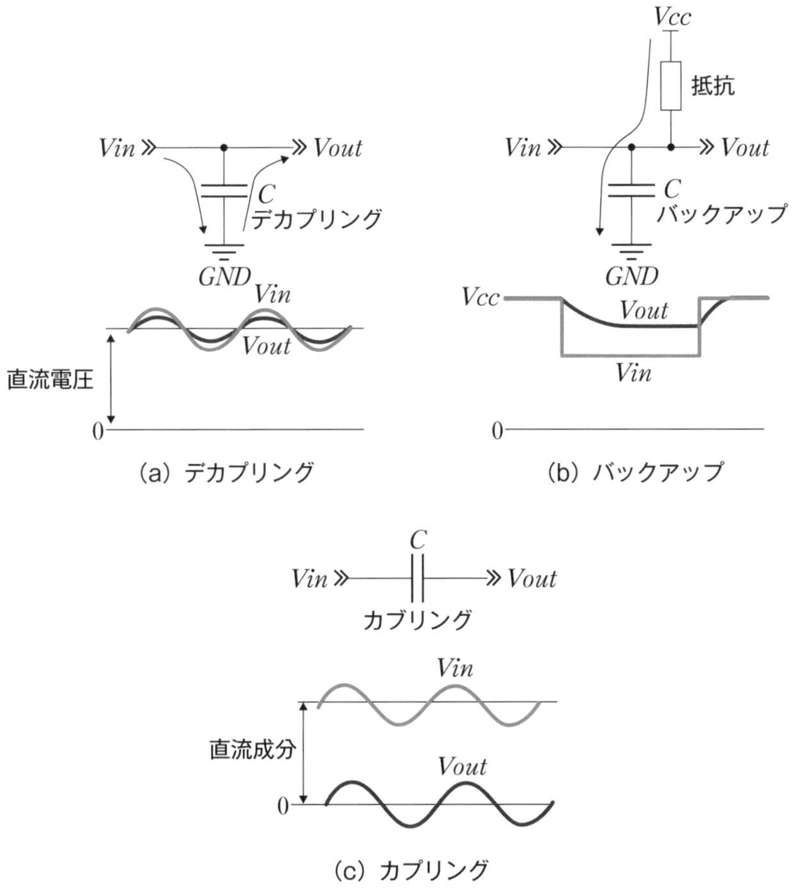

図2－8　コンデンサの機能

セラミックコンデンサの等価回路は、電極構造に伴うインダクタンス成分などが含まれるため、理想コンデンサ（本来の静電容量 C）と直列に、等価直列抵抗（R または *ESR*、*Equivalent Series Resistance*）と等価直列インダクタンス（L または *ESL*、*Equivalent Series Inductance*）が接続された *RLC* 直列回路であると考えることができます（図２－９（*a*））。*RLC* 直列回路のインピーダンス $Z\left(=R+j\omega L+\dfrac{1}{j\omega C}\right)$ は共振特性を示します（図２－９（*b*））。共振周波数 f_0 は静電容量 C と等価直列インダクタンス L の値で決まります。回路が共振したときは、回路のインピーダンスが最も小さくなるので、回路に流れる電流は最大になります。このときの電流は等価直列抵抗 R に支配されます。

厳密には、等価直列抵抗 R が周波数によって変化し、等価回路で表現しきれない部分がありますが、他のコンデンサに比べて等価直列抵抗 R と等価直列インダクタンス L がともに小さいので、コンデンサとして高い周波数まで動作します。また、共振周波数付近のインピーダンスが小さいことから、低インピーダンス領域が広くなり、高周波や高速信号あるいはノイズ対策などに向いています。

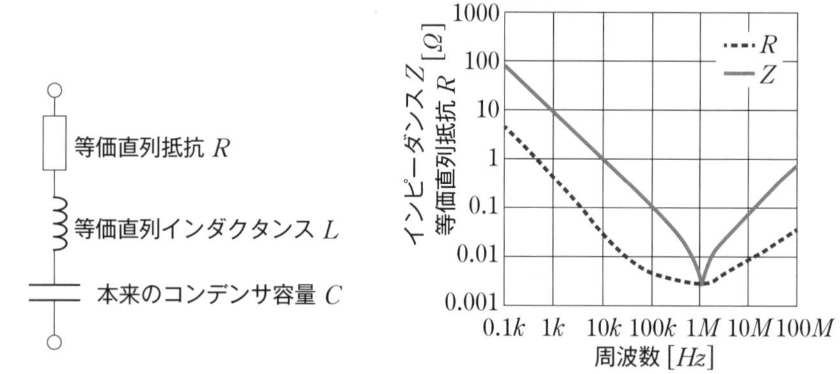

(a) 等価回路　　(b) インピーダンス特性

図2－9　セラミックコンデンサの等価回路とインピーダンス特性

[例題2－2]

2個のフィルムコンデンサの容量表示が“223”と“333”であった。容量値を求めなさい。

[解答]

“223” は $22\times10^{3}=22000$ $[pF]=22$ $[nF]=0.022$ $[\mu F]$ です。また、“333” は $33\times10^{3}=33000$ $[pF]=33$ $[nF]=0.033$ $[\mu F]$ です。

答：“223” は22 $[nF]$ または0.022 $[\mu F]$

“333” は33 $[nF]=0.033$ $[\mu F]$ または0.033 $[\mu F]$

［例題２－３］

セラミックコンデンサにおいて、静電容量が $C=1\ [\mu F]$、誘電体として使用されているセラミックスの比誘電率が $\varepsilon_r=20000$、内部電極の表面積が $0.5mm\times0.25mm$、積層数が $n=100$ のとき、内部電極の層間距離 d を求めなさい。

［解答］

図２－２に記載のコンデンサの静電容量を求める式において、積層数 n を考慮した式に書き直すと

$$C=n\times\varepsilon\frac{S}{d}=n\times\varepsilon_r\varepsilon_0\frac{S}{d}$$

となります。

したがって

$$d=\frac{n\varepsilon_r\varepsilon_0 S}{C}$$

となります。真空の誘電率 $\varepsilon_0=8.85\times10^{-12}\ [F]$ と題意の数値を代入します。

$$d=\frac{n\varepsilon_r\varepsilon_0 S}{C}=\frac{100\times20000\times8.85\times10^{-12}\times(0.5\times10^{-3}\times0.25\times10^{-3})}{1\times10^{-6}}$$

$$\approx2.21\times10^{-6}\ [m]=2.21\ [\mu m]$$

題意のセラミックコンデンサの内部電極は、厚さ $2.2\mu m$ という非常に薄い誘電体によって積層されているという試算結果になりました。誘電体の厚さが薄いということは、層間の絶縁耐圧に影響し、コンデンサの耐電圧は低くなります。

答：$d=2.21\ [\mu m]$

［例題２－４］

RLC 直列回路の直列共振について共振条件を求めなさい

［解答］

抵抗 R、インダクタンス L、キャパシタンス C の直列共振回路を図２－10に示します（ベクトルの表記方法として、A、$\overrightarrow{A}$、$\dot{A}$ の表記が用いられますが、ここでは $\dot{A}$ の文字表示を使います）。

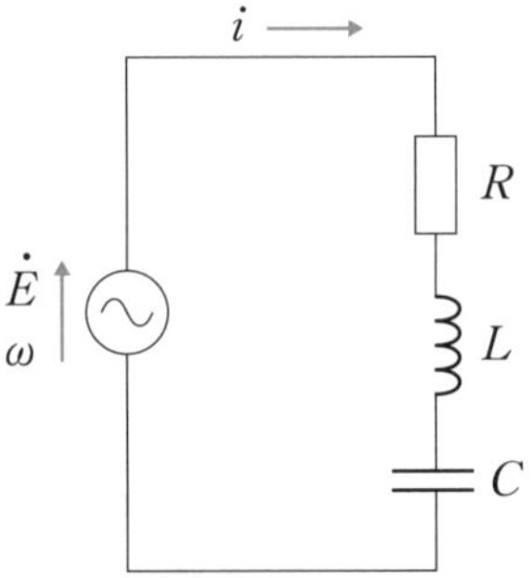

図2－10 **R−L−C 直列回路**

$R-L-C$ 直列接続の合成インピーダンス $\dot{Z}$ は、

$$
\begin{aligned}
\dot{Z} &= R + j\omega L + \frac{1}{j\omega C} \\
&= R + j\omega L - j\frac{1}{\omega C} \\
&= R + j\left(\omega L - \frac{1}{\omega C}\right) \\
&= \sqrt{R^2 + \left(\omega L - \frac{1}{\omega C}\right)^2} \angle \tan^{-1} \frac{\omega L - \frac{1}{\omega C}}{R} = Z\angle\theta
\end{aligned}
$$

となります。

回路に流れる電流 $\dot{I}$ は、

$$
\dot{I} = \frac{\dot{E}}{\dot{Z}} = \frac{\dot{E}}{R + j\omega L + \frac{1}{j\omega C}}
$$

となります。

電流 $\dot{I}$ の大きさ I は、電圧 $\dot{E}$ の大きさを E とすると、

$$
I = \frac{E}{Z} = \frac{E}{\sqrt{R^2 + \left(\omega L - \frac{1}{\omega C}\right)^2}}
$$

となります。

または、絶対値 | | を使うと

$$I=\left|\frac{\dot{E}}{\dot{Z}}\right|=\frac{|\dot{E}|}{|\dot{Z}|}=\frac{E}{\sqrt{R^2+\left(\omega L-\dfrac{1}{\omega C}\right)^2}}$$

のように表現することができます。

$R-L-C$ 直列回路が共振状態となるためには、

$$\omega L-\frac{1}{\omega C}=0\quad \text{または}\quad \omega L=\frac{1}{\omega C} \qquad (2-1)$$

が成立する場合で、このときの角周波数 ω_0 と周波数 f_0 は、

$$\omega_0=\frac{1}{\sqrt{LC}}\quad \text{または}\quad f_0=\frac{1}{2\pi\sqrt{LC}} \qquad (2-2)$$

となります。

角周波数 ω を横軸に、電流の大きさ I を縦軸にとったグラフを図2－11に示します。このようなグラフを共振曲線といいます。

ここで、電流の最大値を I_0 とすると、$\dfrac{I_0}{\sqrt{2}}$ 倍になる2つの角周波数 $\omega_1(=2\pi f_1)$ と $\omega_2(=2\pi f_2)$ との差 $\Delta\omega$ $(=2\pi(f_2-f_1)=2\pi\cdot\Delta f)$ または Δf を半値幅といいます。この値が小さいほど共振曲線はより鋭くなります。

共振曲線の鋭さを“尖鋭度”といい、Q値（*quality factor*）で表現されます。

Q 値は次式で表され、Q 値が大きいほど半値幅 Δf が小さくなり、より尖った形状になります。

$$Q=\frac{\omega_0}{\omega_2-\omega_1}=\frac{f_0}{f_2-f_1}=\frac{f_0}{\Delta f}$$

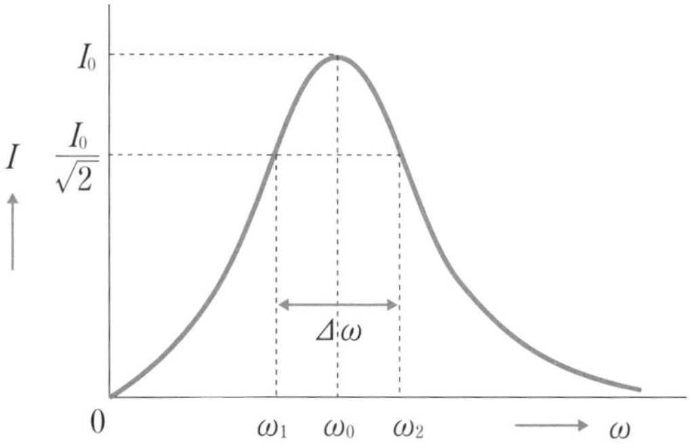

図2－11　$R-L-C$ 直列回路の共振曲線

答：共振条件：$\omega L - \dfrac{1}{\omega C} = 0$　または　$\omega L = \dfrac{1}{\omega C}$

2−3 ダイオード

半導体を代表するシリコンの結晶構造、ダイオードの整流特性、ダイオードの半波整流と全波整流、ダイオードの種類について説明します。

2−3−1　シリコンの結晶構造

一般に、電気を通す物質を導体、電気を通さない物質を絶縁体と呼び、使用状態によって導体と絶縁体のいずれかの性質をもつ物質を半導体と呼びます。

物質内の電荷の移動が、主に正の電荷（キャリア、*Career*）による半導体をp（*positive*）型半導体、負の電荷（電子）の移動による半導体をn（*negative*）型半導体と呼びます。半導体として、最も多く使われている物質（素材）はシリコン（元素記号、*Si*）です。

シリコンは、日本語で“ケイ素”といわれていますが、地球上で酸素の次に多い元素です。多くは土壌や岩石に存在しますが、天然水、樹木、植物などにも含まれています。しかし自然の中にあるシリコンは、酸素やアルミニウム、マグネシウムなどと結びついているため、シリコン元素の抽出には精錬が必要となります。なかでも、集積回路（*IC*）などの半導体に使われるシリコンでは、「99.999999999％」（イレブン・ナイン）という超高純度の単結晶構造（単結晶インゴット）が要求されるため、抽出後に各種の製造工程を経て精製されます（写真２－３）。

単結晶とは、原子が３次元的に規則正しく並んだもので、その配列の基本単位を結晶格子（または単位胞）といいます。単結晶とは、結晶格子が、繰り返し規則的に配列されているものをいいます。シリコンの結晶格子は、８個のシリコン原子をもつ単位格子によるダイヤモンド構造になっており、各々のシリコン原子は、４つの結合手によって周囲の４個のシリコン原子と結合しています（図２－12）。このような結合を共有結合といいます。このように安定した構造をもつシリコンが半導体の素材として利用されています。

(a) シリコン原石　　(b) シリコンインゴット

写真2−3　シリコン原石とシリコンインゴット

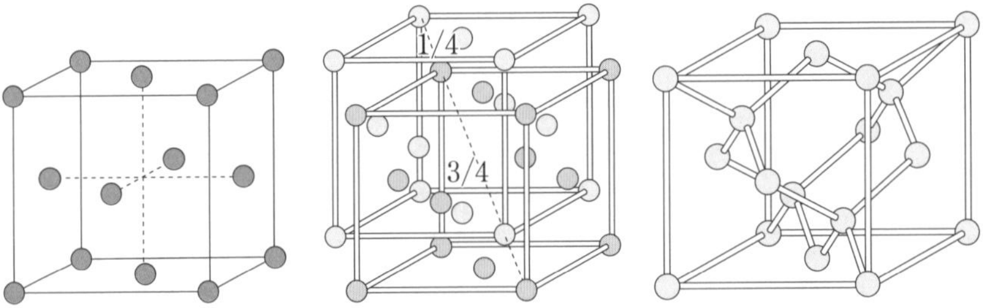

○はシリコン原子

(a) 面心立方格子 (b) 面心立方格子を対角線長に $1/4$ ずらす (c) ダイヤモンド構造

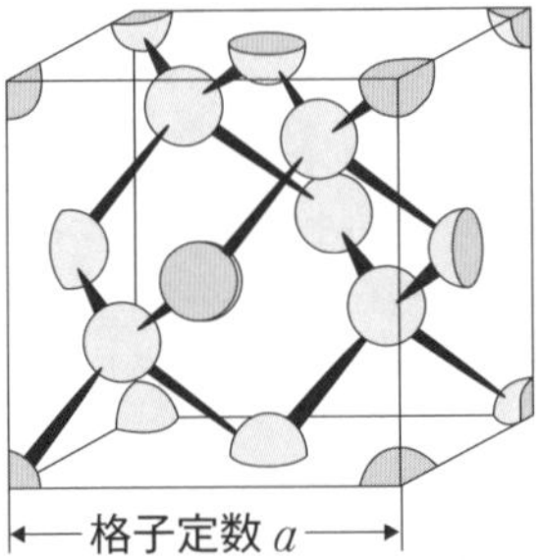

原子の数 $=\frac{1}{8}\times 8+\frac{1}{2}\times 6+4=8$ 個、結晶格子の一辺の長さ (結晶格子 a) の立方体

(d) 結晶格子の原子の数

図2−12　シリコンの結晶格子

ダイオードは、シリコンに *pn* 接合を作って電極を設けた半導体素子です。実際のダイオードのチップ構成では *p* 層は薄く、*n* 層は厚く作られています。*pn* 接合を用いたダイオードのことを一般整流ダイオードと呼びます（図 2 −13）。

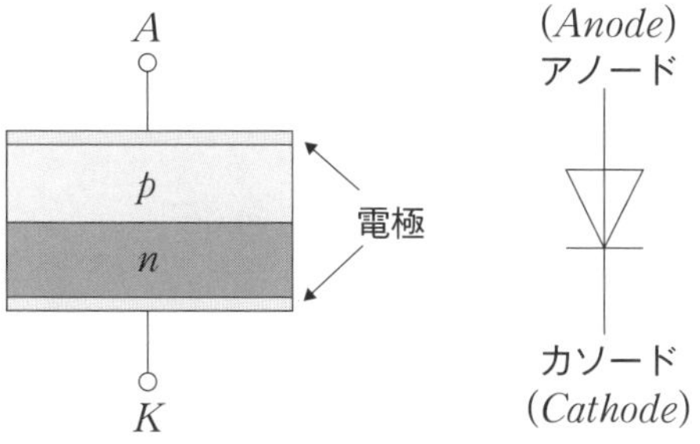

（a）*pn* 接合　　（b）図記号

図 2 −13　ダイオードの構造

2 − 3 − 2　ダイオードの整流特性

アノード（*A*）からカソード（*K*）方向（順方向）に電圧をかけると電流が流れ、このとき、*A*−*K* 間には順電圧 V_F が発生します。V_F によって電力損失が発生するので、V_F は極力小さい方が理想的です。カソード（*K*）からアノード（*A*）方向（逆方向）に電圧をかけると電流は流れません（実際にはほんのわずかな逆電流 I_R が流れます）。このように順方向に電流を流し、逆方向の電流を阻止する特性を整流特性といいます。

ダイオードの整流特性を図 2 −14に示します。電圧（*V*）—電流（*I*）特性といいます。ダイオードに順方向に電圧を印加したときは、約0.5 [*V*] 以上の電圧が印加されると、急に電流が流れます。0.5 [*V*] 以下ではほとんど電流は流れません。流れ始める電圧を順方向電圧といい、通常、データシートなどでは V_F で表現します。V_F の値はダイオードによって異なり、温度によっても変化します。

ダイオードに逆方向に電圧を印加したときは、電流はほとんど流れません。一般のダイオードの逆方向電流 I_R は数 nA～数 μA 程度です。逆方向の電圧をさらに上げていくとある電圧で急激に電流が流れ、これ以上の電圧を印加するとダイオードは破壊してしまいます。この電圧を降伏電圧と呼び、V_R で表されます。この特性を積極的に応用したダイオードに定電圧ダイオード（ツェナーダイオード）があります。

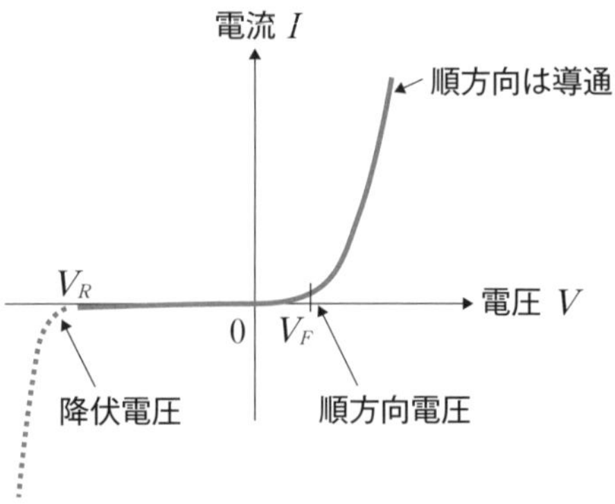

図2－14　ダイオードの整流特性

熱平衡状態（印加電圧 $V=0$）における pn 接合のエネルギーバンド図を図2－15に示します。

p 領域では、価電子帯の電子が伝導帯およびアクセプタ準位に励起され、ホール（正孔）が多数キャリアになります。一方、n 領域では価電子帯とドーナー準位の電子が伝導帯に励起され、電子が多数キャリアとなります。各領域において、エネルギーとキャリア密度の関係はほぼ指数関数で表されます。例えば、エネルギーが大きなキャリアほど少なくなります。

p 領域はホールが多数キャリア、n 領域は電子が多数キャリアなので、それぞれ反対方向に移動、拡散しそうですが、pn 接合の境界に内部電界（電位障壁 ϕ_0）ができるので、キャリアは拡散して均一化されません。電気伝導に寄与するキャリアは、障壁を超えることができる (a) および (b) の範囲のものですが、この範囲に含まれるキャリアの数が p 領域と n 領域で等しくなるように内部電界ができるので、キャリアの流れは生じません。すなわち、熱平衡の状態では電流は流れません。

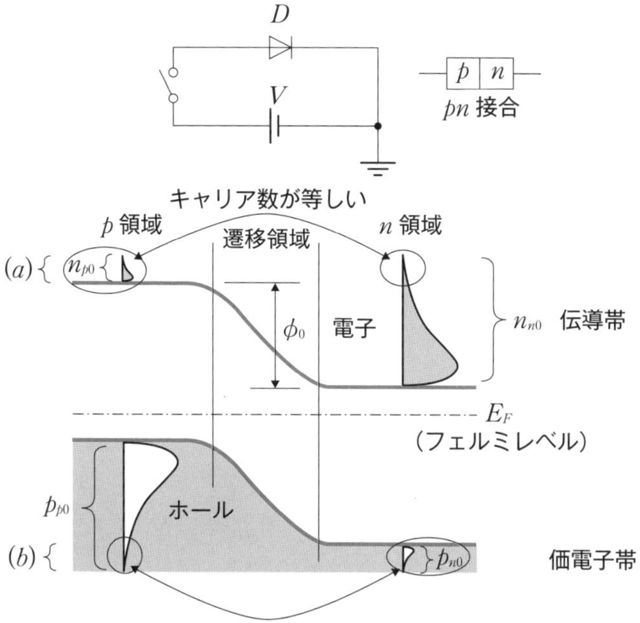

図2－15　熱平衡状態の pn 接合のバンド図

pn 接合に順方向バイアス V を印加すると、エネルギーバンド図は図２－16のようになります。

p 領域と n 領域の間の電位障壁がバイアス V だけ低くなり、n 領域の電子が障壁を越えて p 領域に、p 領域のホールが障壁を越えて n 領域に注入され、定常的なキャリアの流れ（電流）が生じます。

n 領域の電子のうち障壁を越えることができる電子密度 n_n、p 領域のホールのうち障壁を越えることができるホール密度 p_p は、次式のようになります。

$$n_n = n_{p0} e^{\frac{qV}{kT}} \qquad (2-3)$$

$$p_p = p_{n0} e^{\frac{qV}{kT}} \qquad (2-4)$$

電位障壁を越えて注入するキャリア数は、電圧の指数関数に比例します。

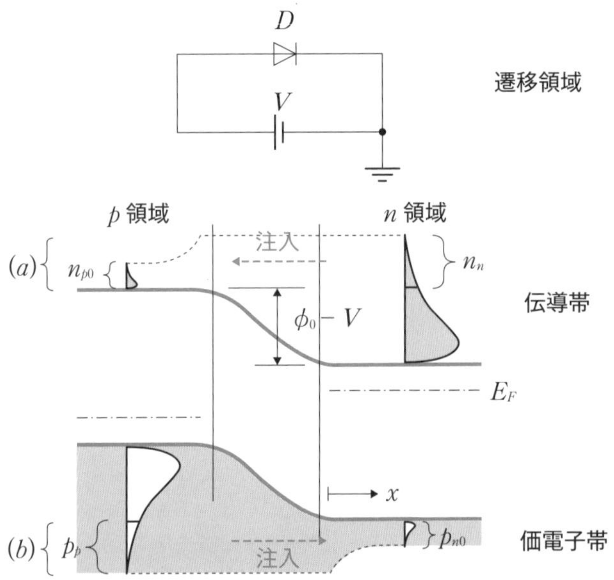

図2−16　順方向バイアスを印加した *pn* 接合のバンド図

pn 接合に逆方向バイアス V を印加すると、エネルギーバンド図は図2−17のようになります。

p 領域と n 領域の間の障壁が熱平衡のときよりもバイアス V だけ高くなります。多数キャリアである n 領域の電子と p 領域のホールは障壁を越えて移動することができず、それぞれの領域の少数キャリアだけが矢印の方向へ移動するのみです。このときの電流は順方向バイアス印加時の電流と比較して無視できるほど小さく、電流はほとんど流れないとみなすことができます。

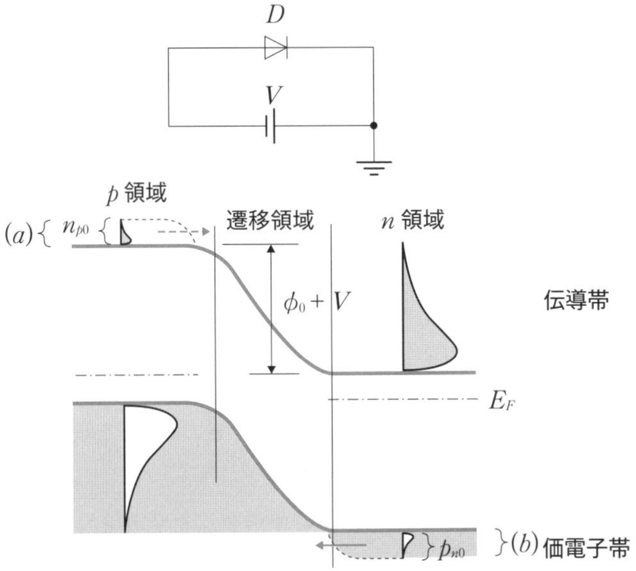

図 2 −17　逆方向バイアスを印加した pn 接合のバンド図

2 − 3 − 3　ダイオードの半波整流と全波整流

交流電源とダイオードと負荷を直列に接続した回路では、負荷には、交流電源のうちの半分の順方向側の電圧だけが加えられます。このような整流動作を半波整流と呼びます（図 2 −18（*a*））。

次に、2 つのダイオードを 2 個直列接続し、これを 2 組つくり、それぞれの中間に交流電圧を加えた場合は、互いのカソード端子がプラス、アノード端子がマイナスとなるので、交流電圧波形の正と負の両方の電圧を取り出すことができます（図 2 −18（*b*））。ダイオード 4 個をこのように接続する方法をブリッジ接続と呼び、このような回路を一般にブリッジ回路といいます。ブリッジ接続することにより、逆方向電圧を反転させ、この電圧を順方向へ加えることにより出力させる整流動作を全波整流と呼びます。ダイオードのブリッジ接続を 1 つのモジュールにした素子をダイオードブリッジといいます（写真 2 − 4）。

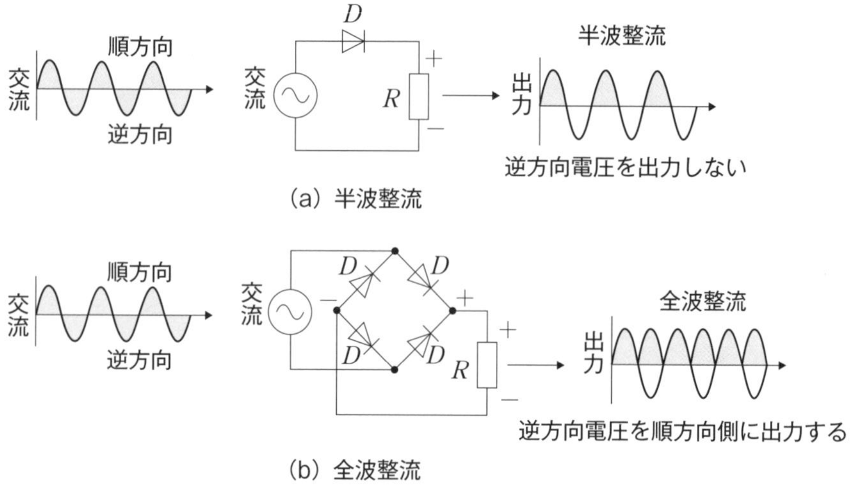

(a) 半波整流

(b) 全波整流

図2−18 ダイオードの半波整流と全波整流

(a) 1000V-8A　(b) 1000V-50A

写真2−4 ダイオードブリッジ

コンデンサの充放電を利用し、波形の平滑化を行うことで、脈動の少ない直流に変換することができます。このことから、半波整流に比べ、全波整流の方が効率のよい整流方式になります（表2−2）。平滑後に現れる電圧の脈動をリップル（*ripple*）といいます（図2−19）。リップルは、コンデンサ容量と負荷の大きさによって変化します。同じ大きさのコンデンサ容量、負荷の場合、全波整流の方が半波整流に比べてリップルは小さくなります。

リップル波形が単一周波数の正弦波の場合は、リップル率（脈動率）は、リップル波形の最大値を V_r と直流分を V_d とすると、

$$リップル率=\frac{\frac{V_r}{\sqrt{2}}}{V_d}\times 100\ [\%] \qquad (2-5)$$

で与えられます。リップル波形の実効値と直流分の比をとります。

なお、リップル波形に高調波が含まれる場合は、リップル率は

$$リップル率=\frac{V_{max}-V_{min}}{V_{mean}}\times 100\ [\%] \qquad (2-6)$$

または

$$リップル率=2\times\left(\frac{V_{max}-V_{min}}{V_{max}-V_{min}}\right)\times 100\ [\%] \qquad (2-7)$$

で与えられます（図 2 −20）。

表 2 − 2　半波整流と全波整流のリップル電圧の比較

項目	半波整流	全波整流
回路構成	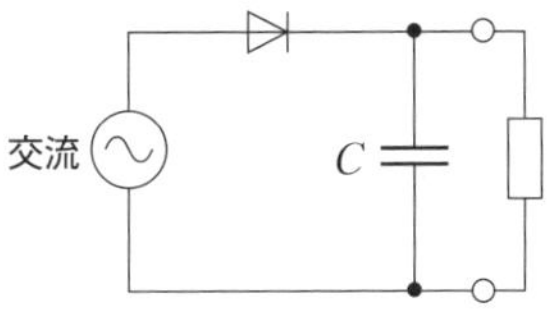	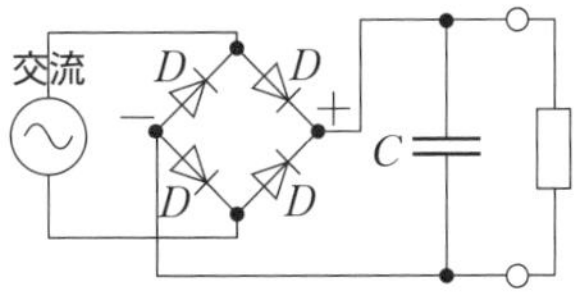
入力電圧波形（交流電圧）	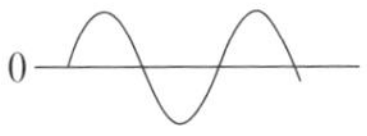	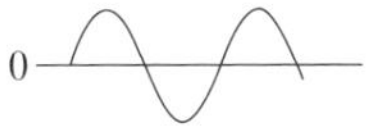
整流後電圧波形		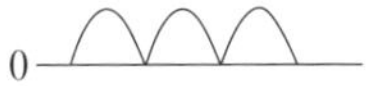
整流平滑後電圧波形	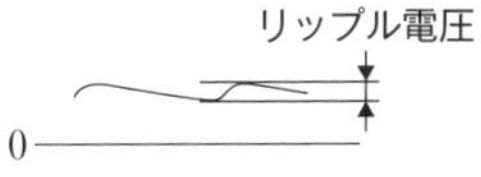	

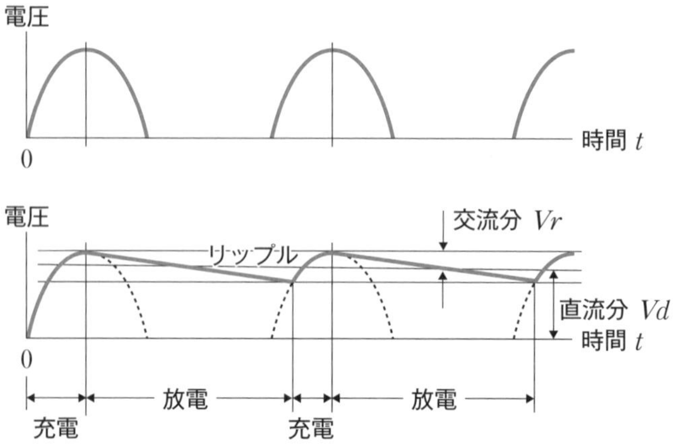

図 2 －19 単一周波数のリップル電圧

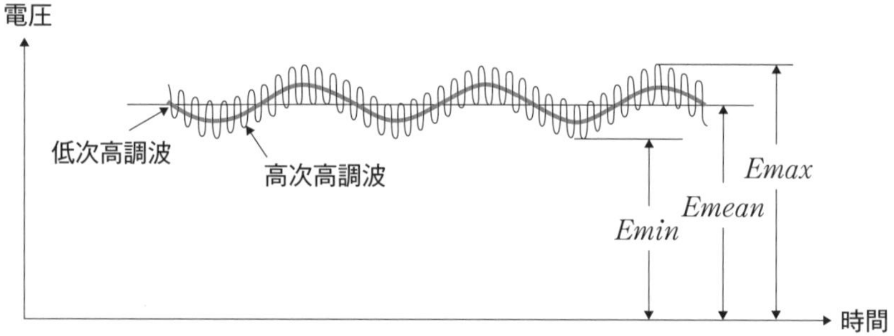

図 2 －20 リップル波形が高調波の場合

［例題２－５］

全波整流平滑回路の出力波形を図２－21に示す。リップル率を求めなさい。ただし、リップル波形は単一周波数の正弦波とし、リップル電圧の最大値を $E_a=2$ [V]、直流分を $E_d=24$ [V] とする。

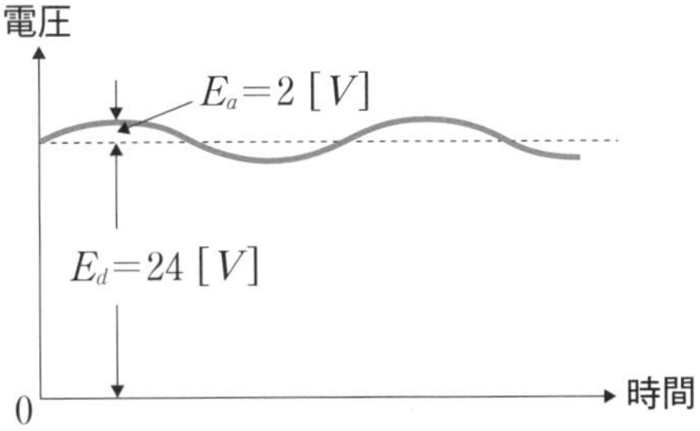

図２－21　全波整流平滑回路の出力波形

［解答］

リップル率は式（２－５）から

$$リップル率=\frac{\frac{E_a}{\sqrt{2}}}{E_d}\times 100\ [\%]$$

となります。直流分に対する交流分の割合ということになります。

題意の数値を代入します。

$$リップル率=\frac{\frac{2}{\sqrt{2}}}{24}\times 100\ [\%]=5.9\ [\%]$$

答：5.9 [%]

2－4 ダイオードの種類

ダイオードには、一般整流ダイオードに代表される*pn*接合型と*p*型半導体のかわりに金属層を使ったショットキー接合型（金属―半導体接合型）に分類されます。ダイオードを接合型で分類したものを図2－22に示します。

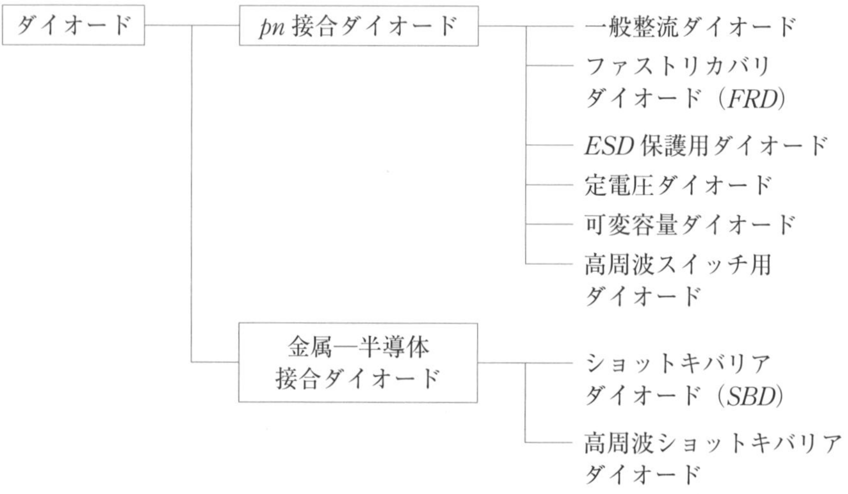

図2－22 ダイオードの分類

2－4－1 ファストリカバリダイオード

ファストリカバリダイオード（*FRD*、*Fast Recovery Diode*）の構造や働きは一般整流ダイオードと同じです。整流ダイオードは、500*Hz*以下の低周波応用で使用されるのに対して、*FRD*はスイッチング特性を改善したもので、数*kHz*～100*kHz*の高周波のスイッチングに使用されます（図2－23）。そのため、ダイオードのスイッチング性能である逆回復時間（*trr*）を速くしてあります。一般の整流ダイオードの*trr*が数*μs*～数十*μs*であるのに対して、*FRD*は数十*ns*～数百*ns*と1/100程度の高速になっています。このためスイッチング電源やインバータ応用機器、*DC*/*DC*コンバータなどに使用されています。

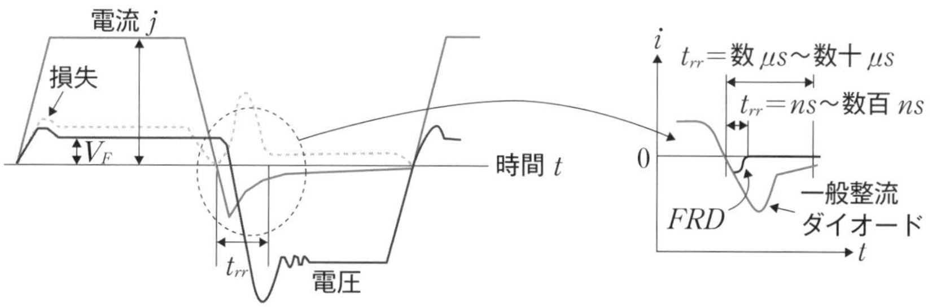

図2－23　*FRD* のスイッチング特性

2－4－2　定電圧ダイオード（ツェナーダイオード）

定電圧ダイオードは、pn 接合の逆方向特性を利用したダイオードです。pn 接合ダイオードの逆方向電圧を上げていくと、ある電圧で大きな電流が流れ始め電流にかかわらず一定の電圧が得られます（図 2 －24）。これを降伏現象といい、その電圧を降伏電圧またはツェナー電圧（V_Z）といいます。この特性を積極的に利用したのが定電圧ダイオードです。降伏電圧をツェナー電圧と呼ぶことからツェナーダイオードともいいます。得られた定電圧を利用して電子回路の定電圧電源や基準電圧を必要とする回路に使用されます。

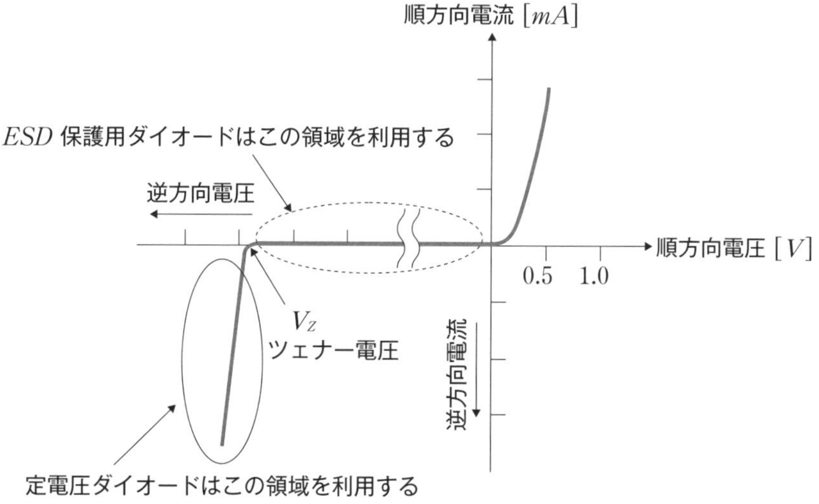

図2－24　定電圧ダイオードの電圧—電流特性

2－4－3　ESD保護用ダイオード

ツェナーダイオードの一種です。主に、*ESD*（*Electrostatic Discharge*、静電気放電）対策用途に使用されるダイオードです。一般的に*USB*ラインなどから入る静電気の大きな電圧から*IC*などの集積回路を保護する目的に使用されます。インターフェースなど外部端子から侵入する異常電圧を吸収し、回路の誤動作防止やデバイスを保護します。静電気や短時間のパルス電圧の吸収・抑制対策に最適です（図2－25）。

図2－24の電圧—電流特性において図示した領域を使用します。

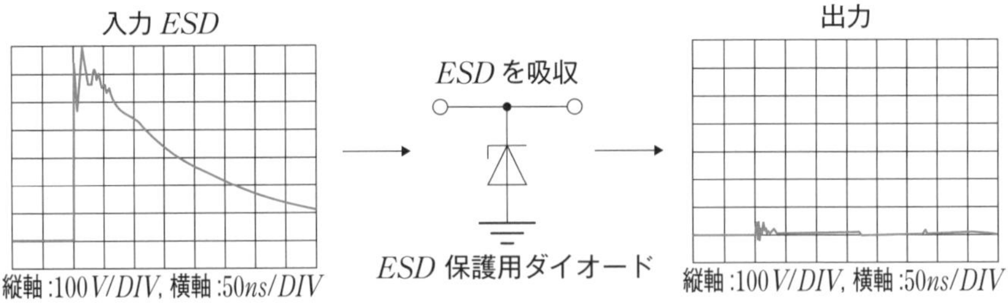

図2－25　*ESD*保護用ダイオードの*ESD*吸収測定例

2－4－4　ショットキバリアダイオード

ショットキバリアダイオード（*Schottky Barrier Diode*、*SBD*）は、*pn*接合の代わりに半導体とモリブデンなどの金属を接合した構造の素子で、ショットキー効果（*Schottky effect*）を利用したダイオードなので*pn*接合がありません。このような接合をショットキー接合といいます。一般的に、*n*型半導体とモリブデンなどの金属の接合が一般的です。

ショットキバリアダイオードの図記号と電圧—電流特性を図2－26に示します。

キャリアの1つである正孔（ホール）の振る舞いを利用しない構造なので、順方向電圧が小さく逆回復時間が短いことから高速スイッチング動作に適しています。使用される金属により変わりますが、一般的に耐圧は20～150［*V*］程度、V_Fは0.4［*V*］程度と*pn*接合ダイオードより低耐圧・低V_Fの特性をもちます。

すなわち、ショットキバリアダイオードは、順方向電圧（V_F）が低く、スイッチング特性が速いという特長をもちます。

また、*SBD*の順電圧降下（V_F）と逆方向漏れ電流（逆電流）I_Rには、逆相関関係があります。V_FとI_Rはトレードオフの関係にあります（図2－27）。逆電流が大きくなると、高耐圧の素子としての用途には向きません。しかしながら、現在は、低順電圧を維持しながら漏れ電流を抑えた新構造の *SBD* が開発、製品化されています

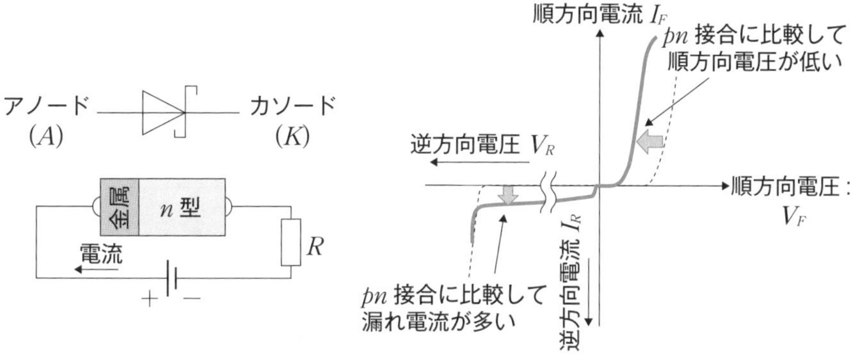

(a) 図記号　　(b) 電圧ー電流特性

図 2 −26　ショットキバリアダイオードの図記号と電圧―電流特性

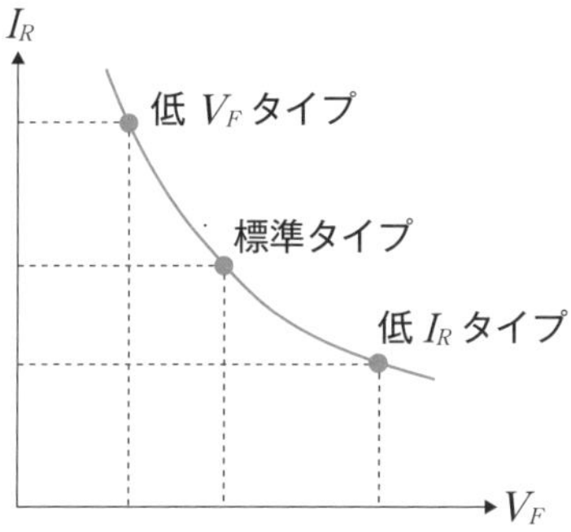

図 2 −27　V_F と I_R の関係（トレードオフ）

コラム ショットキー接触

半導体と金属を接触させると、整流ダイオードのような働きをすることが知られています（図2－28）。これをショットキー接触といい、整流素子として利用したのがショットキバリアダイオードまたはショットキーダイオードです。ショットキー接触になるか否かは、一般的には金属と半導体の仕事関数差で決まります。

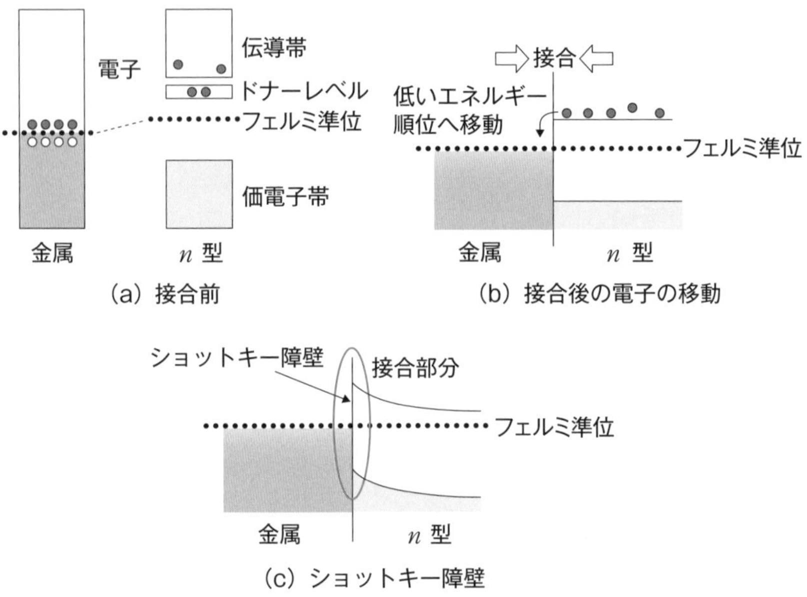

図2－28 接合前後の金属と *n* 型半導体のエネルギーバンド図

n 型半導体と金属の接合前のエネルギーバンド図を図2－28（*a*）に示します。*n* 型半導体と金属を接合すると両者の電位は等しくなります。両者の電位はフェルミ準位で一致します。金属中の自由電子が存在するエネルギー準位よりも *n* 型半導体の伝導帯の自由電子の方が高いエネルギー準位にあるので、*n* 型半導体の自由電子は拡散によりエネルギー準位の低い金属側へ移動することができます（同図（*b*））。逆に、金属側の自由電子は *n* 型半導体へは移動することはできません。その結果、金属との接合部分の *n* 型半導体の自由電子の数は金属側へ流出することにより減少し、フェルミ準位に対し

相対的に接合部分の n 型半導体の伝導帯と価電子帯のエネルギー準位が変化します。金属と n 型半導体の接合後に、自由電子の移動により変化したエネルギーバンド図を同図（c）に示します。このようにして金属と半導体の接合部には電位障壁がつくられます。これをショットキー障壁といいます。

2－5 トランジスタ

バイポーラトランジスタ（*BJT*、*Bipolar Junction Transistor*）の名で知られているトランジスタは、電流の流れを制御するために使用される電流駆動型の半導体素子です。ベースに流す少量の電流によって、コレクタとエミッタ間の電流を制御します。発振器またはスイッチとして、微弱な信号を増幅させるために使用することができます。

トランジスタは *n* 型と *p* 型の半導体層がサンドイッチ構造に形成されたシリコン結晶で作られています。トランジスタのチップは３本のリード端子が付いたプラスチックモジュールに収納されています。大容量のトランジスタは放熱器を一体化したモジュールに収納されます。

2－5－1 トランジスタの基本特性

トランジスタの構造は、半導体の *pn* 接合を利用しています。バイポーラトランジスタは正孔と電子の２つのキャリアのやり取りで動作します。すなわち双極で動作するという意味でバイポーラトランジスタと呼ばれています。

バイポーラトランジスタは、３層構造をしており、*npn* 型と *pnp* 型の２種類があります（図２－29）。３つの領域は中央をベース（*B*）、片側をエミッタ（*E*）、反対側をコレクタ（*C*）といいます。ベース領域は層が薄く、不純物濃度が低く、エミッタ領域は不純物濃度が高くなっています。

npn 型トランジスタを例に、トランジスタの基本動作を説明します。

エミッタ・ベース（*EB*）間の *pn* 接合に順方向バイアスを、ベース・コレクタ（*BC*）間に逆方向バイアスを加えます（図２－30）。

EB 間の *pn* 接合は順方向バイアスになるので、エミッタに電流 I_E が流れます。ベース領域に比べエミッタの不純物濃度が高いので、ベースからの正孔による電流は少なく、ほとんどがエミッタから注入される電子による電流になります。

ベース領域に注入された電子は *CB* 間の接合に向かって拡散しますが、その一部はベース領域の多数キャリアである正孔と再結合して消滅します。しかし、ベース領域は非常に薄いため大部分の電子は再結合することなく *CB* 接合に到達することができます。*CB* 間の *pn* 接合は逆方向バイアスでコレクタ側が正電位になっているので、これらの電子はコレクタに吸い取られ、これがコレクタ電流 I_C になります。なお、ベース領域で再結合し消滅した一部の電子はベース電流 I_B

になります。

エミッタ電流 I_E のコレクタに達した割合を α とすると、αI_E がコレクタ電流になり、両者の差 $(1-\alpha) I_E$ がベース電流になります。この α をベース接地の電流増幅率といい、α は1に近い数値になります。

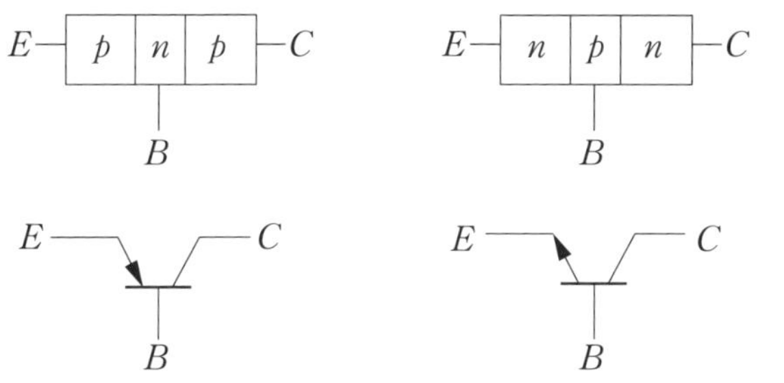

図2－29　トランジスタの図記号と構造

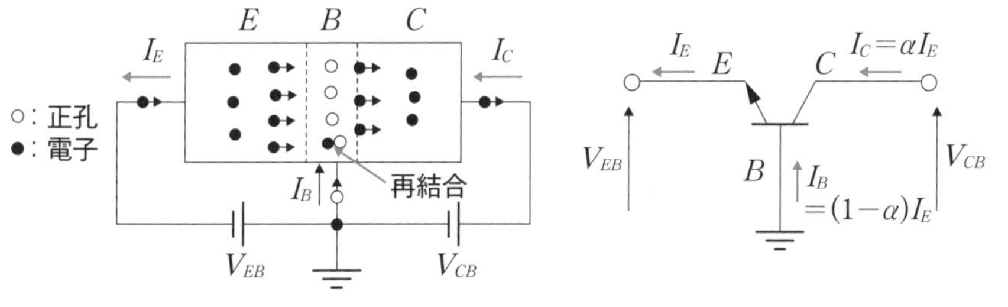

(a) ベース接地　　(b) 電流増幅率 α の関係

図2－30　トランジスタの基本動作

次に、エミッタ接地の場合の動作を説明します（図2－31）。

エミッタ接地では入力はベース電流になります。ベース電流は $(1-\alpha)\,I_E$ であり、出力のコレクタ電流は αI_E であるので、エミッタ接地の電流増幅率 β は、

$$\beta = \frac{I_C}{I_B} = \frac{\alpha I_E}{(1-\alpha)\,I_E} = \frac{\alpha}{1-\alpha} \qquad (2-8)$$

となります。

エミッタ接地の電流増幅率 β は、データシートなどでは、直流電流増幅率 h_{FE} として H パラメータで表します。電流増幅率 β はトランジスタによって異なりますが、一般的な値は100～500程度ですが、大きいものでは1000を超えるものが

あります。

汎用のトランジスタ2SC1815の $h_{FE}-I_C$ 特性を図2−32に示します。h_{FE} は25℃の常温で140くらいです。

一般に、トランジスタの h_{FE} の値は、測定値を分類して分類コードを印字して出荷しています。例えば、分類コードを「O、Y、GR、BL」としています。O は *Orange*、Y は *Yellow*、GR は *Green*、BL は *Blue* の頭文字です。

2SC1815の場合は、h_{FE} は、$O=70\sim140$、$Y=120\sim240$、$GR=200\sim400$、$BL=350\sim700$ で分類されています。

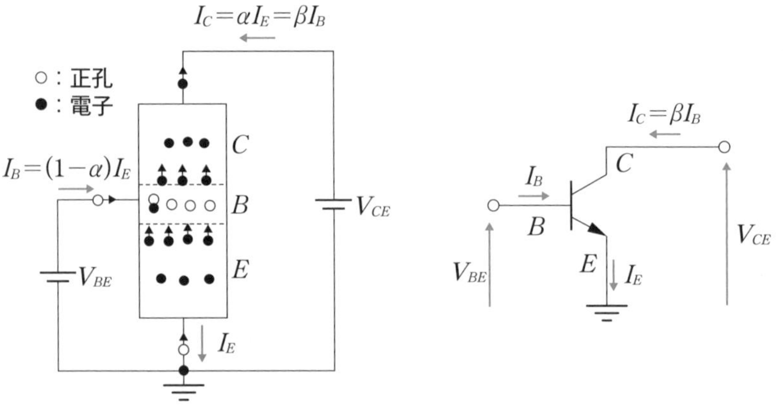

(a) エミッタ接地　　(b) 電流増幅率 β の関係

図2−31 トランジスタの基本動作

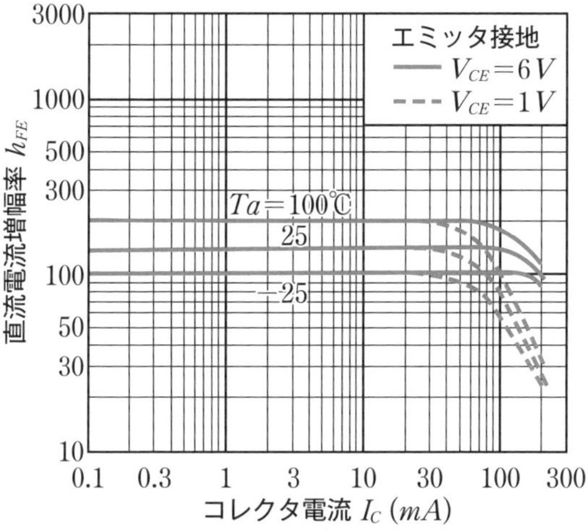

図2－32　2SC1815の h_{FE}－I_C 特性

2－5－2　トランジスタの静特性

エミッタ接地トランジスタの静特性を図2－33に示します。ベース電流 I_B をパラメータにしたコレクタ・エミッタ間電圧 V_{CE} とコレクタ電流 I_C の関係です。

横軸と $I_B=0$ の部分は、コレクタ電圧 V_{CE} が増加してもコレクタ電流 I_C はほとんど流れない領域で、遮断領域と呼ばれています。縦軸と特性曲線に挟まれた部分はコレクタ・エミッタ間電圧 V_{CE} が小さくてもコレクタ電流 I_C が流れる領域であるので飽和領域といいます。両者の間のベース電流によってコレクタ電流が決定される領域を活性領域といいます。V_{CE} をさらに増加していくと降伏領域に入ります。

トランジスタのコレクタ・エミッタ間電圧 V_{CE} を増加させていくと、ある時点で急激にコレクタ電流 I_C が増加する現象が生じます。この現象を1次降伏と呼びます。1次降伏後、さらにコレクタ・エミッタ間電圧 V_{CE} を増加させていくと、ある時点から急激にコレクタ・エミッタ間電圧 V_{CE} が低下し、低インピーダンスの領域となります。低インピーダンスとなることで、コレクタ電流 I_C が急増します。コレクタ・エミッタ間電圧 V_{CE} が急激に下がり、コレクタ電流 I_C が急増する現象を2次降伏と呼びます。

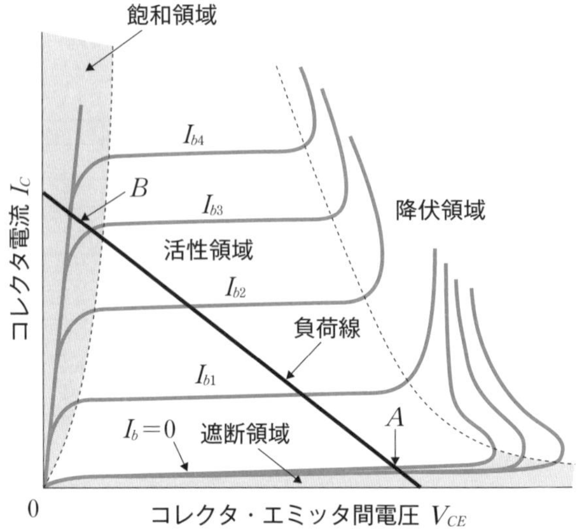

図2－33 エミッタ接地トランジスタの静特性

2－5－3 エミッタ接地増幅回路

エミッタ接地増幅回路を図２－34に示します。図２－33のエミッタ接地トランジスタの静特性曲線の活性領域を用いて説明します。この領域では、コレクタ電流 I_C はベース電流 I_B の変化に対応して変化します。ベースのバイアス電圧 V_B に信号入力として微小電圧 V_i を加えたとします。トランジスタのベース・エミッタ間電圧 V_{BE} はほとんど変化しないので、ベース電流は $I_B=\dfrac{V_i}{R_B}$ だけ変化します。ここで、R_B はベースに接続されている入力抵抗です。

コレクタ電流の変化分である i_C はベース電流の β 倍なので $i_C=\beta\times i_B$ となります。したがって、コレクタに接続された抵抗 R_C における出力は $V_O=R_C\times\beta i_B$ となります。このことから回路の信号増幅率 A は、

$$A=\frac{V_O}{V_i}=\frac{R_C\times\beta i_B}{R_B\times i_B}=\frac{\beta R_C}{R_B} \qquad (2-9)$$

となります。R_B と R_C は一定なので、回路の信号増幅率は β に比例します。

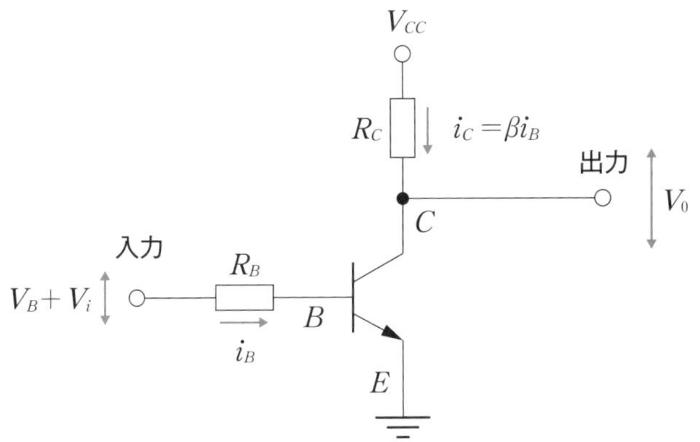

図2－34　エミッタ接地増幅回路

2－5－4　トランジスタのスイッチング動作

エミッタ接地増幅回路でベースバイアス V_B を大きく変化させると、スイッチング動作となります。エミッタ接地の静特性曲線において動作点は負荷線上を遮断領域（A 点）と飽和領域（B 点）を移動します。入力電圧 $V_B=0$ [V] ではベース電流がゼロになり、動作点は遮断領域の A 点になります。この場合、コレクタ電流 I_C は流れず、トランジスタは図2－35（a）のスイッチモデルで示すようなオフ状態となります。このため供給電圧 V_{CC} が出力電圧 V_O として出力されます。

次に、入力電圧 V_B を十分なベース電流が流れるように高くすると、動作点は飽和領域の B 点になります。このときコレクタには飽和電流 $I_{CS}=\dfrac{V_{CC}}{R_C}$ が流れ、トランジスタはオン状態になります（同図（b））。このため出力電圧 V_O は、0 [V] 付近まで低下します。

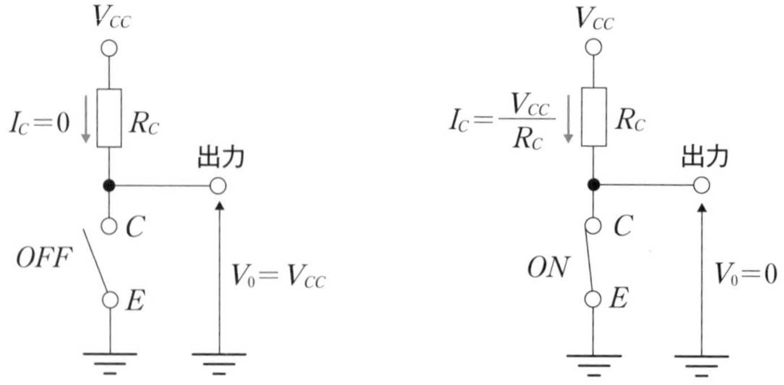

(a) オフ状態　　(b) オン状態

図2−35　トランジスタのスイッチモデル

トランジスタを使用したリレードライブ回路を図2−36に示します。同図（*a*）は、*npn* トランジスタを使用したシンク・ドライブ（シンク駆動、*Sync drive*）方式で、負荷であるリレーコイルが電源 V_{CC} に接続されている状態です。トランジスタを *ON* させてリレーを駆動させる方法です。同図（*b*）は *pnp* トランジスタを使用したソース・ドライブ（ソース駆動、*Source drive*）方式で、トランジスタを *ON* させて負荷に電源 *Vcc* を供給させる方法です。

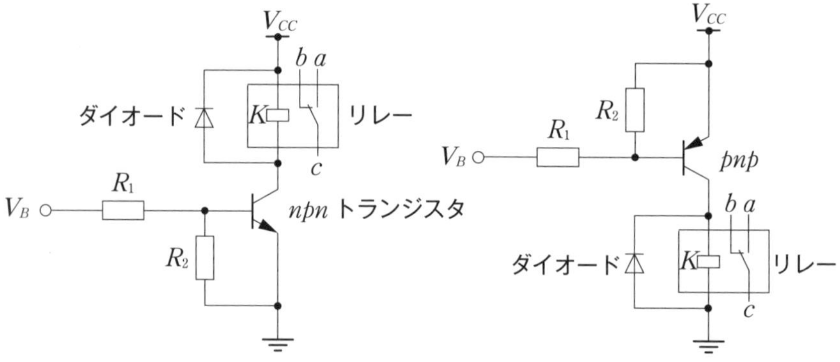

(a) シンク駆動方式　　(b) ソース駆動方式

図2−36　リレードライブ回路

[例題 2 − 6]

トランジスタ増幅回路（図 2 −37）において、$V_{CC}=9\,[V]$、$I_C=2\,[mA]$としたとき、バイアス抵抗 R_B の値を求めなさい。ただし、直流電流増幅率 $h_{FE}=100$、ベース・エミッタ間電圧 $V_{BE}=0.6\,[V]$ とする。

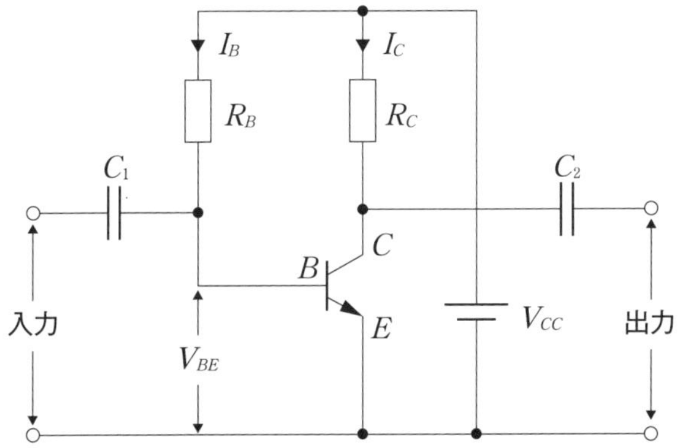

図 2 −37　トランジスタ増幅回路

[解答]

コンデンサ C_1 と C_2 は交流のみを通すので、バイアスの計算では無視して考えます（ないものとします）。

V_{BE} について式を立てると

$$V_{BE}=V_{CC}-R_B\cdot I_B$$

です。電流増幅率は

$$h_{FE}=\frac{I_C}{I_B}$$

です。上記の 2 つの式から

$$R_B=\frac{(V_{CC}-V_{BE})}{I_B}=(V_{CC}-V_{BE})\frac{h_{FE}}{I_C}$$

が得られます。この式に題意の数値を代入します。

$$R_B=(9-0.6)\times\frac{100}{0.002}=420\times10^3\,[\Omega]=420\,[k\Omega]$$

答：$R_B=420\,[k\Omega]$

[例題２－７]

固定バイアス回路を用いたエミッタ接地トランジスタ増幅回路を図２－38に示す。また、トランジスタのベース電流 I_B に対するコレクタ・エミッタ間電圧 V_{CE} とコレクタ電流 I_C との関係である静特性を図２－39に示す。この V_{CE}−I_C 特性と直流負荷線との交点を動作点という。この回路の直流負荷線は図２－39のように与えられる。動作点が $V_{CE}=4.5$ [V] のとき、バイアス抵抗 R_B の値を求めなさい。ただし、ベース・エミッタ間電圧 V_{BE} は、直流電源電圧 V_{CC} に比べて十分小さく無視できるものとする。なお、R_L は負荷抵抗であり、C_1、C_2 は結合コンデンサとする。

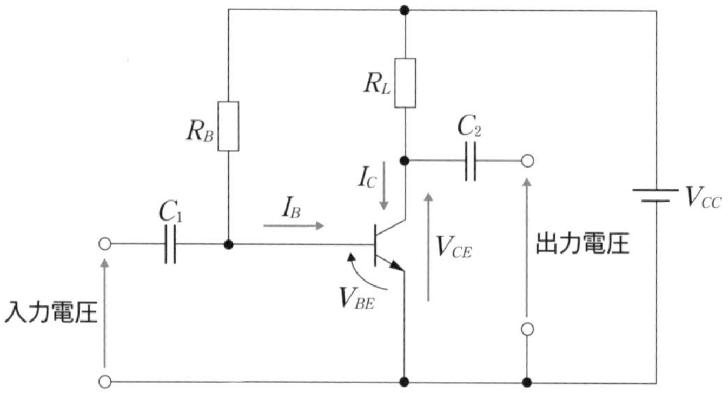

図２－38　エミッタ接地トランジスタ増幅回路

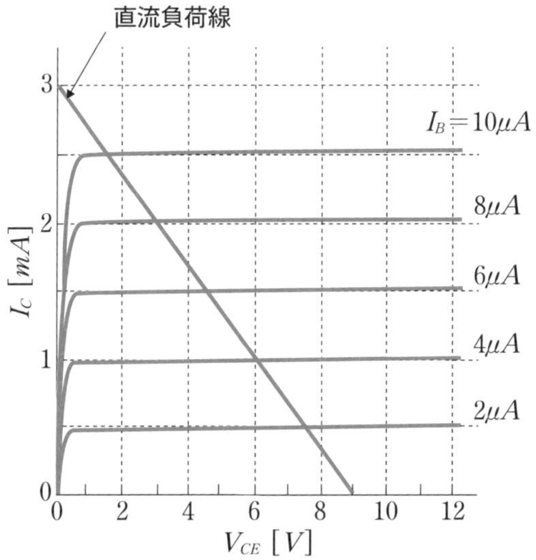

図2－39　エミッタ接地トランジスタの静特性

[解答]

図2－40の閉回路を考えます。キルヒホッフの法則から、

$$V_{CC}=R_B \cdot I_B+V_{BE}$$

が得られます。題意より、V_{BE}の大きさは無視できるので、

$$V_{CC}=R_B \cdot I_B$$

となります。

ここで、動作点は$V_{CE}=4.5$ [V] であるので、図2－41に示すように、このときのベース電流は$I_B=6$ [μA] となります。これを上式に代入すると、

$$9=R_B\times 6\times 10^{-6}$$

となり、これより

$$R_B=\frac{9}{6\times 10^{-6}}=1.5\times 10^{6}\ [\Omega]=1.5\ [M\Omega]$$

が得られます。

答：$R_B=1.5$ [MΩ]

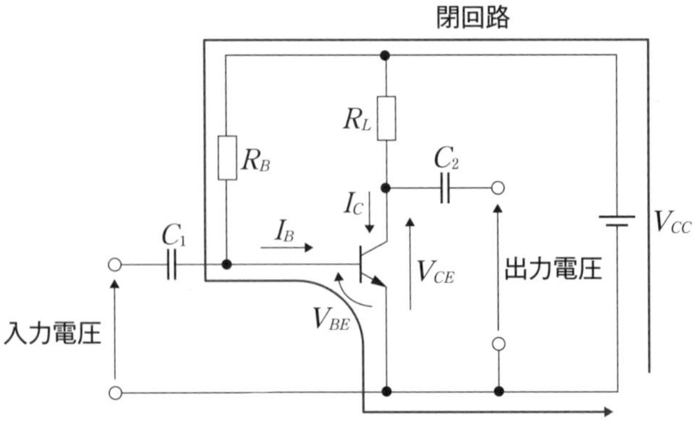

図2−40 閉回路

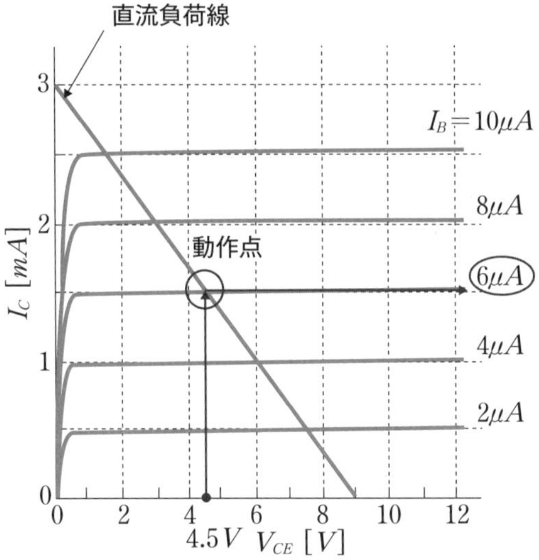

図2−41 動作点

2－6 接合型FETとMOSFET

トランジスタは、動作機構の違いによるバイポーラトランジスタとユニポーラトランジスタに分けられます（図2－42）。バイとは*Bi*（2つ）、ポーラは*Polar*（極性）という意味で、バイポーラトランジスタ（*Bi-polar Transistor*）は、電子とホールという2種類のキャリアを使用するトランジスタです。ユニポーラトランジスタ（*Uni-polar Transistor*）は、電子またはホールのどちらか1種類（*Uni*）のキャリアのみで動作するトランジスタで、接合型*FET*と*MOS*型*FET*に代表されます。

バイポーラトランジスタは、ベースからエミッタへ向かう電流が流れますが、ユニポーラトランジスタでは、ゲートと半導体の間に絶縁体（酸化物）が挟み込まれているため、ゲートからソースへ向かう電流は流れません。バイポーラトランジスタは電流駆動型であり、ユニポーラトランジスタは電圧駆動型のトランジスタであるといえます。

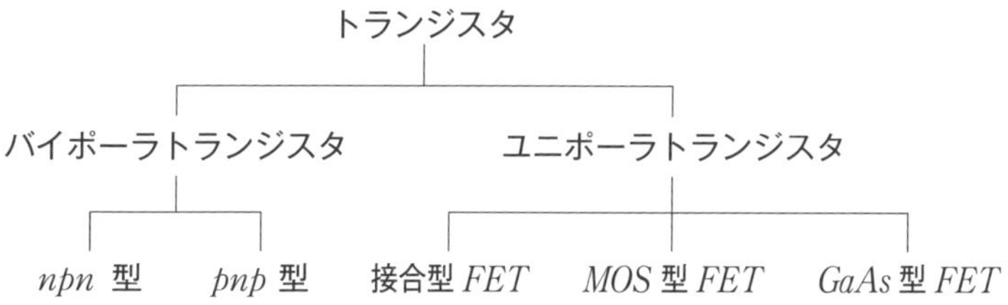

図2－42　トランジスタの分類

2－6－1　接合型FET

*FET*とは*Field Effect Transistor*の略で、電界効果トランジスタのことです。単純に*FET*というと接合型*FET*（*Junction Field Effect Transistor*、略して*JFET*）を指します（以下、*JFET*）。

電界効果トランジスタは、外観はバイポーラトランジスタとまったく同じですが、端子の呼び方が異なります。バイポーラトランジスタのベースに相当する端子は電界効果トランジスタでは「ゲート」、エミッタに相当する端子を「ソース」、コレクタに相当する端子を「ドレイン」と呼びます。

バイポーラトランジスタではベースとエミッタ間に電流を流し、コレクタの電流を制御しますが、電界効果トランジスタではゲートとソース間に電圧を印加し、電圧の大きさでドレイン電流を制御します。そしてゲートの入力抵抗は非常に高く、ほとんどゲートには電流は流れません。

JFET において、ゲートとソース間に正極の電圧を印加して使うものを「*P* チャネルタイプ」と呼び、反対に負極の電圧を印加して使うものを「*N* チャネルタイプ」と呼びます（図 2 −43（*a*）、（*b*））。一方、*MOS* 型 *FET* ではゲートとソース間に正極の電圧を印加して使うものを「*N* チャネルタイプ」、反対に負極の電圧を印加して使うものを「*P* チャネルタイプ」と呼びます（同図（*c*）、（*d*））。

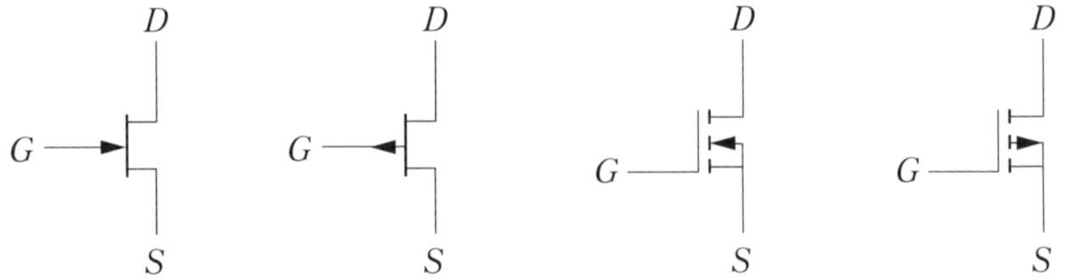

(a) *N* チャネル　(b) *P* チャネル　(c) *N* チャネル　(d) *P* チャネル

図 2 −43　*JFET* と *MOSFET* のチャネルと図記号

JFET（*N* チャネル）の動作原理を説明します。

ゲート・ソース間に電圧がかけられていない状態を図 2 −44（*a*）に示します。この状態は、n 型半導体のドレイン・ソース間に電圧 V_{DS} が印加されているので、ソースからドレインに向かって電子が移動し、ドレイン電流 I_D が流れます。多数キャリアである電子はソースからドレインに向かって走行するので、この部分をチャネル（*channel*）と呼びます。電子が走行するチャネルを n チャネル、正孔が走行するチャネルを *P* チャネルと呼びます。

次に、ゲート・ソース間に電圧 V_{GS}（ドレインに対して逆バイアス）を印加すると、電子はソース側に引き寄せられます。その結果、ゲート直下および周りには空乏層ができます（図 2 −44（*b*））。ゲート電圧を大きくしていくと、空乏層が広がり、その結果、チャネルの幅が減少します。チャネルの幅が減少することにより、ソースからドレインに移動する電子数が制限され、その結果、ドレイン電流が減少します。したがって、ゲート電圧の変化がドレイン電流の変化を生じさせます。ゲート・ソース間電圧 V_{GS} をパラメータに、ゲート・ソース間電圧 V_{GS} とドレイン電流 I_D の関係をみると図 2 −44（*c*）のようになります。同じゲート・ソース間電圧 V_{GS} でもゲート・ソース間電圧 V_{GS} を大きくしていくとドレイン電流が減少していくことがわかります。

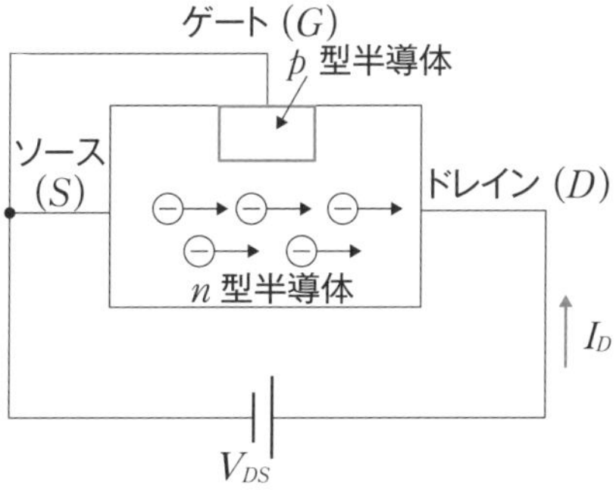

(a) ゲート・ソース間電圧 V_{GS} がない状態

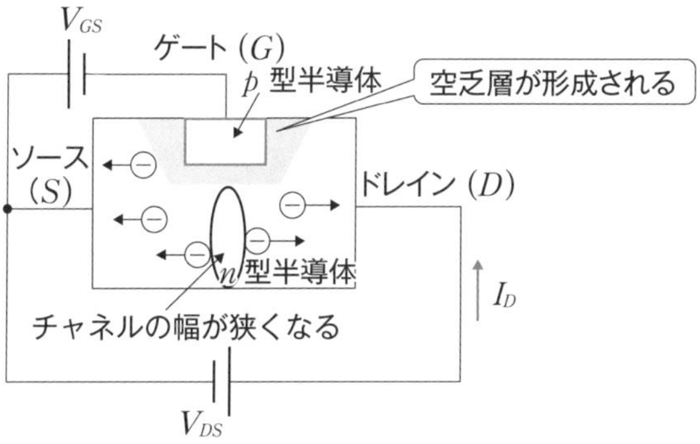

(b) ゲート・ソース間電圧 V_{GS} を加えた状態

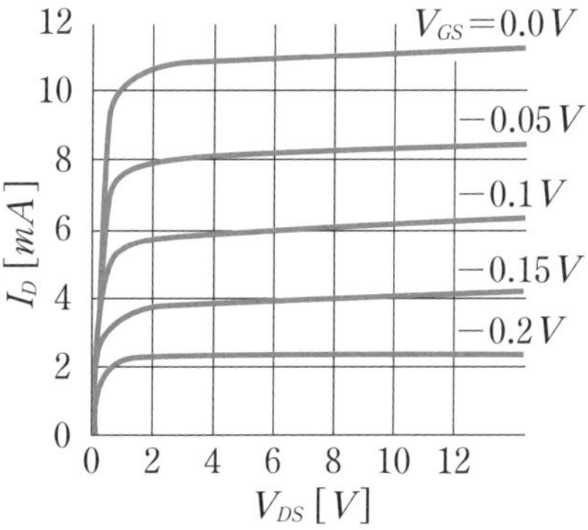

(c) ゲート・ソース間電圧 V_{GS} とドレイン電流 I_D の関係

図2－44　JFETの動作原理

2－6－2　MOS 型 FET

MOS 型 *FET* とは、*Metal Oxide Semiconductor Field Effect Transistor* の略で *MOS* 型の電界効果トランジスタのことを指します。別名、金属酸化膜半導体電界効果トランジスタといいます。金属（*Metal*)、シリコン酸化膜（*Oxide*)、半導体（*Semiconductor*）から構成されたトランジスタです。*MOS* にはさらに *p* 型、*n* 型、*C* 型があり、いずれも３端子の電極をもった半導体デバイスです。*JFET* と同様に、３端子はそれぞれゲート（*G*)、ドレイン（*D*)、ソース（*S*）と呼称します。ゲートに電圧を印加することにより、ドレイン・ソース間が導通（オン）、非導通（オフ）の状態になります。バイポーラー型のトランジスタに比べ、高速動作、低損失が特長です。

MOSFET は、チャネル極性の違いで *P* チャネル型と *N* チャネル型があり、電圧の加え方が異なります。すなわち、ノーマリーオフ（*normally off*、ゲート電圧0 *V* でオフ）のエンハンスメント型（*enhancement type*）とノーマリーオン（*normally on*、ゲート電圧0 *V* でオン）のデプレッション型（*depletion type*）があります（表２－３）。エンハンスメント特性で V_{GS} の電圧を上げて、ドレイン電流が流れ始める V_{GS} の値を“ゲートしきい値電圧” V_{th} といいます。I_{DSS} はドレイン飽和電流（*drain saturation current*）と呼ばれる電流値で、$V_{GS}=0$ のときに流れるドレイン電流になります。

N チャネル型は、ゲート・ソース間電圧 V_{GS} に正の電圧を加えたときドレインからソースに対してドレイン電流 I_D が流れます。ドレイン電流 I_D はドレインからソースに流れるためプラス表示になります。ドレイン・ソース間電圧 V_{DS} はプラス表示になります（図２－45（*a*））。

P チャネル型は、ゲート・ソース間電圧 V_{GS} に負の電圧を加えたときドレインからソースに対してドレイン電流 I_D が流れます。ドレイン電流 I_D はソースからドレインに流れるためマイナス表示になります。ドレイン・ソース間電圧 V_{DS} もマイナス表示になります（図２－45（*b*））。

表2－3　MOSFETのデプレションとエンハンスメント

<table>
<tr><th>Nチャネル MOSFET</th><th>Pチャネル MOSFET</th></tr>
<tr><td>(a) デプレション
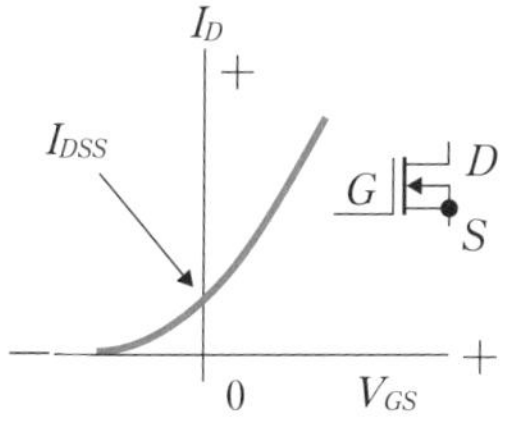</td><td>(c) デプレッション
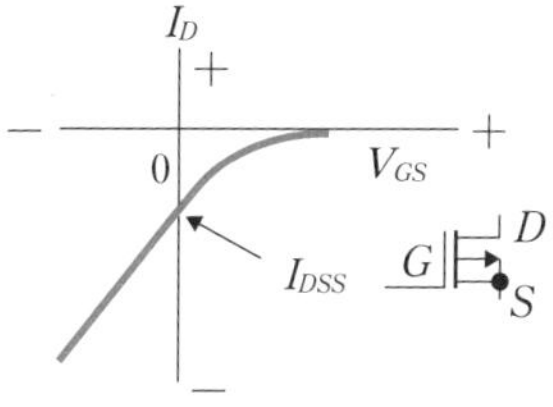</td></tr>
<tr><td>(b) エンハンスメント
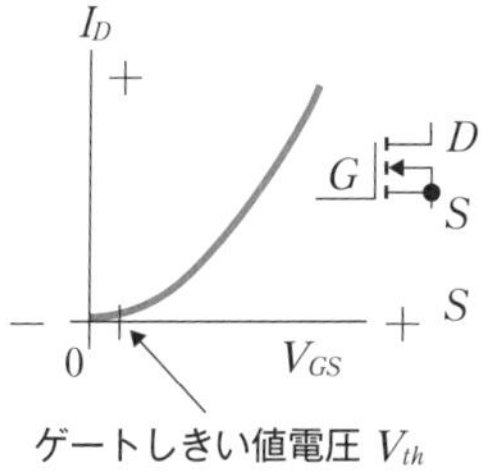</td><td>(d) エンハンスペント
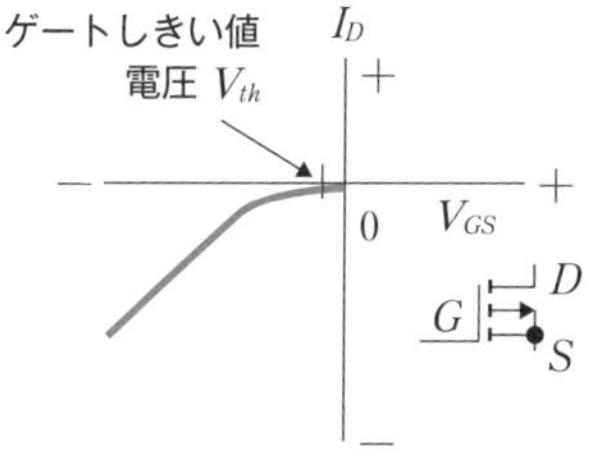</td></tr>
</table>

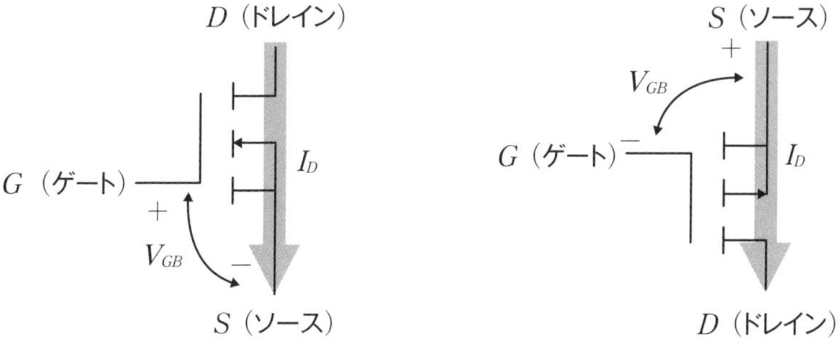

（a）Nチャネル型　　（b）Pチャネル型

図2－45　MOSFETのNチャネル型とPチャネル型

*MOSFET*はTTLレベルで駆動できるので、マイコンから*MOSFET*を使用して、*DC*モータを駆動することができます。モータの回転方向は*CW*（*Clock Wise*の意味、時計方向の回転）と*CCW*（*Counter Clock Wise*の意味、反時計方向の回転）の２種類あります。これを外部から制御するために*H*ブリッジ回路が使用されます（図２－46）。*H*ブリッジ回路とは、単一の電源でモータに加

える電圧の向きを変えられる回路として考案されたものです。*MOSFET* を4個ブリッジに接続し、2組の *MOSFET* を *ON* することで、電流の流れる方向を制御します。適切な *ON*/*OFF* の信号をゲートに与えることにより、モータ制御が可能になります。モータドライバの専用 *IC* には *H* ブリッジ回路が内蔵されています。

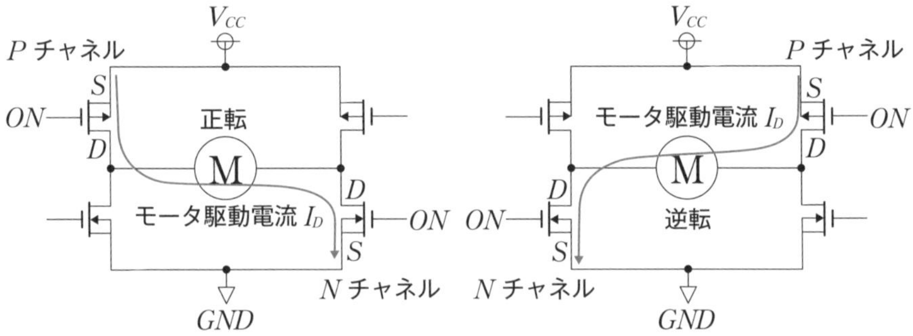

図2−46　*MOSFET* を使用した *H* ブリッジ

[例題2−8]

バイポーラトランジスタと電界効果トランジスタ（*FET*）に関する記述として、誤っている説明については訂正しなさい。

(1)バイポーラトランジスタは、消費電力が *FET* より大きい。

(2)バイポーラトランジスタは電圧制御素子、*FET* は電流制御素子といわれる。

(3)バイポーラトランジスタの入力インピーダンスは、*FET* のそれよりも低い。

(4)バイポーラトランジスタのコレクタ電流は自由電子および正孔の両方が関与し、*FET* のドレイン電流は自由電子または正孔のどちらかが関与する。

(5)バイポーラトランジスタは、静電気に対して *FET* より破壊されにくい。

[解答]

バイポーラトランジスタは電流制御素子（電流駆動型素子）で、*FET* は電圧制御素子（電圧駆動型素子）です。したがって、(2)の記述が誤りです。

(2)以外の記述はすべて正しいです。

答：誤りは(2)。訂正は上記の通り

[例題２－９]

電界効果トランジスタ（*FET*）に関する記述として、誤っている説明については訂正しなさい。

⑴接合形と *MOS* 型に分類することができる。

⑵ドレインとソースとの間の電流の通路には、n 型と p 型がある。

⑶ *MOS* 型はデプレッション型とエンハンスメント型に分類できる。

⑷エンハンスメント型はゲート電圧に関係なくチャネルができる。

⑸ゲート電圧で自由電子または正孔の移動を制限できる。

[解答]

MOS 型のエンハンスメント形は、ノーマリーオフの動作で、ゲート電圧が加わらないとチャネルが構成されません。したがって⑷の記述が誤りです。

⑷以外の記述はすべて正しいです。

MOSFET は、チャネルの極性の違いで *P* チャネル型と *N* チャネル型があります。*P* チャネル型は、ゲート・ソース間電圧 V_{GS} に負の電圧を加えたときにドレイン電流 I_D が流れ、*N* チャネル型は、ゲート・ソース間電圧 V_{GS} に正の電圧を加えたときにドレイン電流 I_D が流れます。

答：誤りは⑷。訂正は上記の通り

[例題2−10]

下記の電界効果トランジスタに関する以下の記述で、空白個所(1)、(2)、(3)および(4)に当てはまる用語を下記の6つの中から選びなさい（重複選択は可能）。

減少　　電子　　p　　増加　　正孔　　n

図2−47に示すMOS型電界効果トランジスタ（MOSFET）は、p型基板表面にn型のソースSとドレインDが形成されている。また、ゲート電極は、ソースとドレイン間のp型基板表面上に薄い酸化膜の絶縁層（ゲート酸化膜）を介して作られている。

ソースSとp型基板の電位を接地電位とし、ゲートGにしきい値電圧以上の正の電圧V_{GS}を加えることで、絶縁層を隔てたp型基板表面近くでは、（ア）が除去され、チャネルと呼ばれる（イ）の薄い層ができる。これによりソースSとドレインDが接続される。ゲート・ソース間電圧V_{GS}を上昇させるとドレイン電流I_Dは（ウ）する。このFETは（エ）チャネルMOSFETと呼ばれている。

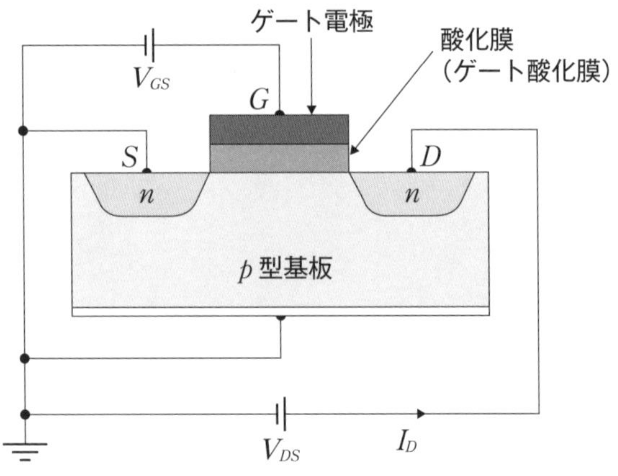

図2−47 MOSFETの構造

[解答]

Nチャネル型は、ゲート・ソース間電圧V_{GS}に正の電圧を加えたときドレインからソースに対してドレイン電流I_Dが流れます。図2−47は、ドレイン・ソース間に正の電圧V_{DS}を加えてドレインからソースにドレイン電流I_Dを流すようにしています。Nチャネル型は多数キャリアである電子がチャネルを形成します。

したがって、（ア）正孔、（イ）電子、（ウ）増加、（エ）nとなります。

答：（ア）正孔、（イ）電子、（ウ）増加、（エ）n

2－7 サイリスタ

サイリスタ（*Thyristor*）とは、ゲート（*G*）からカソード（*K*）にゲート電流を流すことにより、アノード（*A*）とカソード（*K*）間を導通させることができる3端子の半導体整流素子です。*SCR*（*Silicon Controlled Rectifier*）とも呼びます。

サイリスタの構成は、*p*型、*n*型、*p*型、*n*型の半導体を順番に積層した*pnpn*構造を採用しています（図2－48）。*p*型半導体からゲート端子を引き出すサイリスタを*p*ゲート品、*n*型半導体からゲート端子を引き出す素子を*n*ゲート品と呼びます。

原理としては、同図に示すように、*pnp*トランジスタと*npn*トランジスタを組み合わせた複合回路と等価になります。ゲートから一定の電流を流すと、アノードとカソード間が導通（ターン・オン）して、そのまま導通状態が続きます。導通状態を停止（ターン・オフ）させるには、アノードとカソードの間の電流を一定値以下に下げる必要があります。すなわち、一度、導通状態に移行したら、通過電流がゼロ（0）になるまでその導通状態を維持します。

サイリスタの電圧―電流特性を図2－49に示します。サイリスタに順方向電圧を印加し、その電圧を高くしていくとある電圧に達したところで電流が急増してオン状態になります。この状態をターンオンといい、このときの電圧をブレークオーバ電圧といいます。一方、サイリスタに逆方向電圧を印加し、逆方向電圧を増加していったときに、ある電圧に達すると同様にサイリスタがオン状態になります。このときの電圧値をブレークダウン電圧といいます。通常、ブレークオーバ電圧とブレークダウン電圧の値はほぼ等しくなります。

サイリスタにブレークオーバ電圧より低い順方向電圧を印加しているときは、サイリスタには主電流は流れません。この状態で、ゲートに電流を流すとサイリスタは、ターンオンして主電流が流れます。この主電流を流すトリガとなるゲート電流をトリガ電流といいます。

サイリスタは、一度オンするとゲート電流を取り去ってもオン状態を維持します。そしていったんオンしたサイリスタをオフするには、サイリスタのアノードとカソードの間に一定時間、逆方向電圧を印加するか、主電流を保持電流以下に抑えることが必要です。

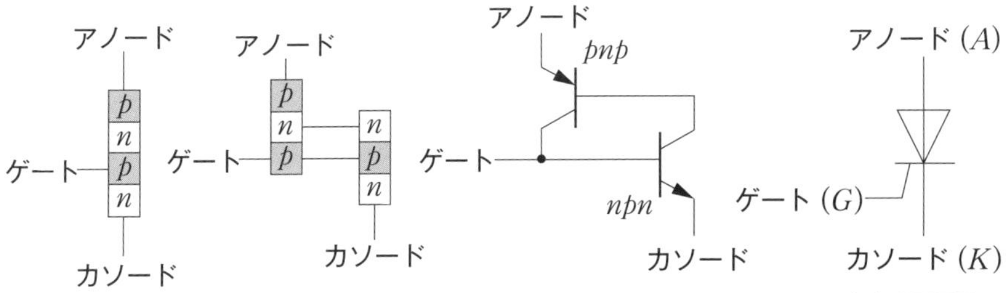

（a）原理図　　（b）図記号

図 2 －48　サイリスタの構成と図記号

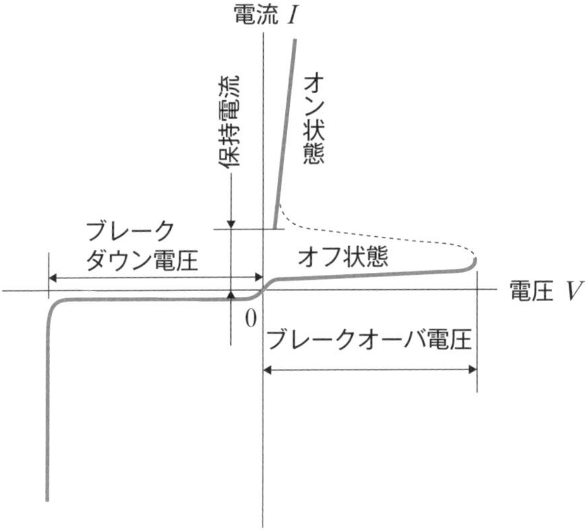

図 2 －49　サイリスタの電圧─電流特性

交流電源をオンオフする電気的スイッチであるサイリスタレギュレータは、機械的スイッチと比較して、高速スイッチングできるため精密な制御が可能となります。また、動作音が小さく、接点がない無接点であるため長寿命などの特長があります。サイリスタレギュレータには位相制御方式と分周制御方式があります。

位相制御方式は、*AC* 電圧源の最初の半サイクル期間内で、サイリスタのゲートにトリガを与え、サイリスタが *ON* になる時間（位相）を変化させることにより負荷への供給電力を制御する方式です（図 2 －50）。すなわち、負荷への電力供給時間を調整する制御方式です。

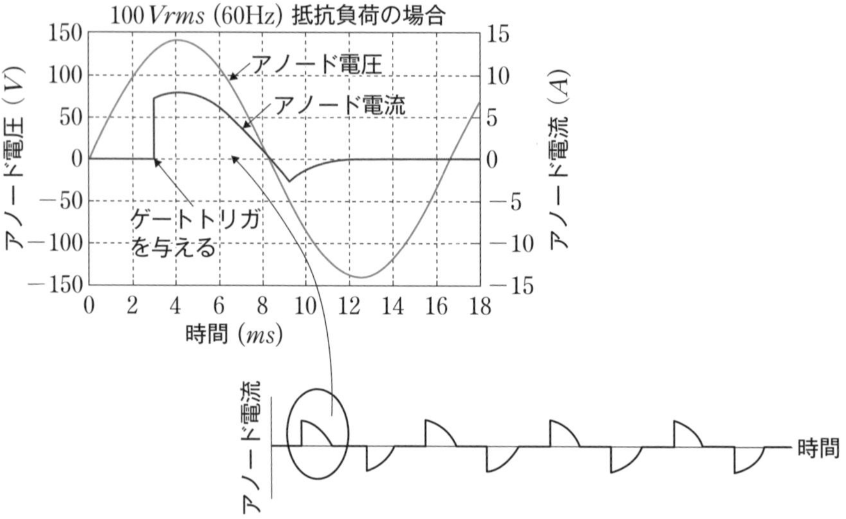

図2－50 サイリスタによる位相制御方式

分周制御方式は、一定周期内で通電時間（ON/OFF時間）の比を制御する方式です（図2－51）。分周制御方式は位相制御方式と異なり、電源電圧のゼロクロス点近辺でサイリスタのスイッチング（ON/OFF）を行うので、ゼロクロススイッチングと呼ばれ、位相制御方式に比べ、突入電流や逆起電力、スイッチング時に発生するノイズが非常に小さいことが特長です。

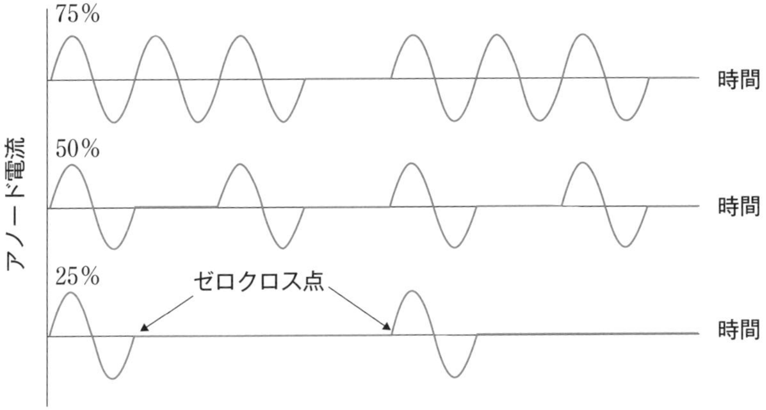

図2－51　サイリスタによる分周制御方式

[例題 2 −11]

下記のサイリスタを使用した単相半波整流回路に関する記述で、記述中の空白個所(1)、(2)および(3)に当てはまる用語または式を下記の 8 つの中から選びなさい（重複選択は可能）。

誘導性　　抵抗　　$\dfrac{1+\cos\alpha}{2}$　　$1+\cos\alpha$　　$1-\cos\alpha$　　$\dfrac{1-\cos\alpha}{2}$　　0　　$\dfrac{\pi}{2}$

サイリスタを整流素子として使用した単相半波整流回路を図 2 −52に示す。同図（b）は、同図（a）において負荷が ［　(ア)　］ の場合の電圧と電流の関係を示す。

電源電圧 v が $\sqrt{2}V\sin\omega t\,[V]$ であるとき、ωt が 0 から $\pi\,[rad]$ の間においてサイリスタを制御角 $\alpha\,[rad]$ でターンオンさせると、電流 $i_d\,[A]$ が流れる。このとき、負荷電圧 v_d の直流平均値 $V_d\,[V]$ は次式で示される。

$V_d = 0.450\times$ ［　(イ)　］

ただし、サイリスタの順方向電圧降下は無視できるものとする。

したがって、この制御角 α が ［　(ウ)　］ $[rad]$ のときに V_d は最大となる。

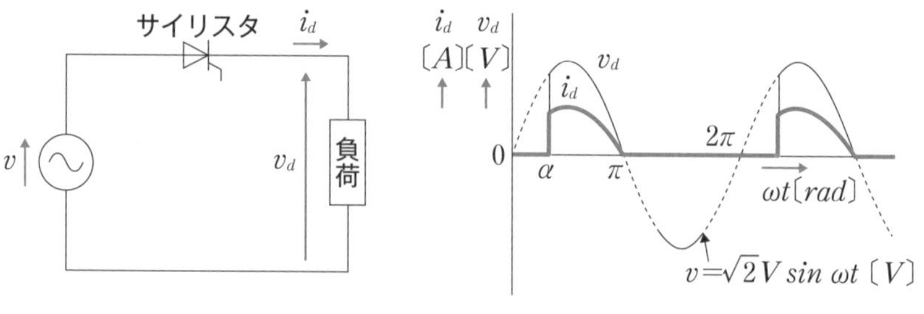

(a) 単相半波整流回路　　　(b) 電圧と電流の関係

図 2 −52　サイリスタを使用した整流回路と電圧と電流の関係

[解答]

サイリスタを使用した位相制御方式の問題です。

電圧と電流が同相であるので、供給負荷は抵抗です。負荷電流の直流平均値 V_d は、

$$V_d=\frac{\sqrt{2}\,V}{\pi}\times\frac{1+\cos\alpha}{2}\approx 0.450\times\frac{1+\cos\alpha}{2}$$

となります。

$\alpha=0$ のとき V_d は最大になります。

したがって、(ア)抵抗、(イ)$\dfrac{1+cos\,\alpha}{2}$、(ウ)0 となります。

答：(ア)抵抗、(イ)$\dfrac{1+cos\,\alpha}{2}$、(ウ)0

コラム　B 型可変抵抗器の特性

電気回路や電気機器でよく使われる可変抵抗器には、A 型と B 型の 2 種類の特性のものがあります。可変抵抗の抵抗値は、回転角度に対して変化します。これを可変抵抗の抵抗変化特性といいます。A 型の可変抵抗は、回転角に対して抵抗値が対数的に変化します。すなわち、最初は抵抗変化の割合が小さく、回転していくと徐々に抵抗変化の割合が大きくなり、急に抵抗値が上昇する特性です。B 型の可変抵抗は、回転角に対して抵抗値が直線的に変化します。すなわち、回転角に対して抵抗値が比例して変化します。

実際に、B 型の1kΩ 可変抵抗器の回転角と抵抗値の関係を測定した例を図 2 −53に示します。このように回転角と抵抗値はほぼ直線的に変化します。

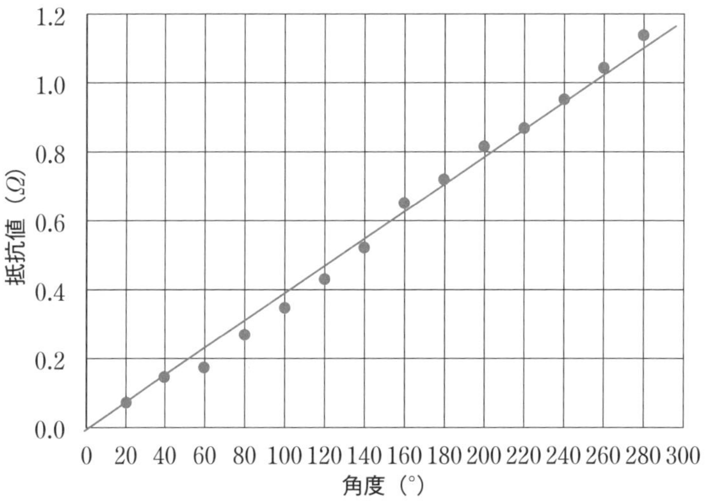

図 2 −53　B 型可変抵抗器（1kΩ）の回転角と抵抗値の関係

第3章

メカトロ制御の構成要素　メカ機器編

メカトロ制御で使用する主要な駆動要素であるアクチュエータについて説明します。最初に、アクチュエータの基礎について説明し、次に、電動アクチュエータについて説明します。電動アクチュエータは、電気モータを使用したアクチュエータで、駆動方式は、モータの回転力を直線運動に変換しシリンダを伸縮させる方式です。最も多く使用されているアクチュエータの１つです。次に、構造と動作が単純で機械負荷を直接駆動することができるソレノイドについて説明します。最後に、記憶形状合金を応用したアクチュエータについて説明します。

3－1 アクチュエータの基礎

アクチュエータとは、電気・電磁・熱などの物理的な動力源から運動を発生させる装置の総称をいいます（図３－１）。エネルギーを機械運動へ変換する機械要素であり、駆動部分やそれを含む駆動機構全体を指します。アクチュエータの由来は、英語の *actuate*（“働かせる”、“動作させる”の意味）です。メカトロニクス（*mechatronics*、語源は *mechanism*＋*electronics*）の言葉と同様に、電気・電子機器とこれらを組み合わせた制御システムが発達する中で生まれた言葉です。

アクチュエータの役割はエネルギーの変換です。例えば、電源からの電気エネルギーをアクチュエータによって回転運動などの機械エネルギーに変換します。

代表的なアクチュエータはモータです。また、磁石のエネルギーを受けて直進運動に変換するソレノイドや電流を受けて伸縮運動に変換する形状記憶合金もアクチュエータの１つです。

機械システムを設計する上で、アクチュエータはなくてはなりません。しかし、そのラインアップは幅広いため、出力や制御方法、用途、コストなどに合わせて使い分け、最適なものを選定する必要があります。

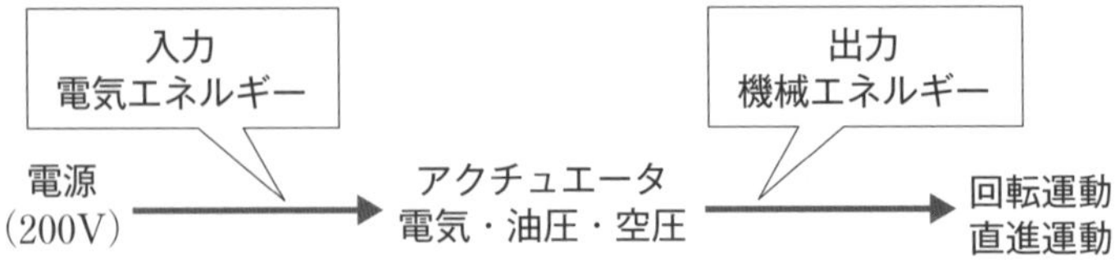

図３－１ アクチュエータの仕組み

アクチュエータを駆動力で分類すると図３－２のようになります。電磁駆動、油圧駆動、空気圧駆動、水圧駆動（駆動媒体が水もしくは海水）に分類されます。また、アクチュエータの特徴比較を表３－１に示します。

電動アクチュエータは、モータに機構部品を組み合わせた仕組みです。モータは制御性に優れていることから、ボールねじ、ベルト・プーリー、ラック・ピニオン（*rack*・*pinion*）といった機構部品と組み合わせて、さまざまな自動機器の駆動源に利用されています。電動アクチュエータは制御性に優れたモータを採用しているため、油圧・空圧を利用したアクチュエータに比べて次のような特徴があります。

電動アクチュエータは、低速でも動作が安定しており、スムーズな加速・減速運転ができます。多点停止の運転が可能です。ステッピングモータやACサーボモータを利用した電動アクチュエータは、位置・速度調整が制御データで簡単に実現できます。また、段取り替えもデータを変更するだけで簡単に実施可能です。また、ソレノイドに代表される電磁石を利用した電磁アクチュエータがあります。

油圧アクチュエータには、油圧シリンダ、油圧モータ、揺動形アクチュエータなどの種類があります。それぞれ、流体動力を直線運動、回転運動、揺動運動をさせ、機械的な動力に変換します。

空気式アクチュエータは、電磁弁、速度制御弁などの空圧回路部品を用いて、エアーシリンダの駆動タイミングや速度制御を行います。空気式アクチュエータは簡便に利用できる長所がある反面、初期設計のまずさや保全の不備により、空圧回路周辺でのトラブルが生じます。空圧回路部品も小型化や省電力化の傾向にあり、電磁弁や速度制御弁などの内部構造が精密になり、複雑化しているため、空気回路のトラブル対策は重要になっています。

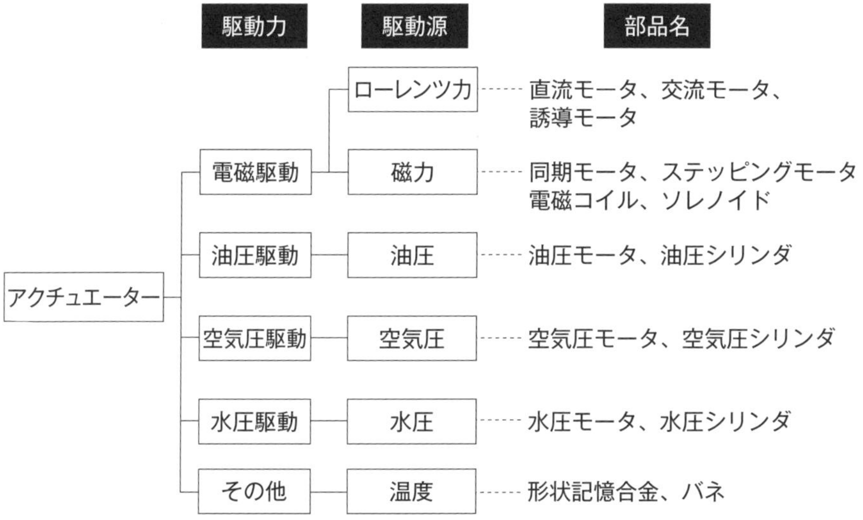

図3－2　アクチュエータの分類

表3−1　アクチュエータの特徴比較

項目	電動	油圧	空圧
長所	高精度の位置決め	力が大きい	誰でも簡単に使える
	速度制御が可能	推力・速度制御が容易	配管作業が容易
短所	プログラムが必要	油漏れの可能性がある	圧縮空気の管理が必要
	配線作業が難しい	配管作業が難しい	圧縮空気を使用するため精密作業に向かない
重量／大きさ	小〜中	大	小〜中
伝達速度	速い	遅い	やや遅い
操作力	小〜大	大	小〜中
構造	複雑	やや複雑	簡単
扱いやすさ	慣れが必要	難しい	簡単
価格	中〜大	安価	安価
用途	産業ロボット	プレス機、工作機械	一般産業機械
	搬送機械	建設機械	食品製造機械

［例題3−1］

アクチュエータの説明として、適切なものを選びなさい。

(1)与えられた目標量と、センサから得られた制御量を比較し、制御量を目標量に一致させるように操作量を出力する。

(2)位置、角度、速度、加速度、力、温度などを検出し、電気的な情報に変換する。

(3)エネルギー発生源からのパワーを制御信号に基づき、回転、並進などの動きに変換する。

(4)マイクロフォン、センサなどが出力する微小な電気信号を増幅する。

［解答］

アクチュエータ（*Actuator*）は、入力された電気エネルギーを物理運動量に変換する機構であり、機械・電気回路を構成する要素です。一般には伸縮や屈伸といった単純な運動をするものに限られ、モータやエンジンのような動力を持続的に発生させるものはアクチュエータには分類されません。

(1)は、与えられた目標量とセンサから得られた制御量を比較し、制御量を目標量に一致させるように操作量を出力するフィードバック制御の説明です。

(2)は、位置、角度、速度、加速度、力、温度などを検出し、電気的な情報に変換するセンサの説明です。

(3)は、エネルギー発生源からのパワーを制御信号に基づき、回転、並進などの動きに変換するアクチュエータの説明です。これは正しいです。

(4)は、マイクロフォン、センサなどが出力する微小な電気信号を増幅するアンプ（増幅器）の説明です。

答：(3)

[例題3－2]

電動アクチュエータ、油圧式アクチュエータ、空圧式アクチュエータの得失を述べなさい。

[解答]

電動アクチュエータは、構成が簡単で、種類が多く適用性に富んでいますが、大出力、大トルクを必要とする用途には不向きです。

油圧式アクチュエータは、大出力、大トルクの用途に適用可能ですが、油圧源を別途装備する必要があり、また、非線形性を考慮した制御が必要になります。また、油漏れ対策が必要となります。

空気式アクチュエータは、クリーンで即応性のある動作が可能です。空気源や配管などの構成が複雑で、圧縮性を考慮した制御が必要となります。

答：上記の説明

3-2 電動アクチュエータ

電動アクチュエータとは、推力源に制御性の優れた電気モータを採用したアクチュエータで、モータアクチュエータとも呼ばれています。駆動方式は、モータの回転力を直線運動に変換してシリンダを伸縮させる方式で、モータの駆動を利用してテーブルをスライドさせる方式です[※注]。

制御性に優れたモータを採用しているため、油圧・空圧を利用したアクチュエータに比べて次のような特徴があります。

- ・構造が簡単で、高速応答、出力の調整や反復動作が容易である。
- ・低速でも動作が安定しており、スムーズな加速・減速運転が可能である。
- ・多点停止の運転が可能である。
- ・ステッピングモータや*AC*サーボモータを利用した電動アクチュエータは、位置・速度調整が制御データで簡単にできるので、段取り替えもデータを変更するだけで可能である。
- ・エア漏れやオイル劣化などへの対策も不要で、環境負荷の面でも優位である。

電動アクチュエータの原理図を図3－3に示します。サーボモータの回転を直線動作機構よって直線運動に変換します。モータの回転数を制御することで、正確な位置制御が可能になります。時間・位置・荷重を数値設定することで、電動アクチュエータを自在に制御することができます。電動アクチュエータや電動シリンダを総称して電動サーボシリンダといいます。

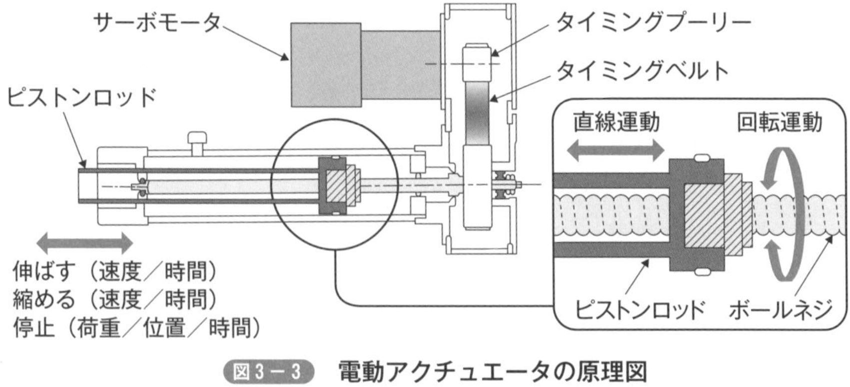

図3－3 電動アクチュエータの原理図

※注：モータの基本原理として、DCモータとインダクションモータの解説は、『例題で学ぶはじめての電気機器』（臼田昭司 著／技術評論社刊）を参照。

ステッピングモータは、正確な位置決め運転を簡単に実現できるのがモータです。パルス信号によって回転角度と回転速度を正確に制御できるモータです。また、小型で高トルクを発生します。このため加速性・応答性に優れており、頻繁な起動・停止が必要な用途に威力を発揮します。停止位置を自己保持することができます。また、ギヤードモータを使用することにより、さらに大きなトルクを得ることができます。

ステッピングモータは時計の秒針のように、一定の角度ずつ回転するモータです。この角度を基本ステップ角度といいます。製品例として、基本ステップ角度が0.72°の5相ステッピングモータと、基本ステップ角度が1.8°の2相ステッピングモータがあります（図3－4）。

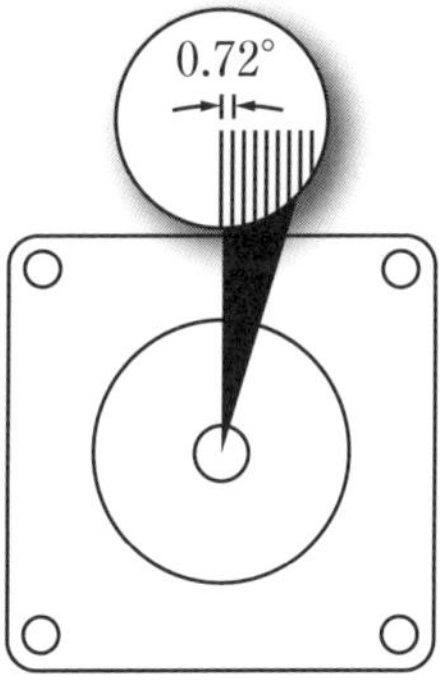

図3－4　5相ステッピングモータのイメージ

高精度の位置決めを行う場合のシステム構成を図3－5に示します。ステッピングモータの回転角度と回転速度は、コントローラからのパルス信号で正確に制御します。パルス信号は、*H*レベル／*L*レベルの1サイクルを1パルスとカウントし、1パルスが入力されると1ステップ角度だけモータの出力軸が回転します。

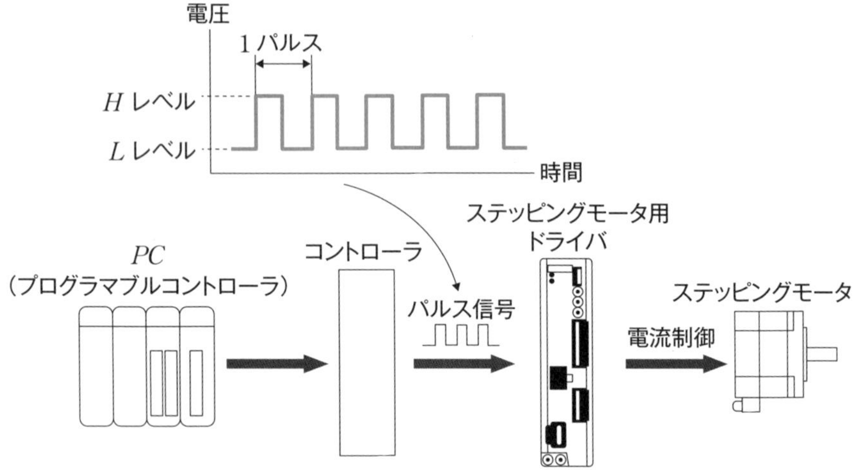

図3－5 ステッピングモータのシステム構成

ステッピングモータの回転角度は、ドライバに入力するパルス信号のパルス数に比例します。ステッピングモータの回転角度 θ [°] とパルス数 n の関係は、次式（3－1）で与えられます。

$$\theta = \theta_P \times n \tag{3－1}$$

ここで、θ_P [°/*step*] はステップ角度です。

5相のステッピングモータのパルス数と角度の相関を示すイメージを図3－6に示します。

また、ステッピングモータの回転速度 R [*rpm/min*] は、ドライバに入力するパルス信号の速度（1秒間に入力されるパルス数、パルス速度またはパルス周波数という）f [*Hz*] に比例します。パルス速度と回転速度の関係は、次式（3－2）で与えられます。

$$R = \frac{\theta_P}{360 \times f \times 60} \tag{3－2}$$

5相のステッピングモータのパルス速度と回転速度の相関を示すイメージを図3－7に示します。

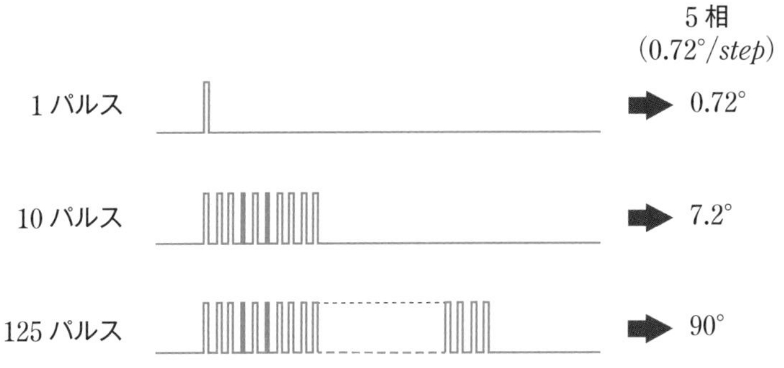

図 3－6　ステッピングモータのパルス数と角度の相関

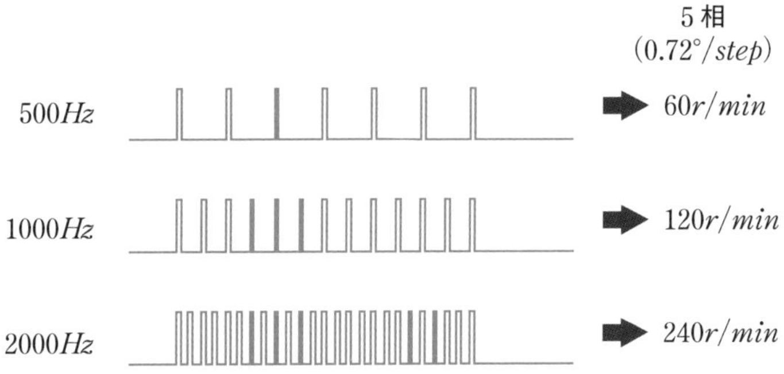

図 3－7　ステッピングモータのパルス速度と回転速度の相関

[例題 3－3]

下記のステッピングモータに関する記述で、空白個所（ア）、（イ）、（ウ）および（エ）に当てはまる用語を下記の5つの中から選びなさい（重複選択は可能）。

周波数　回転角度　幅　ステップ角　追従する力

ステッピングモータはパルスモータとも呼ばれ、駆動回路に与えられた ［（ア）］ に比例する ［（イ）］ だけ回転するものである。したがって、このモータはパルスを周期的に与えたとき、そのパルスの ［（ウ）］ に比例する回転速度で回転し、入力パルスを停止すれば回転子も停止する。

ステッピングモータはパルスが送られるたびに定められた角度 θ [°] を1ステップとして回転する。この1パルス当たりの回転角度を ［（エ）］ という。

ステッピングモータには、永久磁石形、可変リラクタンス形、ハイブリッド形などがあり、永久磁石形ステッピングモータでは、無通電状態でも回転子位置を ［（オ）］ が働く特徴がある。

[解答]

ステッピングモータは、1パルス当たりの回転角度が決まっており、駆動回路に与えられたパルス数に比例した回転角度だけ回転します。

また、ステッピングモータはパルスが発生した瞬間に回転するので、パルス幅が大きくなると回転角度は相対的に小さくなり、周波数が大きくなると、パルス回数が増えるので回転速度は上昇します。ステッピングモータの1パルス当たりの回転角度をステップ角といいます。

永久磁石形ステッピングモータは永久磁石により、無通電状態でも回転子位置を保持する力が働きます。

したがって、（ア）パルス数、（イ）回転角度、（ウ）周波数、（エ）ステップ角、（オ）保持する力　となります。

答：（ア）パルス数、（イ）回転角度、（ウ）周波数、
（エ）ステップ角、（オ）保持する力

3-3 ソレノイド

ソレノイドとは銅線に電流を流す（通電する）ことにより磁界を発生させ、磁性体の可動鉄芯を吸い寄せる（吸引）アクチュエータの総称です。具体的には、銅線を巻いたコイルの中で可動式のピンが動く仕組みになっています。基本構造は電磁石と同じです

ソレノイド※注は大別すると、直流ソレノイド（*DC*ソレノイド）と交流ソレノイド（*AC*ソレノイド）があります。交流ソレノイドは、直流ソレノイドに比べて大きなストロークを駆動することができますが、騒音や安全性に対する対策が必要となり、近年は直流ソレノイドがよく用いられています。直流ソレノイドはダイオードブリッジを追加することにより交流で駆動することができます。以下、*DC*ソレノイドについて説明します。

*DC*ソレノイドは、構造と動作は単純であることから機械負荷を直接駆動することができます。また、装置全体をシンプルに構成することが可能です。

銅線に電流を流したとき、可動鉄芯は銅線内の固定鉄芯方向に吸い寄せられ、通電している間は常に吸い寄せられていますが、電流を切れば吸引力は消滅します。この動作を応用して一般的なプル（吸引）ソレノイド、プッシュバーを装着し「吸引＝押し」動作にするプッシュ（押し）ソレノイド、永久磁石を組み込むことによりそれぞれの動作を保持している自己保持ソレノイドなどいくつかのバリエーションがあります。

ソレノイドの動作原理は以下のようになります（図３－８）。

ソレノイドに通電すると、コイルの中心部に磁界が発生し、可動鉄心が磁化されて固定鉄心に吸着します。この吸着するときの直線運動を利用して、さまざまな機械動作や電気制御に応用されます。吸着する力を吸引力、可動鉄心が稼動できる距離をストロークといいます。吸引力やストロークはソレノイドの能力を示すパラメータになります。ソレノイドの可動部の違いにより、汎用の漏洩型の他に、支点型、平板型、プランジャー型、脚型などがあります。

※注：ソレノイド（solenoid）という名称は、ギリシャ語のsolen（筒、筒状のもの、環状構造物）に由来しています。電気の分野では銅線を巻いたものを一般にコイルと呼んでいるが、他にも“インダクタ”または“リアクタ”と呼ぶこともあり、ソレノイドと称することもある。ソレノイドという言葉自体には機構的な意味を含まないのでわかりにくいが、メカトロニクスの世界では、ソレノイドといえば巻線部を含めた電磁機能部品そのものを意味する。

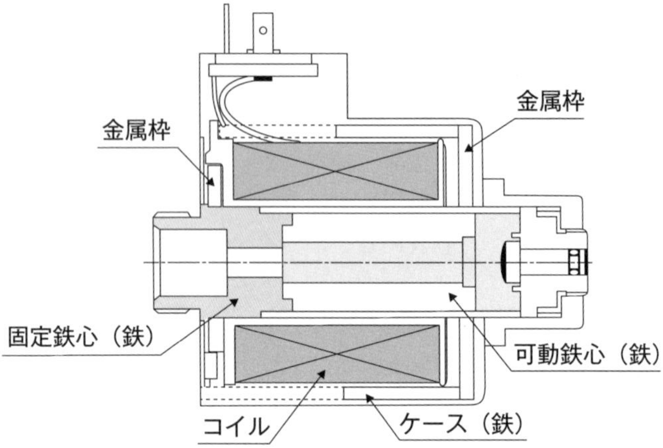

図3－8 ソレノイドの構造例（漏洩型）

DC ソレノイドの基本特性として、吸引力、ストローク、通電率、プランジャー角度があります。

吸引力とストロークの関係は、吸引力―ストローク特性が重要で、カタログなどに記載されているものはすべて20℃のときの特性です。使用するソレノイドの吸引力の安全率として、通常は定格の1.3〜1.5倍を設計の目安とします。例えば、実際に使用するソレノイドの吸引力が19.7 [*N*]（2 [*kgf*]）であれば、安全率を考慮して1.3〜1.5倍の25.5 [*N*]（2.6 [*kgf*]）〜29.4 [*N*]（3.0 [*kgf*]）のものを選択します※注。

また、所要のストロークと吸引力がわかっていれば、吸引力―ストローク特性から大体の仕様を見積もることができます。例えば、吸引力が3.92 [*N*]（0.4 [*kgf*]）、ストロークが4 [*mm*] であれば、吸引力を1.3〜1.5倍の5.10*N*（0.5*Kgf*）〜5.88*N*（0.6*Kgf*）として、カーブから図3－9の特性 *D* を選定することができます。

※注：新計量法が1993年11月に施行されたことによって、力を表す単位がキログラム（kgf）からニュートン（N）に変更になった。1 [N] は1 [kg] の質量の物体に1 [m/s^2] の加速度を生じさせる力になる。SI 単位に換算すると、1 [kgf] が9.8 [N]、1000 [kgf] が9.8 [kN] になる。また、1 [N] が0.102 [kgf]、1 [kN] が102 [kgf] になる。

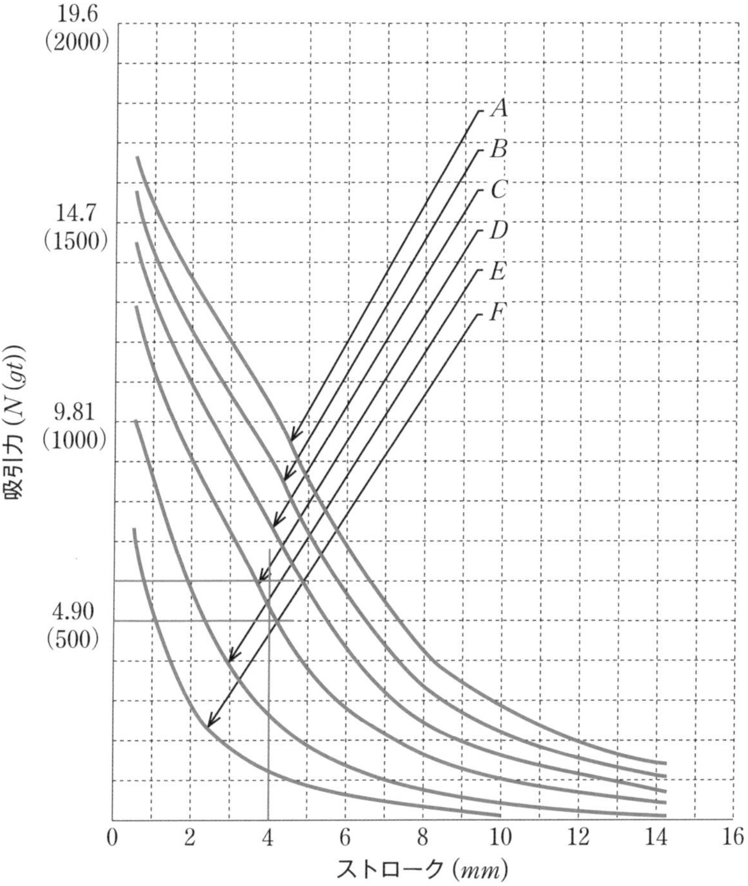

図3－9　吸引力―ストローク特性の例
（出展：ティディエス（株）、http:://www.tdsjp.co.jp）

通電率は、通電時間と遮断時間を1サイクルとし、その1サイクル中の通電時間の割合のことをいいます。すなわち、通電率は次式から求めることができます。

$$通電率=\frac{通電時間}{通電時間+遮断時間}\times 100\ [\%] \qquad (3-3)$$

例えば、通電時間が1分、遮断時間が3分であれば、通電率は

$$通電率=\frac{1}{1+3}\times 100=25\ [\%]$$

となります。

プランジャー角度については、プランジャー先端形状と吸引力特性の関係で説明することができます（図３−10）。

一般的には、プランジャーの先端角度は40°〜50°の範囲で製作されています。ストローク L とプランジャー径 D の比 $\frac{L}{D}$ が約0.2となるように最適設計されています。ストロークが $1mm$〜$2mm$ 程度の場合には、90°の先端角度でより大きな吸引力を得ることができます。

また、使用するストロークが $1mm$ 以下のときは先端形状がフラットの場合が最適です。

さらに、吸着時の力と、あるストロークにおける力との両方を使用する場合には、プランジャー形状を段付にした方がよい場合があります。

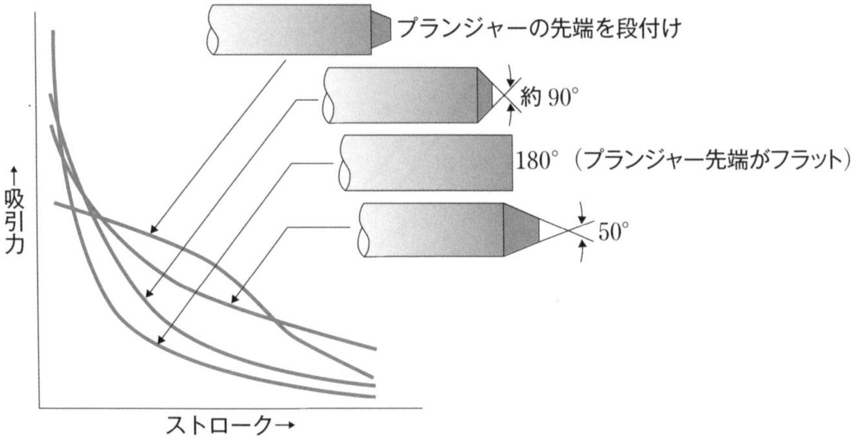

図３−10　プランジャー先端形状による吸引力特性

[例題3－4]

環状ソレノイドに関する下記の説明文において、文中の(ア)～(イ)に当てはまる式を導きなさい。

図3－11に示すように、内半径 R_1、外半径 R_2、厚さ D の長方形断面をもつ環状鉄心に、総巻数 N の導線を巻いた環状ソレノイドを考える。このとき、鉄心の比透磁率を μ_r、真空の透磁率を μ_0 とする。

環状ソレノイドに電流 I を流したとき、環状鉄心の中心軸から半径 r（$R_1 < r < R_2$）の位置での磁界 H は［(ア)］である。よって、半径 r の位置の微小部分 dr の部分を通る磁束 $d\Phi_B$ は［(イ)］である。

これを R_1 から R_2 まで積分することにより、全磁束 Φ_B は［(ウ)］と求まる。鎖交磁束 Φ は磁束 Φ_B を用いて $N\Phi_B$ と表され、電流 I とインダクタンス L を用いると $\Phi=$［(エ)］の関係があることから、インダクタンス L は［(オ)］と求まる。

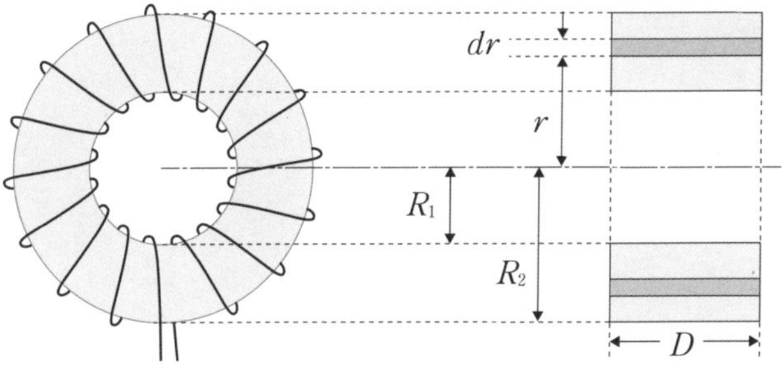

図3－11　環状ソレノイド

[解答]

●環状ソレノイドの内部の磁界 H

巻数 N、電流 I、平均磁路長 l の環状ソレノイドの内部鉄心の磁界の強さ H は、アンペールの周回路の法則※注（アンペールの周回積分の法則）により、

$$\Sigma I=\int Hdl \qquad (3-4)$$

$$NI=Hl \qquad (3-5)$$

※注：アンペールの周回路の法則については、『例題で学ぶ　はじめての電磁気』（臼田昭司、井上祥史　著／技術評論社）を参照。

$$H = \frac{NI}{l} \qquad (3-6)$$

と求めることができます。

●環状ソレノイドの内部の磁束 Φ

環状ソレノイドの磁束密度 B は、鉄心中の透磁率を μ とすると

$$B = \mu H = \frac{\mu NI}{l} \qquad (3-7)$$

となるので、ソレノイド内部の磁束 Φ は、ソレノイドの断面積を S とすると、

$$\Phi = BS = \frac{\mu NIS}{l} \qquad (3-8)$$

となります。

(ア)については、環状鉄心の中心軸から距離 r での磁路長 l は、$l=2\pi r$ であるので、上記の「環状ソレノイドの内部の磁界」より、磁界 H は、

$$NI = Hl = H \cdot 2\pi r$$

$$H = \frac{NI}{2\pi r}$$

となります。

(イ)については、微小区間における磁束密度 B は、

$$B = \mu_r \mu_0 H = \frac{\mu_r \mu_0 NI}{2\pi r}$$

となります。

また、半径 r の場所での微小区間の断面積 dS は

$$dS = Ddr$$

となるので、微小区間を通る磁束 $d\Phi_B$ は、

$$d\Phi_B = BdS = \frac{\mu_r \mu_0 NDI}{2\pi r} dr$$

として求められます。

(ウ)については、上記(イ)の解答式において、r を R_1 から R_2 まで積分すると

$$\Phi_B = \int_{R_1}^{R_2} \frac{\mu_r \mu_0 NDI}{2\pi r} dr$$

$$= \frac{\mu_r \mu_0 NDI}{2\pi} \int_{R_1}^{R_2} \frac{1}{r} dr$$

$$= \frac{\mu_r \mu_0 NDI}{2\pi} [In\ r]_{R_1}^{R_2}$$

$$=\frac{\mu_r \mu_0 NDI}{2\pi}[In\, R_2-In\, R_1]$$

$$=\frac{\mu_r \mu_0 NDI}{2\pi} In \frac{R_2}{R_1}$$

が得られます。

㈓については、鎖交磁束 Φ は磁束 Φ_B を用いて $\Phi=N\Phi_B$ と表されるので、電流 I とインダクタンス L を用いると

$$\Phi=LI$$

の関係が得られます[※注]。

㈔については、上記の㈒と㈓より

$$\Phi=LI$$

$$N\Phi_B=LI$$

$$\frac{\mu_r \mu_0 N^2 DI}{2\pi} In \frac{R_2}{R_1}=LI$$

となり、

$$L=\frac{\mu_r \mu_0 N^2 D}{2\pi} In \frac{R_2}{R_1}$$

が得られます。

答：㈎ $\frac{NI}{2\pi r}$、㈑ $\frac{\mu_r \mu_0 NDI}{2\pi r} dr$、㈒ $\frac{\mu_r \mu_0 NDI}{2\pi} In \frac{R_2}{R_1}$、㈓ LI、㈔ $\frac{\mu_r \mu_0 N^2 D}{2\pi} In \frac{R_2}{R_1}$

※注：『例題で学ぶ　はじめての電磁気』（臼田昭司、井上祥史　著／技術評論社）のp. 142～143を参照。

3－4 形状記憶合金を使用したアクチュエータ

形状記憶合金（*Shape Memory Alloy*）とは、適当な形状に加工し、熱処理を施すことにより、その形状を記憶させることができる合金です。記憶処理された合金は、ある温度以下で力を加えて変形させたとしても、加熱すれば元の記憶させた形状に戻る特性をもちます。形状記憶合金には十数の種類ありますが、*Ti*－*Ni* 形状記憶合金が最も実用例が多く一般的です。

この特長を活用し、形状記憶合金で従来にはなかった感温型アクチュエータ、通電アクチュエータを実現することが可能です。特に、形状記憶合金ワイヤを通電アクチュエータに使用すると、これまでにない信頼性の高い、簡素な構造の小型、薄型、静音型アクチュエータを実現することが可能です。

形状記憶合金バネとバイアスバネを用いたアクチュエータについて説明します（図 3 －12）。

形状記憶合金バネとバイアスバネは、両方合わせた変位量が一定になるように圧縮し、押し合う形状でセットされています。この状態で変位量を50*mm* とします（同図（*b*））。形状記憶合金バネの発生荷重 0 の点を原点にとると、バイアスバネの荷重 0 の点は50*mm* 離れた点になります。その点からバイアスバネの変位に応じて、バネの荷重は直線的に増加します。これに対抗して、形状記憶合金バネの発生荷重は原点より変位量が大きくなる方向で増加し、室温では B 点で、高温では A 点で力がバランスします。

形状記憶合金バネは、この $A-B$ 間で温度の変化に対応して作動することになります。形状記憶合金バネに高温・低温時それぞれ50*gf* の仕事をさせようとすると、バランス点が A、B より50*gf* ずつ発生荷重の差が大きくなる点 A'、B' に移動します。

形状記憶合金アクチュエータは、炊飯ジャーの調圧口、回転モーメントを利用したクランク回転機構、エアコンのフラップ駆動機構などに応用されています

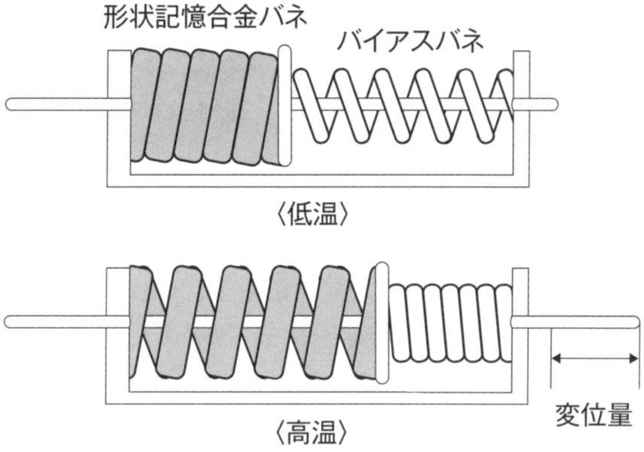

(a) アクチュエータの構成

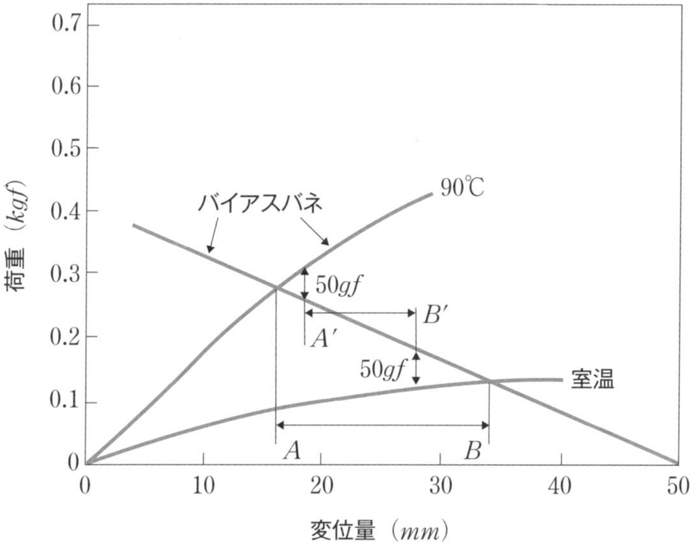

(b) アクチュエータの特性

図3－12　形状記憶合金バネとバイアスバネを用いたアクチュエータ
（出典：*https://www.furukawa-ftm.com/nt/library.htm*）

3-5 電動アクチュエータを使用した半自動塗工機の製作

リチウムイオン電池の正負電極シートは、活物質をスラリー化したものを集電体であるアルミニウム箔と銅箔上に塗布して製作します。この工程を“塗工”または“コーティング”といいます。通常、塗工を行うには専用の塗工機（またはコーター）を使用します。塗工には集電体の片側のみに塗工を行う片面塗工と両面を塗工する両面塗工があります。

工場で使用する塗工機は全自動で行い、塗工後のベーキング（焼き付け）処理も自動で行っています。一方、研究室レベルの塗工機は、手軽なハンドル式のものから半自動で塗工からベーキングまで行うものがあります（写真3－1）。ハンドル式のものは取り付け金具にコーターバーを取り付けて手の移動で塗工作業を行います（写真3－2）。

ハンドル式を除き、研究室レベルの半自動方式は比較的高価で、ベーキングまで行う機種はさらに高価なものになってしまいます。これらを入手する場合は使用頻度や費用対効果などコストパフォーマンスを考慮する必要があります。

これらのことを考慮し、比較的低コストで実現可能な、市販のハンドル式コーターバーを使った半自動の塗工機を製作します。

構成材料を表3－2に示します。可動部分については、市販のプログラムレス・コントローラを備えた電動アクチュエータを使用します。マニュアルモードでパラメータの設定が可能で、移動速度は4段階の設定が可能です。

製作した半自動塗工機を写真3－3に示します。また、集電体をガラス板上にクリップで固定した状態で活物質スラリーを塗工している状態を写真3－4に示します。

写真3－1　研究用半自動塗工機（ベーキング機能なし）

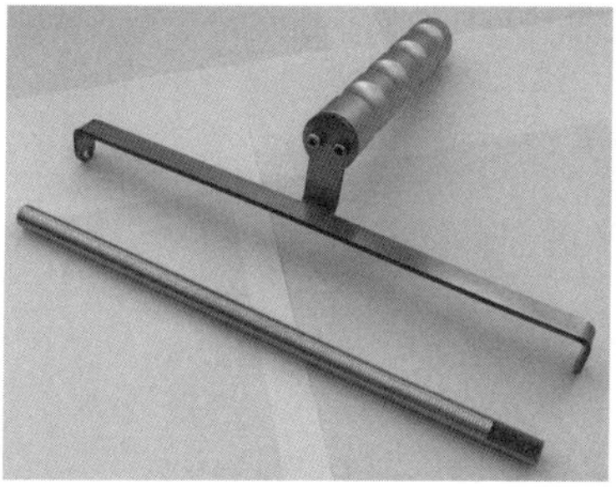

（a）コーターバーと取り付け金具

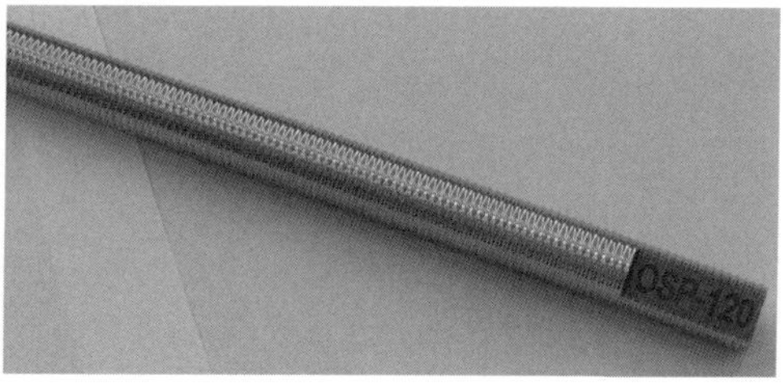

（b）コーターバーの拡大図

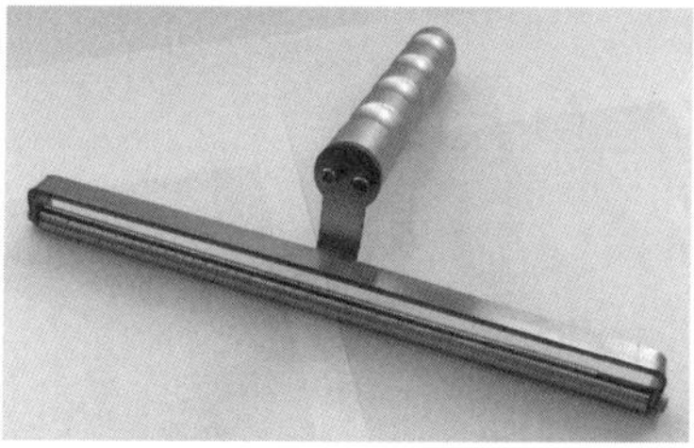

（c）コーターバーを金具に取り付ける

写真3－2　ハンドル式コーターバー

表3－2 製作した半自動塗工機の構成材料

名称	仕様	型式・備考
電動アクチュエータ	ボールねじ駆動	LEFS16RA-350
	モータ右側折り返しタイプ	
	ストローク450mm	
プログラムレスコントローラ	DC24V駆動	LECP1N-LEFS16RA-350
	対応モータ：ステップサーボモータ（DC24V）	
	ステップデータ数：14点（プログラムレス）	
	パラレル入出力タイプ：NPNタイプ	
サポートガイド	幅40×高さ40×ストローク350mm	LEFG16-S-350
ガラス板	A4サイズ、8mm厚み	
アクリル板	430×500×10mm厚　1枚	
	200×200×8mm厚　1枚	
ハンドル式コーターバー	重量：1kg	OSP製ハンドル用コーターバー
コーターバー	ワイヤー方式、SUS304	OSP-120
	長さ250mm、直径10mmφ	
	表面硬さ：1300HV	
	塗工厚み：120μm	
ハンドル	ハンドル：ステンレス製、140mm長さ、直径24mmφ	
直流電源	スイッチング直流安定化電源	S-120-24
	入力AC85V～100V、出力DC24V－5A、120W	
	199×98×38mm、0.6kg	
副資材	取り付け金具（バー金具、L金具、蝶番、固定足）	ホームセンタ
	ネジ&ビス類、配線材料	

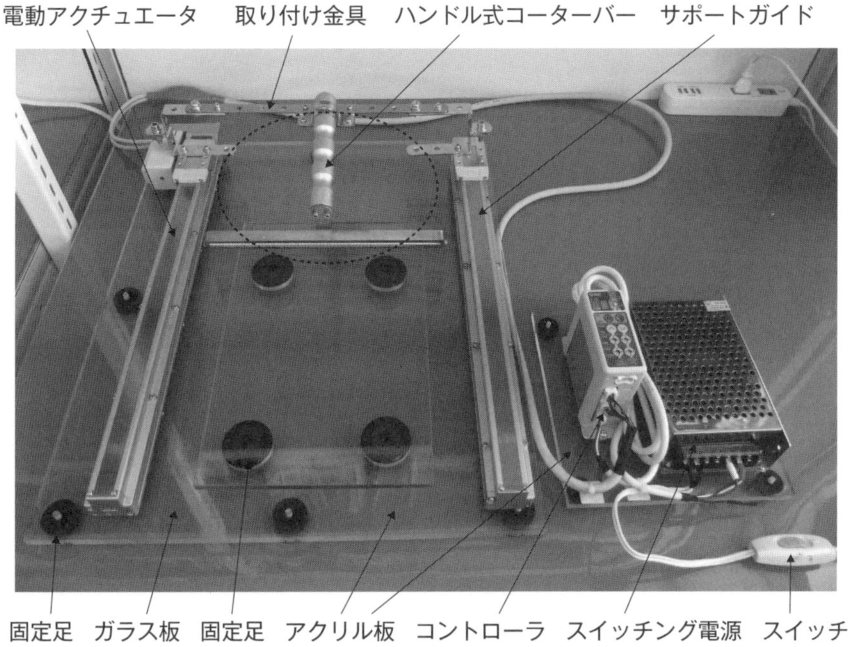

写真3－3　製作した半自動塗工機

写真3－4　負極シートの塗工

第4章

メカトロセンサ

メカトロ制御に使用されるセンサは半導体方式からメカ方式まで幅広く数多のバリエーションがあります。本章では、これらのセンサを“メカトロセンサ”と呼称し、半導体型センサとして光電センサと近接センサを、メカ方式のセンサとしてマイクロスイッチを取り上げ、これらセンサの概要から基本構造と動作原理、代表的な特性ついて説明します。

メカトロセンサは、第6章と第7章で説明するPLC（Programmable Logic Controller）の入力機器になります。

4－1 光電センサ

光電センサ（*Photoelectric sensor*）はメカトロ制御の主流となるセンサです。光電センサの概要と光電センサの仕組み、代表的な特性として、余裕利得、平行移動特性、過剰ゲインについて説明します。

4－1－1 光電センサの概要

光電センサとは、光を使用し、非接触で物体の有無を検出するセンサです。検出する対象物体による入光／非入光によって生ずる受光量の大きさによって電気信号を出力します。出力信号として*ON/OFF*信号を出すことから光電スイッチともいいます。

投光部から出射された信号光が検出物体によって反射／透過／吸収などの変化を受けたことを受光部で検知し、その検知した受光量の大きさに応じて電気信号を出力します。光電センサは、“光を媒体として対象物を非接触で検知する入力機器”として定義されています。ファイバセンサやレーザセンサ、エリアセンサなども光電センサの一種です。

光電センサを使用した自動化の流れは図４－１のように示すことができます。「入力」は光電センサなど各種センサによりいろいろな情報を受け入れます。「制御・判断」は*PLC*などのプログラミング制御機器により、受け入れた情報を整理し、どのように処理するか考え、そして、あらかじめ決められた通りの処理内容であるかどうかを判断します。「出力」は、判断した処理内容に従って電磁リレー、モータ、ソレノイドなどの出力機器を動かします。

入力機器は、自動化の３要素の中で最初に構成されるもので、非常に重要な要素となっています。入力機器の信号が間違っていたり、不安定であったりすると、その信号がそのまま制御・判断機器や出力機器に伝達されてしまい、自動化がうまくいかなくなります。

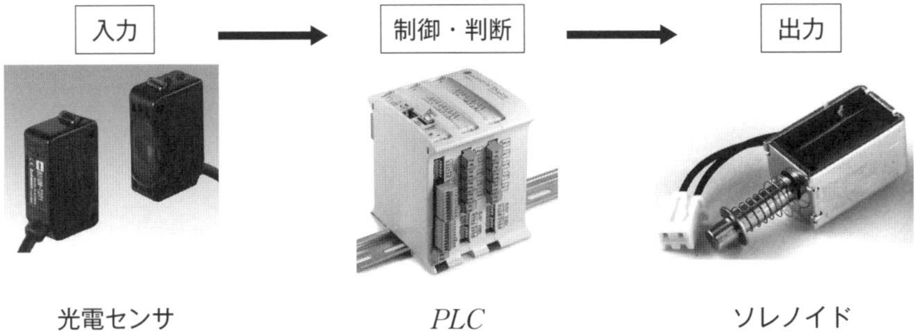

図4－1　光電センサを使用した自動化の流れ

入力機器として、光電センサの生産ラインにおける使用例（イメージ）を図4－2に示します。光電センサの特徴について以下に列記します。

・**非接触で検出が可能**

光を媒体とし対象物に触れないで検出するため、対象物もセンサもまったく傷が付かず、長期の使用が可能です。特に、食品や半導体業界など、“触れない物を検出したい”という目的に最適です。

・**検出距離が長い**

透過型では最長30*m*～50*m*、拡散反射型でも最長5*m*のものまであります。現状では、あらゆる用途に適合することができます。

・**ほとんどの対象物の検出が可能**

対象物の材質によらず、光に変化を与えるものであれば、ほとんどの対象物に対して検出が可能です。光に変化を与えない物体は、検出できなかったり、検出状態が不安定になります。

・**応答が速い**

高速な光を媒体とし、検出部は電子回路で構成されているので、応答時間が短く、高速動作の自動化ラインに対しても柔軟に対応することができます。

・**色の判別が可能**

光電センサならではの特徴で、色の種類による特定の波長の光に対して、反射・吸収の比率が異なるため、さまざまな色を光量の差として検知することができます。最近では、デジタル処理による色成分判別が可能となり、精度の高い色判別が可能となります。

・**高精度の検出が可能**

精密な光学系と電子回路技術により、最高20μmの検出精度（繰り返し精度）を実現することができます。

一方、光電センサには、次のような欠点があります。

塵やホコリでレンズ面が覆われると、入力信号である光の出入りが遮られ対象物を検出できなくなります。

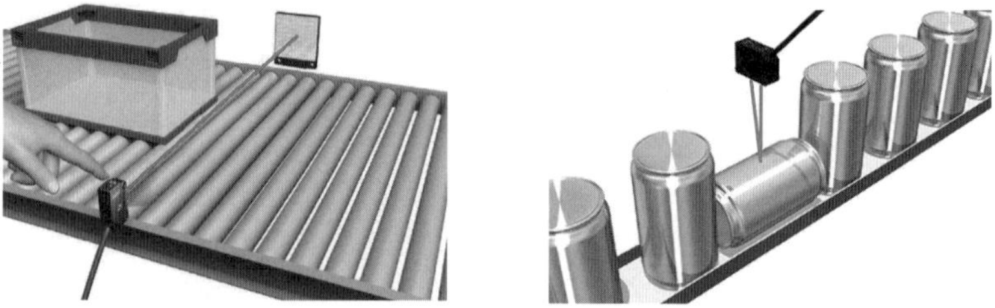

(a) 容器の検出　　(b) 缶の検出

図4−2　生産ラインにおける光電センサの使用例

［例題4−1］

光電センサの特徴や欠点について、誤りがあれば訂正しなさい。

⑴検出対象に、金属、ガラス、プラスチック、木材などの固体だけでなく、液体の検出が可能で、比較的制約がない。

⑵周囲光（外乱光）の影響は受けない。

⑶検出距離が長く、透過形では最長30*m*〜50*m* の検出が可能である。

⑷検出エリアを規制しない。

⑸色の判別や明暗の検出は不可能である。

⑹検出部が小型で、狭い場所での検出が可能である。

⑺油やごみなどの汚れに強い。

［解答］

⑴は正しいです。

⑵は誤りです。強い外乱光の影響を受けることがあります。

⑶は正しいです。

⑷は誤りです。検出エリアが規制されます。

⑸は誤りです。色の判別や明暗の検出は可能です。

⑹は正しいです。特に、光ファイバ形はこの特徴を最大限に生かしたものです。光ファイバ形光電センサは、図4−3に示すように、投光素子、受光素子、信号処理回路を内蔵するアンプユニットと、それに接続される光ファイバユニッ

トから構成されています。光ファイバの構造は、屈折率が異なる芯材（コア）と薄いさや材（クラッド）で構成された二重構造のステップインデックス形光ファイバが使用されます。

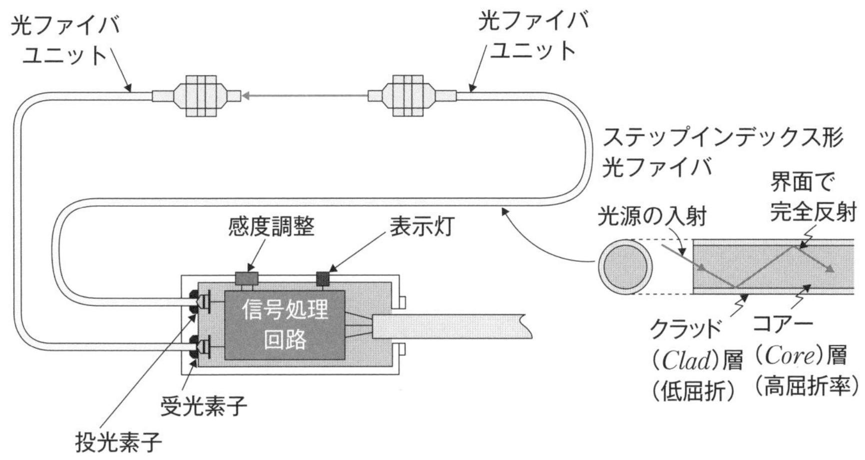

図4－3　光ファイバ型光電センサ

(7)は誤りです。油やごみなどの汚れには弱いです。汚れの程度によっては、測定誤差の原因にもなります。

答：誤りは(2)、(4)、(5)、(7)、訂正は上記の通り

4－1－2　光電センサの仕組み

光電センサは、光学系、アンプ、制御回路が一体となったアンプ内蔵形、ファイバユニットと組み合わせるファイバ形などいくつかのバリエーションがあります。検出方式には、透過形、ミラー反射形（リフレクタ反射形、回転反射形）、反射形（拡散反射形、リフレクタ形）があり、用途に応じて使い分けることが可能です。

検出方式のイメージを図4－4に示します。

透過形は、光源を内蔵し光を投射する投光器と、投光器からの投射光を受け、電気信号に変換する受光素子を内蔵した受光器を対向させて配置します。投光器を出た投射光は一直線に受光器の入光窓に投射されます。対向配置された投光器と受光器の間が検出範囲となり、この間を通過する物体が投射光を遮断することにより、受光器に入射する光量が減少します。これにより受光器は内蔵された光電変換素子の電気的特性が変化するため、この変化量を検出、増幅し、検出信号

として出力します。

ミラー反射形は、リフレクタ反射形または回転反射形ともいいます。投光・受光一体型のセンサと反射板（反射ミラー）で構成される光電センサです。対向して設置されたセンサと反射板間の光ビームを検出物体が遮ることにより動作します。他の方式に比べ、反射板は狭いスペースに取り付けが可能であり、配線が片側配線であること、下記の反射形に比べ検出距離が長くとれるなどの特徴があります。

反射形は、拡散反射形またはリフレクタ形ともいいます。検出体自体の表面反射により動作するもので、検出体に光を照射する投光部（投光素子）と、検出体からの散乱反射光（拡散反射光）を受光する受光部（受光素子）が1つのケースに収納された一体形の光電センサです。透過形やミラー反射形のように、あらかじめ一定の間隔を光結合しておき、その遮断を検出する方式とは異なり、反射板などは使用せず、一定方向からのみ、物体を検出することができます。

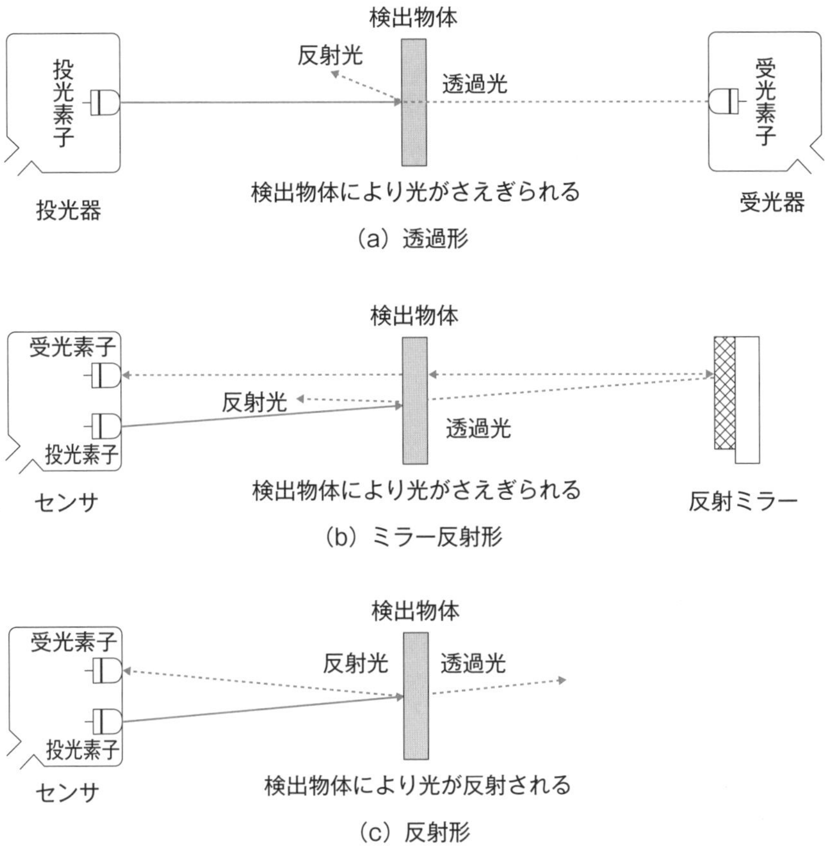

図4－4　光電センサの検出方式

[例題４−２]

光電センサの検出方式の説明で誤りがあれば訂正しなさい。

⑴光路の遮断（遮光）による光量変化を検出する方式を透過形という。

⑵物体からの反射光量のみを検出する方式をミラー反射形という。

⑶リフレクタと組み合わせて透過形と同様に遮光による光量変化を検出する方式を反射形（リフレクタ形）という。

⑷物体からの反射光量を検出する方式を反射形という。

⑸反射形は、検出体に光を照射する投光部と検出体からの散乱反射光を受光する受光部が１つのケースに収納された一体形の光電センサである。

⑹透過形は、光を投射する投光器と受光素子を内蔵した受光器を対向させた光電センサである。

⑺反射形は、投光・受光一体型のセンサと反射板で構成される光電センサである。

[解答]

⑴は正しいです。図４−４(*a*) の方式です。

⑵は誤りです。この方式は反射形です。図４−４(*c*) の方式です。

⑶は誤りです。この方式はミラー反射形です。図４−４(*b*) の方式です。

⑷は正しいです。

⑸は正しいです。

⑹は正しいです。

⑺は誤りです。この方式はミラー反射形です。

答：誤りは⑵、⑶、⑺で、訂正は上記の通り

4−1−3　余裕利得、過剰ゲイン、平行移動特性

余裕利得と過剰ゲインは、光電センサを選定する際に、目的にあった使用を検討する目安になります。平行移動特性は、光の広がり具合を示す光電センサ独自の特性になります。

●余裕利得

余裕利得とは、受光器に入射する光の量に対する受光素子の出力の大きさを示すものです。一般的には、使用時の目安となるように、対向させた投光・受光器間の距離に対する受光素子の出力信号の大きさで表現します。

透過形光電センサの余裕利得の特性イメージを図４−５に示します。受光出力と距離の関係を示した例で、距離１（定格動作距離として定められた距離）にお

いて受光出力は動作レベルの10倍あることを示しています。一般に、受光出力は定格動作距離において10倍前後の余裕をもたせています。

この10倍が光軸ずれ、レンズ表面のよごれなどによる、入射光量の減少を補償するための余裕となります。

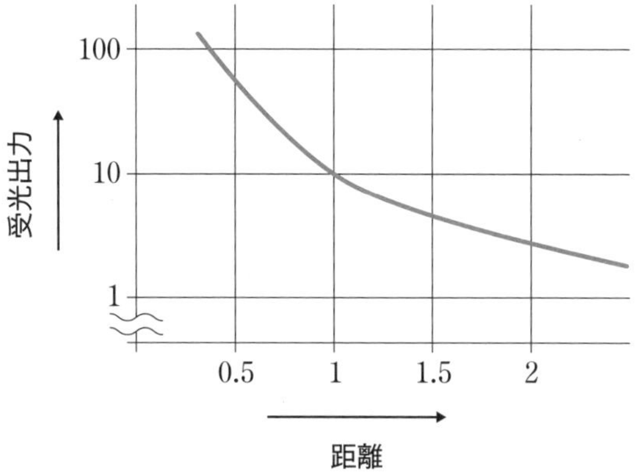

図4－5　余裕利得の特性例（透過形光電センサ）

反射形光電センサの余裕利得の特性イメージを図４－６に示します。

標準検出物体を検出体とし、光電センサからの距離に応じた受光部の余裕利得が、どのような特性になるかを表しています。反射形光電センサの最も基本的なもので、動作距離と受光信号の余裕度の目安を表しています。

この余裕利得の特性から、検出体の背景の影響や応差の距離（検出体が接近したときの動作レベルと検出体が離れて行くときの復帰レベルの間の距離）を推測することができます。動作レベル近傍の勾配が急峻なものほど応差が少なく、背景の影響も除去しやすくなります。

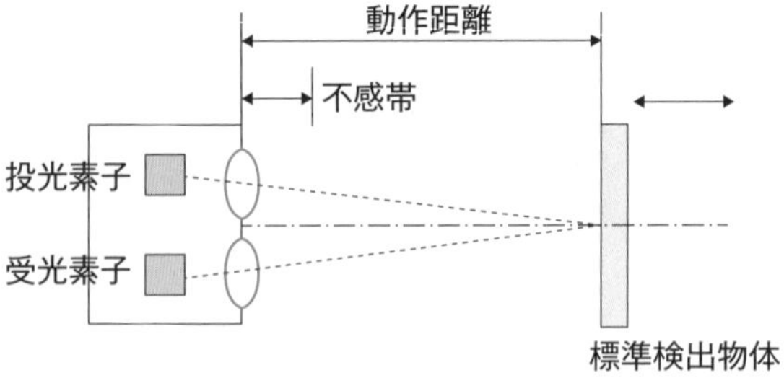

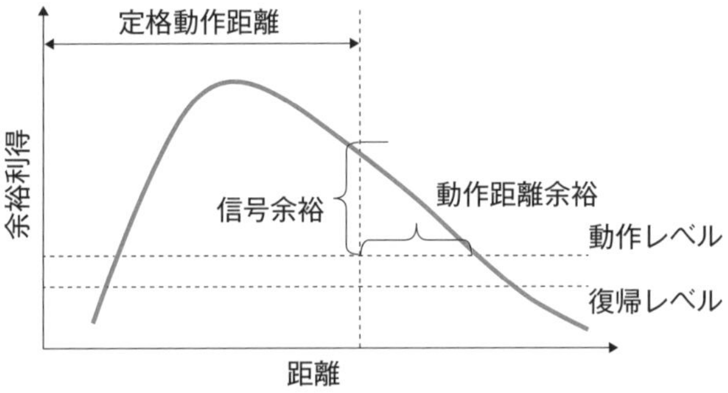

図4−6　余裕利得の特性例（反射形光電センサ）

●過剰ゲイン

過剰ゲイン（エクセスゲイン、*Excess Gain*、略して *EG*）とは、光電センサの動作に必要とされる最小の光エネルギーを示す尺度となるものです。光電センサから投光される光信号は、ある一定レベルの性能が得られるように工場で較正されています。しかし、汚れ、ほこり、煙、湿度などの検知環境の汚染により、信号の減衰が生じます。

過剰ゲインは、このような減衰を保障するための余分な検知エネルギーとして考えることができます。

過剰ゲインは式（4−1）で表すことができます。

$$\text{過剰ゲイン}\,(EG)=\frac{\text{受光素子に当たる光エネルギー}}{\text{センサ増幅器のしきい値}} \qquad (4-1)$$

しきい値とは、光電センサの出力を *ON/OFF* するためにセンサ増幅器に必要となる検知エネルギーのレベルのことです。

過剰ゲインは、両対数グラフで表現され、距離の関数として示されています（図4−7）。過剰ゲインの特性図は、完全に清浄な空気と受光器の最大ゲインを条件としてプロットされています。

例えば、図４－７の検出距離が200mの光電センサの場合（清浄な空気中）、検出距離として約30m程度が限度であるとすると、過剰ゲインは40x（重度の汚れ）であることが想定されます。

検知エリアの汚れの状態がわかっている場合は、それに合った過剰ゲインレベルを目安として光電センサを使用することが必要です。汚れの状態と過剰ゲインの関係（選定基準の目安）の例を表４－１に示します。完全に清浄な動作環境では、1.5倍の過剰ゲイン（動作に最小限必要なエネルギーより50％多い過剰ゲイン）が必要となります。

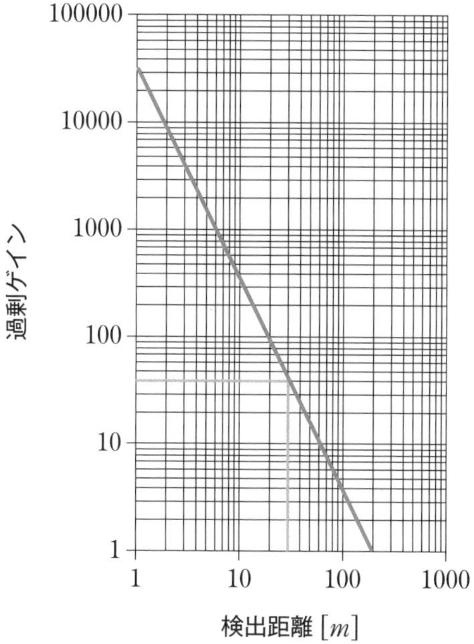

図４－７　透過形光電センサの過剰ゲインの特性例（検出距離200m）

表4-1　汚れの状態と過剰ゲインの関係

過剰ゲイン (EG)	汚れの状態	内容
1.5x	清浄空気	レンズや反射板に汚れがない
5x	軽度の汚れ	レンズや反射板に汚れやほこりがわずかに堆積している レンズは定期的に清浄されている
10x	中程度の汚れ	レンズや反射板が明らかに汚染している
50x	重度の汚れ	レンズがかなり汚染している 濃霧、霧、ほこり、煙または油膜がある レンズがあまり清浄されていない

●平行移動特性

透過形光電センサの光の広がり具合を示す特性で、受光器を光軸に対して垂直方向に移動させたときに、光電センサが動作する範囲を示したものです（図4－8）。この特性は、光電センサを複数個並べ、並列取り付けをする場合の相互干渉の目安にも使用することができます。

設定距離（動作距離）は、投光器から受光器までの距離を指しますが、動作距離は使用する光電センサの使用値内におさめる必要があります。

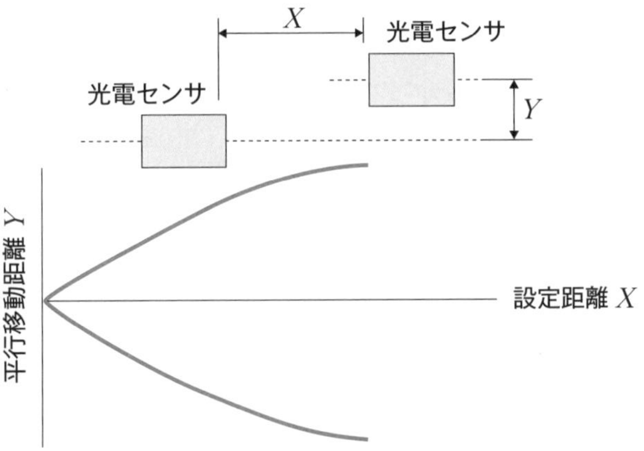

図4－8　平行移動特性

[例題 4 − 3]

下記の文章は、光電センサの光源、透過形および反射形の余裕利得、過剰ゲイン、平行移動特性についての説明文である。［　　　］の中に、下記の用語から該当するものを記入しなさい。

(1)光電センサの光源は、［ (*A*) ］（*LED*、*Light Emitting Diode* の略）と［ (*B*) ］（*LD*、*Laser Diode* の略）が使用される（図 4 − 9）。波長領域は可視光と赤外光で、可視光は主に赤色が使用され、色判別用に緑色と青色が使用される。

(2)光電センサの［　　　］は、一般に赤色レーザが使用される。レーザビームは直進性があり、視認性がよい。投光先のスポットが見えるため、光軸合わせや検出位置の特定が容易である。また、光が拡がらないため光の回り込み（干渉）を防ぐことができる。

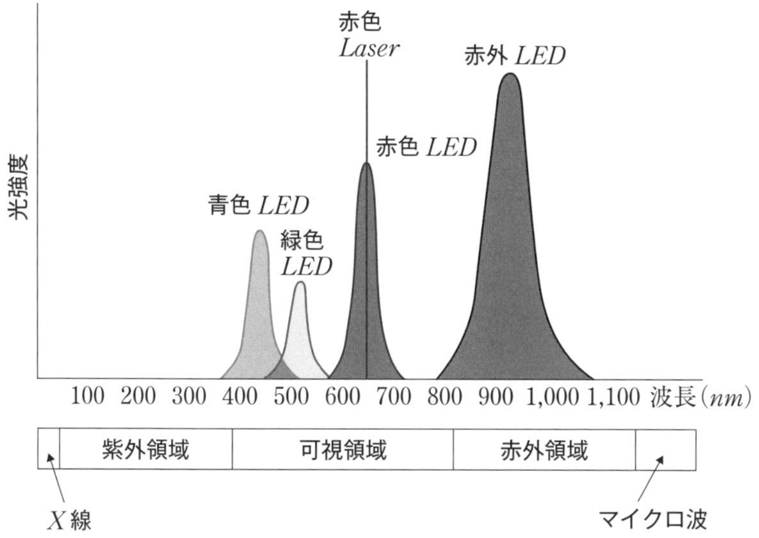

図 4 − 9　光電センサの光源

(3)光電センサの受光部である受光素子には、［　　　］やフォトトランジスタ※注、*PIN* フォトダイオードや *PSD*（位置検出用フォトダイオード）が使われている。

※注：フォトダイオードとフォトトランジスタについては、『例題で学ぶはじめての半導体』（臼田昭司 著／技術評論社）の第 9 章を参照。

(4) ［　　　］の光電センサの余裕利得は、対向させた投光器と受光器間の距離に対する受光素子の出力信号の大きさを表現したもので、一般に、受光出力は定格動作距離において10倍前後の余裕をもたせている。

(5) ［　　　］の光電センサの余裕利得は、定格動作距離における動作レベルを基準として、光電センサと標準検出物体間の動作距離と受光信号の余裕度の目安を表している。

(6) ［　　　］とは、光電センサの動作に必要とされる最小の光エネルギーを示す尺度で、汚れなどの検知環境の汚染による信号の減衰を保障するための検知エネルギーの尺度である。

(7) ［　　　］が高いほど、光電センサは、より遮光性の高い物体をより急な角度から検出することができる。

(8) ［　　　］とは、透過形および反射形で、各設定距離において右方または左方からセンサを近づけ、出力が入光時の動作となる点を軌跡として表したものである。

(9) 下記の特性（図4－10）は、透過形光電センサの［　　　］の例で、横軸に投光器から受光器までの距離 X を、縦軸に平行移動距離 Y をプロットした特性である。

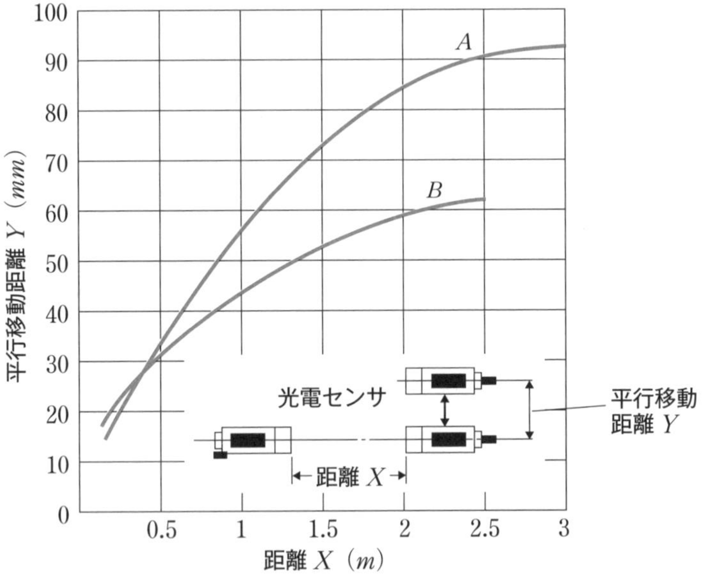

図4－10　光電センサの特性例（AとBはバリエーション）

〈用語：半導体レーザダイオード　透過形　フォトダイオード
平行移動特性　発光ダイオード　過剰ゲイン　反射形〉

[解答]

⑴の（*A*）は、「発光ダイオード」です。図4－9の波長帯で、波長が長い順に赤、緑、青色の*LED*が光源として使われています。主に、赤色の*LED*が使われています。（*B*）は、「半導体レーザダイオード」です。

⑵は「半導体レーザダイオード」です。*LED*の発光波長の帯域幅は通常数10*nm*程度ありますが、*LD*の帯域幅は非常に狭く1本の線で表されます。したがって、センサとしては視認性がよく、光の干渉もほとんどありません。光電センサでは赤色発光の*LD*が主に使用されます。

⑶は、「フォトダイオード」です。フォトダイオード（*Photo Diode*）は、光を照射すると起電力を誘起する光デバイスの1つです。光起電効果を利用しています。フォトトランジスタは、フォトダイオードとトランジスタを組み合わせた光デバイスで、増幅作用があるためわずかな光入力に対しても応答することができます。*PIN*（*P*－*Intrinsic*－*N*）フォトダイオードは、光エネルギーを電流に変換する光デバイスです。可視光から近赤外領域を検出することができます。*PSD*モジュールは、*PSD*と電流―電圧変換回路を一体化したもので、位置検出モジュールとして利用されています。

⑷は、対向させた投光器と受光器間の距離に対する出力信号の余裕ゲインなので、「透過形」です。

⑸は、定格動作距離における動作レベルを基準とした受光信号の余裕度の目安なので「反射形」です。

⑹は、光電センサの動作に必要とされる最小の光エネルギーを示す尺度なので、「過剰ゲイン」です。

⑺は、「過剰ゲイン」です。遮光性とは、入射する光に対してどのくらい遮断するかを百分率（％）で表したものです。光電センサの過剰ゲインが大きいほど、遮光性の高い物体でも光電センサは検出することができるという意味です。

⑻と⑼は、「平行移動特性」です。図4－10の例では、バリエーション*A*の場合、投光器から受光器までの距離*X*が2*m*のときは、平行移動距離*Y*は約85*mm*が限度であることを示しています。

答：⑴（*A*）発光ダイオード、⑴（*B*）と⑵半導体レーザダイオード、
⑶フォトダイオード、⑷透過形、⑸反射形、⑹と⑺過剰ゲイン、
⑻と⑼平行移動特性

4－2 近接センサ

近接センサ（*Proximity switch*）とは、次節で説明するリミットスイッチなどの接触式検出方式の代替として、検出対象に接触することなく検出することを目的としたセンサの総称をいいます。検出対象の移動情報や存在情報を検知して電気的信号（*ON*/*OFF* 信号）を出力する非接触式のセンサです。

電気的信号に変換するための検出方式には、以下の3種類があります。

・**誘導形近接センサ**

電磁誘導により検出対象となる金属体に発生する渦電流を利用する方式

・**静電容量形近接センサ**

検出体の接近による電気的な容量の変化を検出する方式

・**磁気式近接センサ**

磁石とリードスイッチを利用する方式

近接センサの特徴については、以下のようになります。

・非接触で検出できるため、検出体の摩耗や損傷がない
・出力側は無接点のため長寿命である（磁気式近接センサを除く）
・接触式センサと比較して高速応答である

応答時間とは、標準検出物体※注（図4－11）がセンサの動作領域内に入り、センサが動作する状態になってから出力が *ON* するまでの時間 t_1、または、標準検出物体がセンサの動作領域内を離れ、センサの出力が *OFF* するまでの時間 t_2 をいいます（図4－12）。

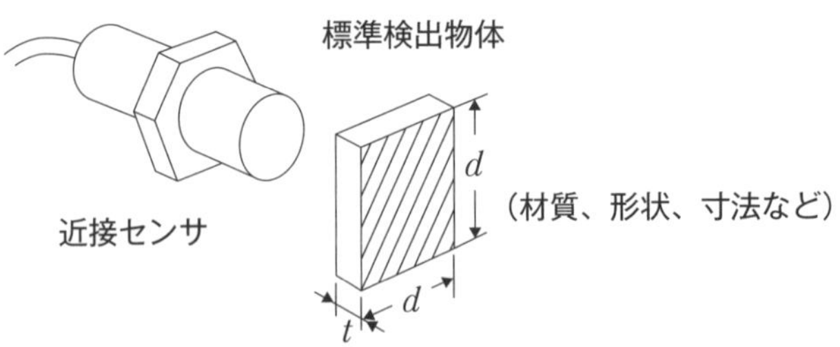

図4－11 標準検出物体

※注：基本性能を測定するための標準となる検出物体で、材質、形状、寸法などが定められている。

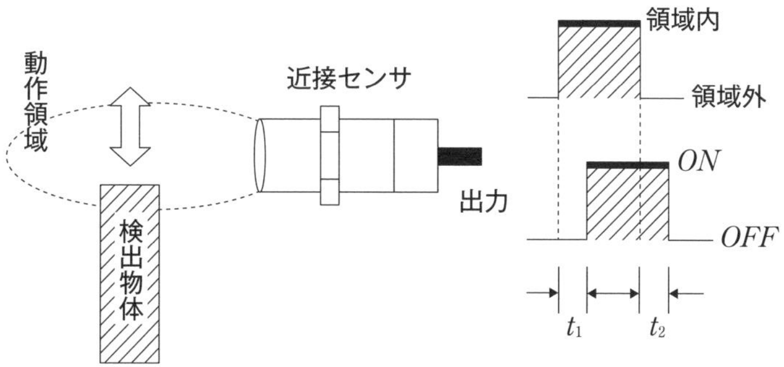

図4－12 近接センサの応答時間

・光電センサと異なり、水や油の環境下でも使用可能である
検出対象の汚れや、油、水などによる影響を受けることなく検出が可能。また、フッ素樹脂ケースを使用した機種は耐薬品性に優れている。
・検出体の色による影響を受けない
検出対象の物性による変化を検出しないので、表面の色などの影響をほとんど受けない。
・広い温度範囲で使用可能である
・誘導形、静電容量形は、相互干渉について考慮する必要がある
センサ相互の影響があるので、センサの設置については相互干渉について考慮する必要がある。また、誘導形では周囲金属の影響を、静電容量形では周囲物体の影響について考慮する必要がある。

4－2－1　誘導形近接センサ

外部磁界の影響による導体表面に発生する渦電流による磁気損失を検出します。検出コイルに交流磁界を発生させて、検出体となる金属体に発生した渦電流によるインピーダンスの変化を検出する方式です。高周波誘導式近接センサともいいます。このため金属などの導体を検出します。

誘導形近接センサの定性的な原理図を図4－13に示します。検出体側とセンサ側で見かけ上、トランスのような状態が発生します。トランスの結合状態が渦電流損によってインピーダンスの変化に置き換わります。インピーダンスの変化は、検出体側に直列に挿入した抵抗値の変化としてとらえることができます。

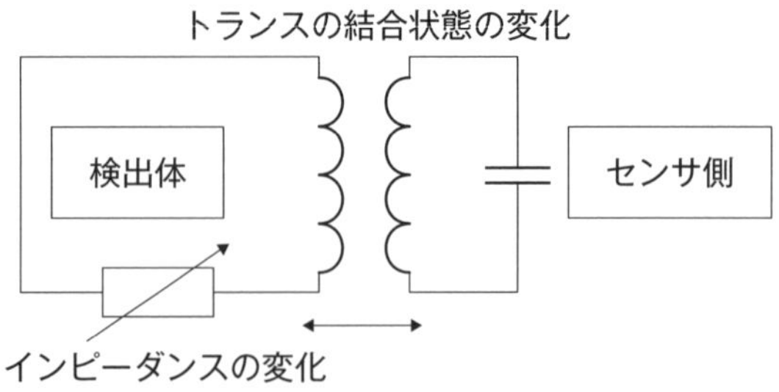

図4−13　誘導形近接センサの原理

4−2−2　静電容量形近接センサ

検出体とセンサの間に生じる静電容量の変化を検出します（図4−14）。静電容量の大きさは検出体の大きさや距離によって変化します。一般的な静電容量形近接センサの場合は、コンデンサのように平行に配置された2枚の平行板の容量を検出するイメージのセンサです。平行板はそれぞれ片側を被測定物（イマジナリーで接地されている状態）、もう一方がセンサ検出面となります。この2極間に形成される静電容量の変化を検出します。

検出可能物体は検出対象の誘電率によって変わりますが、金属のみならず、樹脂、水などの対象物の検出が可能となります。

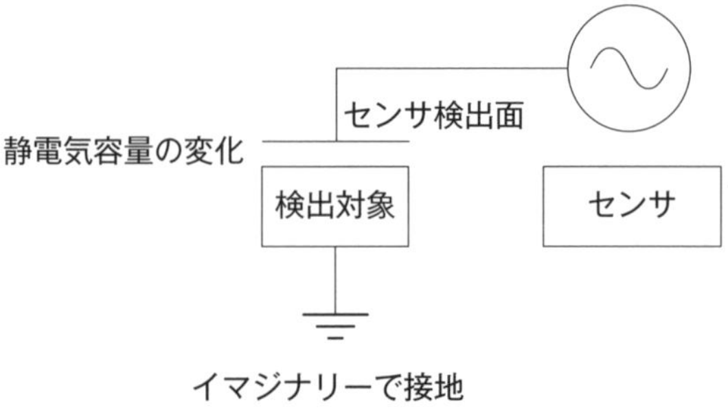

図4−14　静電容量形近接センサの原理

4−2−3　磁気式近接センサ

リードスイッチ形の近接センサです（図4−15）。リードリレーと磁石を組み合わせて接点を *ON*/*OFF* させます。

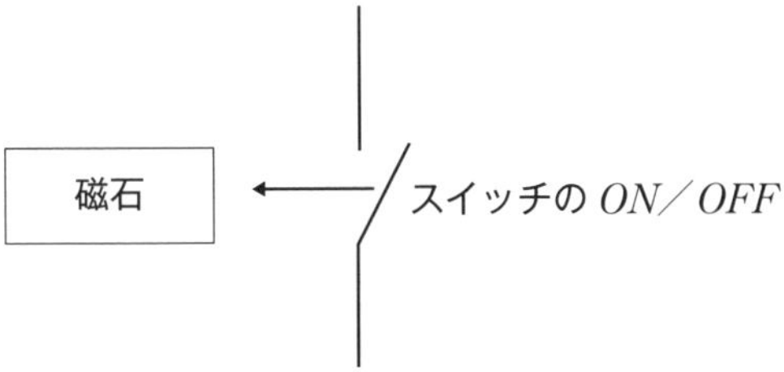

図4－15　**磁気式近接センサの動作原理**

リードリレーの構成を図4－16に示します。リードリレーは接点を兼ねるばね状の切片が互いに向かい合ってガラス管に組み込まれています。磁界がないときは、切片は開いた状態になります（同図（*a*））。この状態はノーマリーオープンといいます。電磁リレーのメーク接点と同じ状態です。この状態で、磁性体を近接すると、リードが磁化され、磁性体と2つの切片が磁気回路（*N*極から*S*極方向に）を構成します。これにより相対した自由端が互いに吸収し合い切片同士が引き合い、*ON*状態になります（同図（*b*））。この状態は、メーク接点が閉じた状態と同じになります。磁界を取り去ればリードの弾性により（ばねの復元力により）*OFF*状態になります。

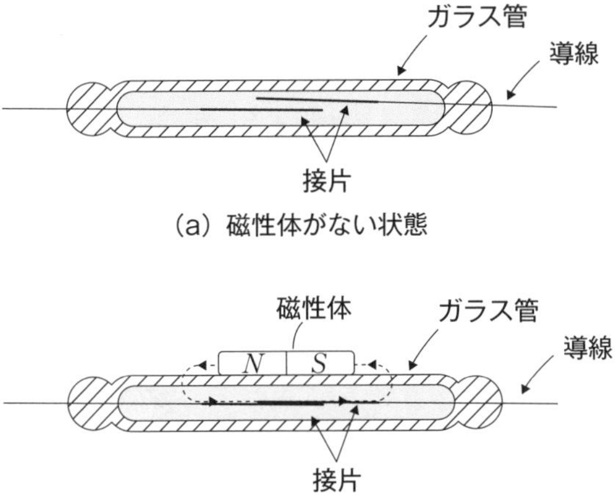

(a) 磁性体がない状態

(b) 磁性体が接近した状態

図4－16　**リードリレー**

3種類の近接センサの比較を表4－2に示します。外観図は、数多くあるバリエーションの中の一例です。

表4−2　近接センサの比較

項目	誘導形	静電容量形	磁気式
検出対象物	金属、鉄、アルミ、真鍮、銅	金属、樹脂、液体、粉体	磁石
電気的雑音	・動力線と信号線の位置関係、筐体の接地の有無など ・*CE*マーキング（*EMC*指令対応） ・センサ外形の材質（金属、樹脂） ・ケーブルが長いとノイズの影響を受けやすくなる		ない
電源仕様	・直流、交流、交流直流、直流無極性 ・接続方法　・電源電圧		
消費電流	・*DC*2線式、*DC*3線式、交流など電源仕様による ・*DC*2線式が消費電流を抑えるには効果的である		
検出距離	・温度の影響や検出物体の影響、周囲の物体の影響、センサ同士の設置距離に留意し検出距離の選定する必要がある ・カタログスペックの設定距離を参考にする ・検出に高精度が必要であれば、アンプ分離型の使用を検討		
周囲環境	温度、湿度、水、油、薬品など雰囲気に合わせた保護構造を確認する		
物理的振動・衝撃	・振動、衝撃などが発生する環境では、センサの検出距離に余裕をもたせた選定が必要 ・振動による抜け防止の観点から組み付けのための締め付けトルクのカタログ値を参考にする		
組み付け	・締め付けトルク、センサの大きさ、配線工数、ケーブル長、センサとセンサの距離、周囲の物体からの影響を受ける ・設計の際には、周囲金属、周囲物体の影響、センサ相互干渉距離の仕様を確認する		
外観			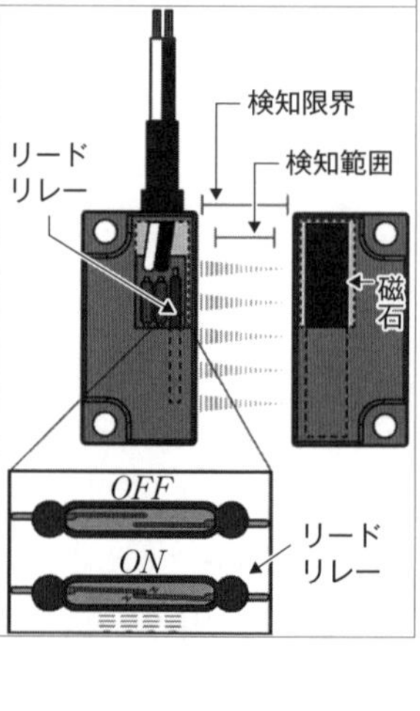

・**CE マーキング**

EU（欧州連合加盟国）の基準に適合していることを表示する基準適合マークです。“*CE*”はフランス語の「*Conformité Européenne*（英語：*European Conformity*)」の略です。

・**DC 2 線式**

ON/OFF 出力タイプの１つで、センサから出ているケーブルのリード線が２本のみになっているタイプです（図４－17（*a*））。電源線と信号線を兼ね備えているので、３線式と比べ配線工数が 2/3 に削減できます。

・**DC 3 線式**

センサから出ているケーブルのリード線が３本になっているタイプの方式です（図４－17（*b*））。*NPN* トランジスタや *PNP* トランジスタのオープンコレクタに分類されます。

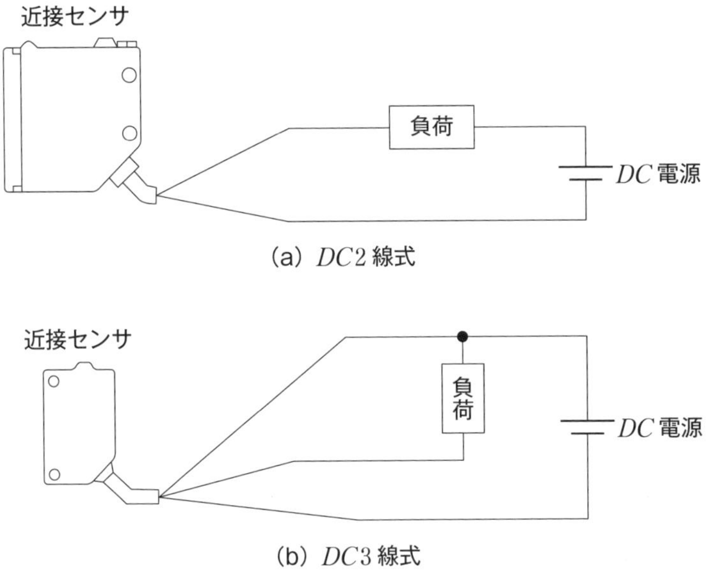

図４－17　近接センサの *DC* 2 線式と *DC* 3 線式

・**検出距離**

標準検出物体を指定の方法で移動させ、基準位置（基準面）から測定した動作（または復帰）までの距離をいいます。

・**設定距離**

温度、電圧の影響を含め、安定して使用できる対象物の検出面と標準検出物体の通過位置までの間隔で、通常、定格を検出距離の約70～80%になります。

・アンプ内蔵と分離型

アンプ内蔵型は、電源を入れるだけで使用することが可能です。感度調整することはできません。アンプ分離型（センサヘッドとアンプユニットは同軸ケーブルで接続）は、センサヘッド部が小型です。アンプ内蔵型に比べ検出距離が長くなります。感度調整はアンプユニットのトリマ（半固定抵抗器）で調整ができるので、高精度の検出が可能となります。

［例題4－4］

下記の文章は、近接センサについての説明文である。(ア)～(ケ)の中に、下記の用語から該当するものを記入しなさい。

近接センサとは、検出物体が接近したことを［(ア)］で検出できるセンサである。検出方式は、電磁誘導を利用した誘導形、磁石を用いた磁気式、検出物体とセンサとの間の静電容量の変化を検出する［(イ)］ある。

［(ウ)］近接センサは、外部磁界の影響による導体表面に発生する渦電流によるインピーダンスの変化を検出する方式である。センサ先端の検出コイルより発生した高周波磁界に検出物体である導電性を有する金属が接近すると、金属の表面に生じる渦電流の損失を発振回路の出力レベルの低下として等価的に捉える。発振状態の変化を発振状態検出回路で検出し、出力回路を動作させる。

静電容量形近接センサは、検出体とセンサの間に生じる［(エ)］の変化を検出する。金属または誘電体が接近すると、静電誘導効果によりセンサ内部の電極と大地電位間の静電容量が増加する。電極の静電容量変化に応じて検出物体の接近を検知する。

検出物体が誘電体（絶縁物体）の場合、その［(オ)］が大きいほど主電極と大地電位間の静電容量の変化が大きくなるので検出しやすくなる。

磁気式近接センサは、［(カ)］でリードリレー（リードスイッチ）のリード片を動作させる。リードスイッチが*ON*になることでスイッチが*ON*になる。

近接センサの検出できる対象物は、誘導形は鉄、アルミ、真鍮、銅などの［(キ)］、静電容量形は金属、樹脂、液体、粉体などの金属または［(ク)］、磁気式は［(ケ)］である。

〈用語：静電容量　磁石　非接触　誘電体　静電容量形　導体　比誘電率
誘導形〉

［解答］

(1)は、「非接触」です。近接センサは非接触で対象物を検出します。

(2)は、「静電容量形」です。近接センサの種類は、大別すると誘導形、静電容量形、磁気形の3種類です。

(3)は、「誘導形」です。誘導形は、センサ先端の高周波磁界に検出物体（金属）が接近すると、金属の表面に生じる渦電流による発振回路の出力レベルを検出方式です。

(4)は、「静電容量」です。静電容量形近接センサは、検出体とセンサの間に生じる静電容量の変化を検出します。

(5)は、「比誘電率」です。一般に2枚の平行平板電極で構成されたコンデンサの静電容量 C は、電極面積を S、電極間距離を d、電極間の誘電体の誘電率を $\varepsilon=\varepsilon_0\varepsilon_r$（$\varepsilon_0$：真空の誘電率、$\varepsilon_r$：比誘電率）とすると

$$C=\varepsilon_0\varepsilon_r\frac{S}{d} \qquad (4-2)$$

で表されます。この式から、比誘電率 ε_r が大きいほど主電極と大地電位間の静電容量 C が大きくなります。

(6)は、「磁石」です。本文図4－15より、磁石が近接すると、磁石の磁力線によりリードが磁化され、磁性体と2つの切片が磁気回路を構成し、相対した切片同士が引き合い ON 状態になります。

(7)は、「導体」です。誘導形は対象物が金属などの導体表面に渦電流を発生させてセンサ部の発振周波数の変化を検出します。

(8)は、「誘電体」です。静電容量形は金属と絶縁物（誘電体）の両方を検出することができます。

(9)は、「磁石」です。磁気形は磁石とリードリレーを組み合わせた構成です。

答：(ア)非接触、(イ)静電容量形、(ウ)誘導形、(エ)静電容量、
(オ)比誘電率、(カ)磁石、(キ)導体、(ク)誘電体、(ケ)磁石

4－3 マイクロスイッチ

マイクロスイッチ（*Microswitch*）とは、アクチュエータ機能とリレーの機能を合わせた制御スイッチの１つです。マイクロスイッチの基本構成と動作特性について説明します。

4－3－1　マイクロスイッチの基本構成

一般的なマイクロスイッチの動作機構を模式的に表現したものを図４－18に示します。プランジャーと導電性ばねからなるアクチュエータ部と、導電性ばねと端子のそれぞれの接点からなるリレー接点部で構成されています。

マイクロスイッチの接点構成を図４－19に示します。電磁リレーと同じように、ブレーク接点（*NC*）とメーク接点（*NO*）からなるトランスファ接点を備えています。

プランジャーに外力を加えると、導電性ばねが押されて下方に湾曲し、適当な湾曲位置でスナップアクション作用が働き、*COM* 端子の接点と *NO* 端子の接点が強く接触します。メーク接点が *ON* の状態です。

マイクロスイッチのスナップアクション（*snap action*）機構は、引張りバネと圧縮バネとの組み合わせで接点を動かす機構です。スナップアクション機構には、下記の特長があります。

・スイッチを操作する速度と無関係に、可動接点が固定接点から他の固定接点に高速で移動する。
・接点の開離が速いので、接点間に生じるアーク時間が短く、結果として、接点の消耗が少ない。

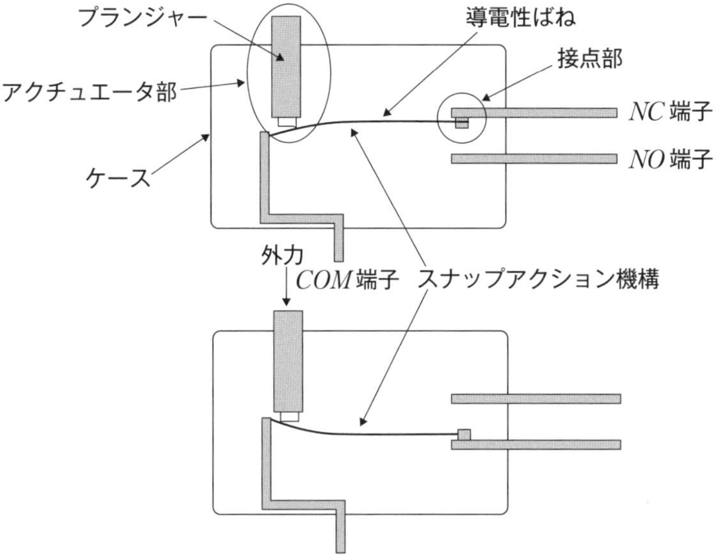

（a）構成イメージ

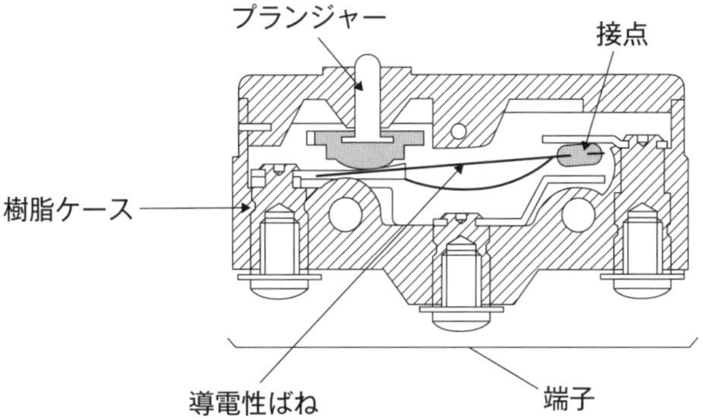

（b）実際の構成

図4－18　マイクロスイッチの動作機構

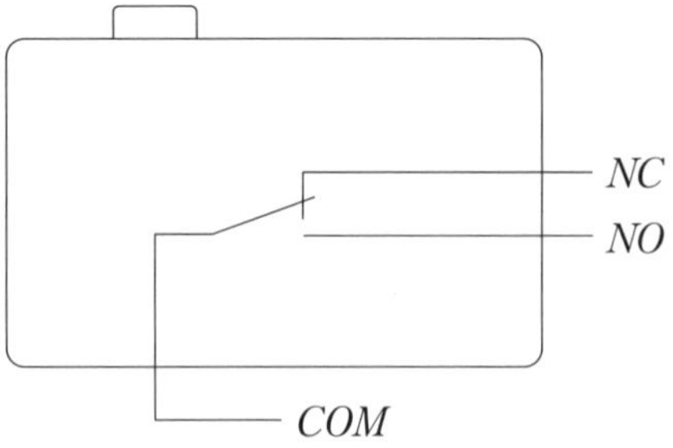

図4−19　マイクロスイッチの接点構成

次に、プランジャーから外力がなくなると、導電性ばねは自身の復元力により元の状態に瞬時に復帰し、*COM*端子の接点が*NO*端子から切り離されます。メーク接点が*OFF*になり、ブレーク接点が*ON*の状態になります。

このように、マイクロスイッチは、小型の樹脂ケース内にプランジャーを含むアクチュエータ部と導電性ばねのスナップアクション機構を組み込んだメカ・スイッチといえます。

通常、マイクロスイッチは、外力を直接プランジャーに加えないで、専用のレバーを組み合わせて使用します。レバーにはいろいろの種類があります。よく使われているタイプにヒンジレバーとヒンジローラレバーがあります（図4−20、写真4−1）。

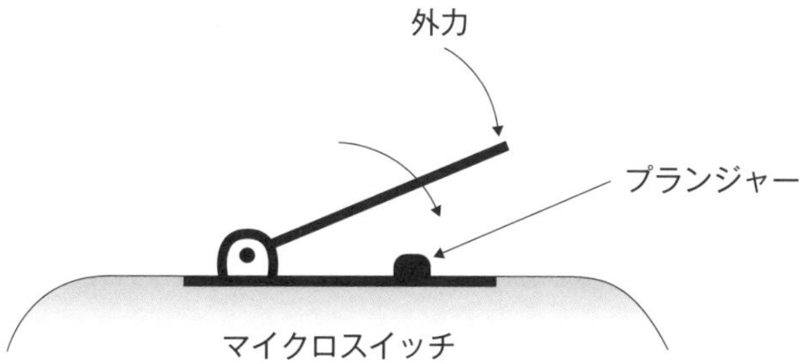

（a）ヒンジレバー

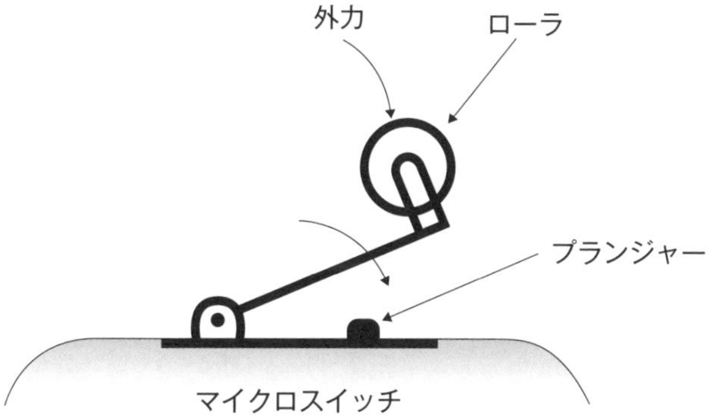

（b）ヒンジローラレバー

図4－20　マイクロスイッチ専用レバー

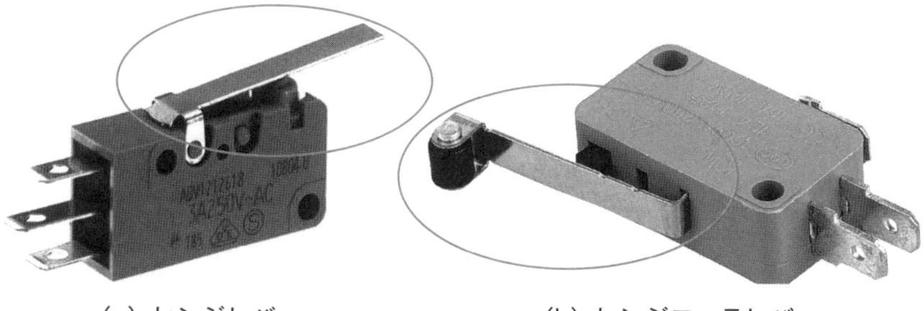

（a）ヒンジレバー　　（b）ヒンジローラレバー

写真4－1　マイクロスイッチのヒンジレバーとヒンジローラレバー

4−3−2　マイクロスイッチの動作特性と接点接触力特性

マイクロスイッチの動作特性とは“力・ストローク特性”で表したもので、横軸にストローク（アクチュエータの動き）を、縦軸にアクチュエータに加わる力を示したものです。また、接点接触力特性は、ストロークと接点接触力の関係をみたもので、横軸にストロークを、縦軸に接点接触力を示したものです。両特性の関係を図４−21に示します。

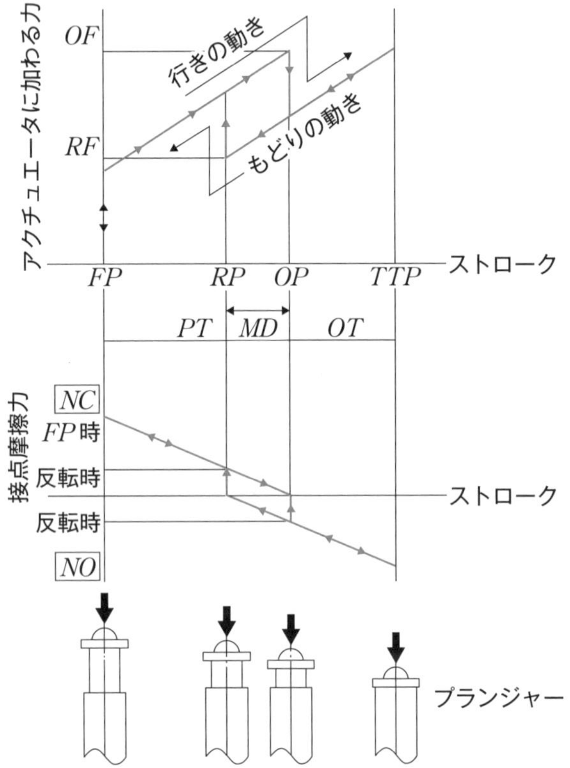

OF	動作に必要な力 （*Operating Force*）	*TTP*	動作限度位置 （*Total travel Position*）
RF	もどりの力（*Releasing Force*）	*PT*	動作までの動き（*Pre travel*）
FP	自由位置（*Free Position*）	*MD*	応差の動き （*Movement Differential*）
RP	もどりの位置 （*Releasing Position*）	*OT*	動作後の動き（*Over travel*）
OP	動作位置（*Operating Position*）		

図４−21　マイクロスイッチの力・ストロークと接点接触力特性

マイクロスイッチの動作は、次のように説明することができます。

・動作と復帰の際に力が急に変動するためスイッチの切り替わり音がするので、スイッチの動作位置（*OP*）・復帰位置（*RP*）が判別できる。

・応差の動き（*MD*）があるので、アクチュエータを操作する操作体のぶれや小さな上下動があっても可動接点は固定接点のどちらかに安定して接触しており、機械の検出用のスイッチに適している。

・接点の切り替わりが素早く行われるので、電流開閉時のアークの接続時間が短く、小型のスイッチとしては、比較的大きな電流を開閉することができる。

ストロークと接点接触力の関係をみると以下のことがいえます。

自由状態での接点接触力はアクチュエータを押し込むにつれて減少し、*OP*まで押し込むと接点接触力は0となり、可動接点は常時閉路（*NC*）側から常時開路（*NO*）側に反転するので直ぐに接触力が発生します。

さらに、アクチュエータを押し込むと*NO*側接触力は増大していきます。アクチュエータが戻る場合は、*NO*側が零になってから*NC*側に接触力が発生します。

次に、引張ばねと圧縮ばねの組み合わせによるばねの位置と動作状態の関係を図4－22に示します。マイクロスイッチの引張りばねと圧縮ばねを組み合わせた代表的なスナップアクション機構例を示したものです。マイクロスイッチはこのような動作原理を利用し、引張ばねを押す外力の速度に関係なく、スイッチ固有の切り替わり速度（開離速度）で接点が切り替わります。

外力がない状態で、もどりの操作をする場合も同じ動作原理で、ばねのたわみ反力がもどりの原動力になります。

表4−3 引張ばねと圧縮ばねの組み合わせによるマイクロスイッチの動作原理

<table>
<tr><th>状態
位置</th><th>動作状態</th></tr>
<tr><td>自由位置</td><td>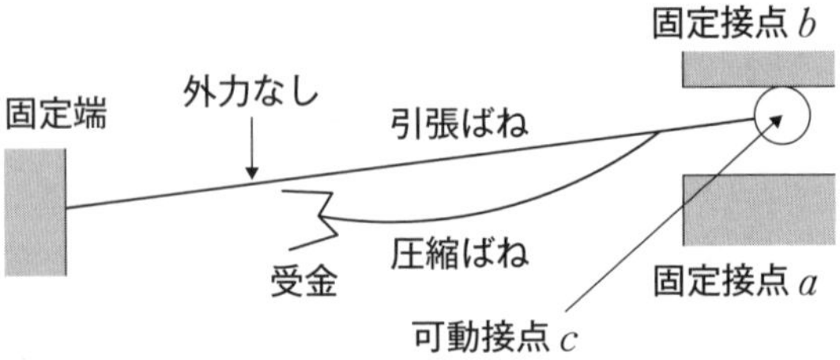
</td></tr>
<tr><td>動作位置</td><td>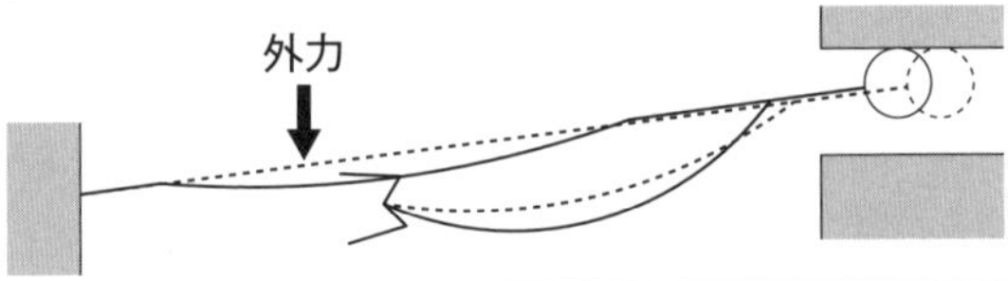
</td></tr>
<tr><td>動作限度位置</td><td>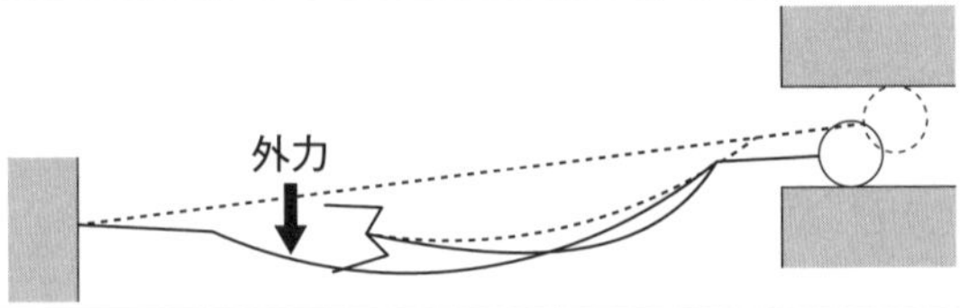
</td></tr>
</table>

[例題 4 − 5]

下記の文章は、マイクロスイッチについての説明文である。(ア)〜(シ)の中に、下記の用語から該当するものを記入しなさい。

マイクロスイッチは、プランジャーと導電性ばねからなる [(ア)] 部と、導電性ばねと端子のそれぞれの接点からなる [(イ)] 部で構成されている。マイクロスイッチのスナップアクション機構は、[(ウ)] と [(エ)] との組み合わせで接点を動かす機構である。マイクロスイッチは、外力を直接プランジャーに加えないで、専用のレバーを組み合わせて使用する。代表的なレバーのタイプには [(オ)] と [(カ)] がある。

マイクロスイッチの動作特性は [(キ)] で表される。横軸にストロークを、縦軸に [(ク)] に加わる力を示した特性である。また、接点接触力特性は、ストロークと [(ケ)] の関係を示したもので、横軸にストロークを、縦軸に [(コ)] を示したものである。

マイクロスイッチはスナップアクション機構を利用したもので、[(サ)] を押す外力の速度に関係なく、スイッチ固有の開離速度で接点が切り替えられる。また、外力を抜いたときのもどり動作はばねの [(シ)] による反力が原動力になる。

〈用語：アクチュエータ　リレー接点　引張りばね　圧縮ばね
ヒンジレバー　ヒンジローラレバー　力・ストローク特性
接点接触力　たわみ〉

[解答]

(ア)と(イ)は、それぞれ「アクチュエータ」と「リレー接点」です。マイクロスイッチの基本構成部です。

(ウ)と(エ)は、それぞれ「引張りばね」と「圧縮ばね」です。この2種類のばねでスナップアクション機構を構成しています。

(オ)と(カ)は、それぞれ「ヒンジレバー」と「ヒンジローラレバー」です。ヒンジレバーは、低速、低トルクのカムに用いられます。レバーの形状は操作体の形状に合わせたものが用意されています。レバーの材質は剛体が使用されています。ヒンジローラレバーは、ヒンジレバーにローラを付けたもので、高速のカム動作に適しています。

(キ)と(ク)は、それぞれ「力・ストローク特性」と「アクチュエータ」です。横軸はストロークをとります。

(ケ)と(コ)は、どちらも「接点接触力」です。接点接触力特性は、横軸にストロークを、縦軸に接点接触力をとった特性です。

(サ)と(シ)は、それぞれ「引張りばね」と「たわみ」です。外力の速度に関係なく、スイッチ固有の開離速度で接点が切り替わります。外力を抜いたときはばねのたわみによる反力で同様に接点が切り替わります。

答：(ア)アクチュエータ、(イ)リレー接点、(ウ)引張りばね、(エ)圧縮ばね、(オ)ヒンジレバー、(カ)ヒンジローラレバー、(キ)力・ストローク特性、(ク)アクチュエータ、(ケ)と(コ)接点接触力、(サ)引張りばね、(シ)たわみ

第5章 リレーシーケンス

電磁リレーを使用したリレーシーケンスについて説明します。シーケンス（sequence）とは、連続、連鎖、順番、順序などの意味があります。通常、電磁リレーはシーケンス制御、リレーシーケンスの主要な制御機器として使われています。

本章では、最初に、電磁リレーの基本構成について説明します。電磁リレーは電磁コイルの電磁力によって可動鉄片を吸引し、これに連動した接点をON/OFFします。次に、リレーシーケンスの基本になっている基本論理回路について図記号と真理値表を用いて説明します。最後に、基本論理回路を組み合わせた代表的な応用回路についてシーケンスと動作を説明します。

5－1 電磁リレー

制御用リレーは、ヒンジ形、プランジャ形、リードリレーなど磁力を利用した電磁リレーと半導体リレーに大別されます。電磁リレーは別名“電磁継電器”と呼ばれます。一般的に、電磁リレーといえばヒンジ形のリレーを指します。“ヒンジ”とは、扉や蓋などを支えたり、開閉できるようにするための金具のことをいいます。蝶番（ちょうつがい）ともいいます。ヒンジ形電磁リレーは、電磁石に蝶番のような可動部分を備えています（写真５－１）。

ミニチュアリレーといわれる数アンペアクラスの小型リレーから数10アンペアクラスのパワーリレーといわれる大容量のものまで、非常に多くの種類、バリエーションがあります。専用端子台に装着するタイプやプリント基板に実装するタイプがあります。パワーリレーは、専用のソケットに挿入した後、固定金具でリレー本体を固定して使用します（写真５－１（*a*））。プリント基板実装タイプのリレーを写真５－１（*b*）に示します。

２極構成の標準的な電磁リレーの接点構成を図５－１と表５－１に示します。

(a) 端子型　　(b) 基板実装型

写真５－１ ヒンジ形電磁リレー

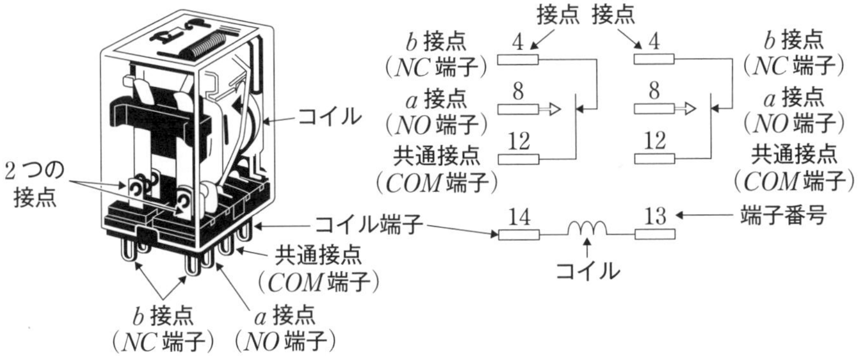

図5－1　電磁リレーの接点構成（2極構成）

表5－1　端子名と端子番号（図5－1と対応）

*b*接点 （*NC*端子）	4	3	2	1
*a*接点 （*NO*端子）	8	7	6	5
共通端子 （*COM*端子）	12	11	10	9

電磁リレーの基本構成について説明します。

電磁リレーは、操作コイル（電磁コイル）に電流が流れ電磁石になると、その電磁力によって可動鉄片を吸引し、これに連動した機構が働いて接点を*ON*/*OFF*します。このことを、“電磁リレーが動作する”といいます。また、電磁リレーに流れる電流が遮断し電磁力を失うと電磁リレーの接点は、ばねの力によってもとの状態に戻ります。このことを、“電磁リレーが復帰する”といいます。復帰動作する接点を自動復帰接点といいます。

電磁リレーの原理図を図5－2に、図記号を図5－3に示します。電磁リレーの主要部品は電磁コイルと接点です。電磁コイルは、鉄芯（コアー）に操作コイルが巻かれたもので、コイルに電流が流れたときに電磁石になります。コイルに流す電流のことを動作電流または駆動電流といいます。

電磁リレーには*a*接点、*b*接点、*c*接点と呼ばれる3種類の接点があります（図5－4、写真5－2）。*a*接点、*b*接点は固定接点で、*c*接点は可動接点です。

*a*接点は、メーク接点といいます。動作電流を流さないときは、オープン状態となります。この状態を“ノーマルオープン”といいます（図5－4（*a*））。

b 接点は、ブレーク接点といいます。動作電流を流さないときは、クローズ状態となります。この状態を“ノーマリクローズ”といいます（図 5 − 4 （b））。

c 接点は、トランスファ接点または可動接点といいます。動作電流が流れたときに b 接点から a 接点に移動する接点です（図 5 − 4 （c））。

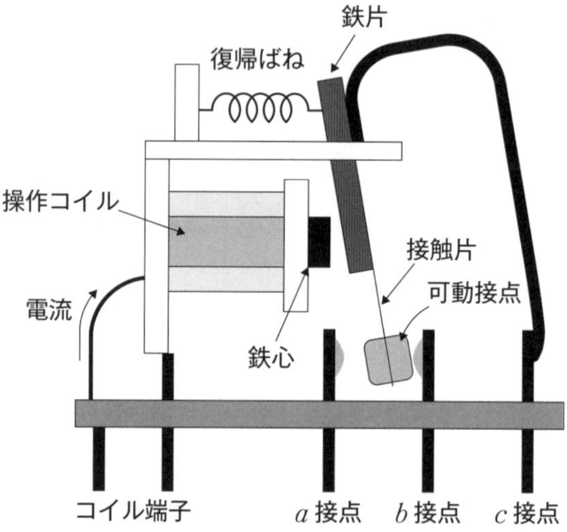

図 5 − 2　電磁リレーの原理図

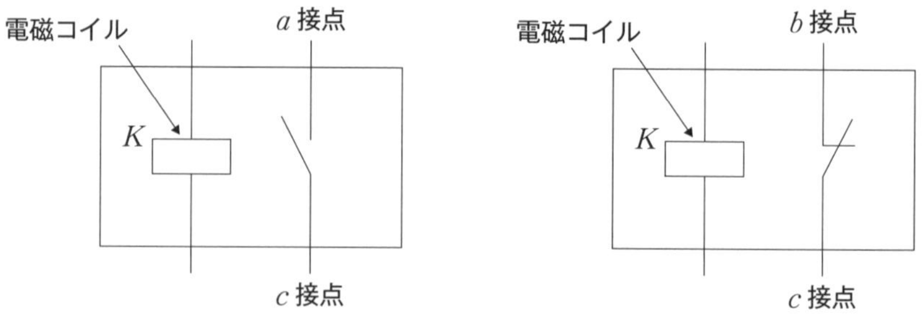

(a) a 接点の場合　　(b) b 接点の場合

図 5 − 3　電磁リレーの図記号

a 接点　　*b* 接点　　*c* 接点

(a) メーク接点　　(b) ブレーク接点　　(c) トランスファ接点

図5－4　電磁リレーの接点構成

写真5－2　電磁リレーの各接点

次に、電磁リレーの基本動作について説明します。

●コイルに動作電流を流さない状態

接触片は鉄片を介して復帰ばねで引っ張られており、*c* 接点は *b* 接点と接触しています。*a* 接点とは接触していません。*b* 接点は *ON* の状態です。この状態を図記号で表すと図5－5のようになります。

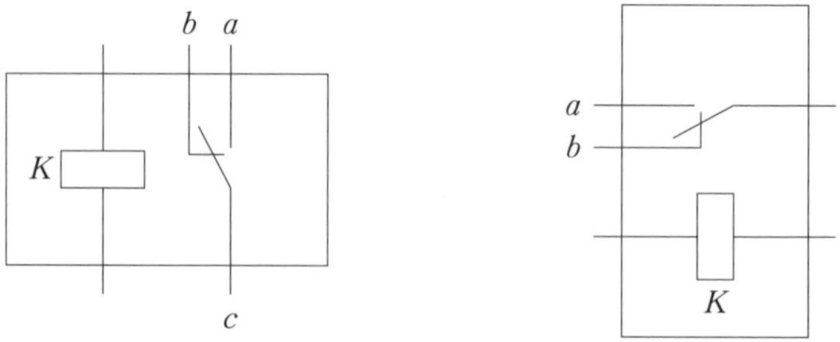

図5−5　コイルに動作電流を流さないときのリレーの図記号

●コイルに動作電流を流した状態

動作電流は電磁石になり接触片を吸引します。これに伴ってc接点はb接点から離れ（b接点は*OFF*）、a接点側に移動します。このときc接点はa接点と接触します。図記号で表すと図5−6のようになります。

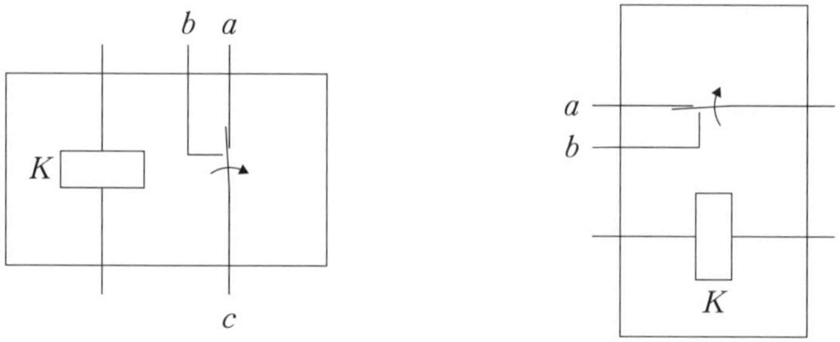

図5−6　コイルに動作電流を流したときのリレーの図記号

a接点とb接点について、図5−5と図5−6を比べると、コイルに動作電流を流したときと、そうでないときの接点の動作が互いに逆になります。

電磁リレーの基本動作をまとめると表5−2のようになります。

表5−2　電磁リレーの基本動作

電磁コイル	a接点	b接点	c接点
動作電流を流さない	*OFF*	*ON*	b接点と接触
動作電流を流す	*ON*	*OFF*	b接点から離れ、a接点側に移動

[例題 5 − 1]

電磁リレーを選定する際に、下記の（*a*）〜（*j*）について考慮しなければならない。これらの用語について説明しなさい。

（*a*）定格電圧　（*b*）定格電流　（*c*）動作電流　（*d*）復帰電圧
（*e*）最大許容電圧　（*f*）コイル抵抗　（*g*）接触抵抗　（*h*）動作時間
（*i*）復帰時間　（*j*）バウンス

[解答]

一般リレーの仕様例を表 5 − 3 に示します。リレーを選定する際には、最低でも、直流または交流の定格電圧と定格電流を確認する必要があります。

（*a*）定格電圧とは、操作コイルに加える基準となる電圧をいいます。

（*b*）定格電流は、定格電圧を加えたときに、操作コイルに流れる基準となる電流です。

（*c*）動作電流は、操作コイルに徐々に電圧を印加していったときに、リレーが動作する電圧となります。コイル温度が +23℃のときの値です。

（*d*）復帰電圧は、操作コイルに定格電圧を加えてリレーを動作させた後、操作コイルに加えた電圧を減少させて、リレーが初期の状態に戻る（復帰する）電圧をいいます。コイル温度が +23℃のときの値です。

（*e*）最大許容電圧は、リレーの性能を満たすために許容されるコイル電圧の変動範囲の最大値となります。連続通電できる電圧値ではありません。最大許容電圧を超えた場合、コイルが焼損するなどのトラブルが発生する場合があります。

（*f*）コイル抵抗とは、*DC* 型リレーの操作コイルの直流抵抗値であり、コイルの温度が +23℃のときのコイル端子間の値です。コイル抵抗が小さいほど電力損失が少なく、発熱を低く抑えられます。

（*g*）接触抵抗とは、接点同士の接触する接点接触抵抗と端子や接触バネの導体抵抗の合成抵抗をいいます。接触抵抗の測定は電圧降下法で測定します。一般リレーの場合、$50m\Omega$ 以下となります。接触抵抗が小さいほど導通時のロスが少なくなります。

（*h*）動作時間とは、コイルに通電してから *a* 接点（メイク接点）が *ON* するまでの時間で、複数個の接点をもつリレーの場合は、一番遅い接点の時間となります。一般リレーの場合、20*ms* 以下となります。高速動作が必要な場合は、*SSR* などの半導体リレーを使用する必要があります。

（*i*）復帰時間とは、コイルの通電を *OFF* して *a* 接点（メイク接点）が *OFF* するまでの時間で、*c* 接点の場合、*b* 接点に接触するまでの時間をいいます。一般リレーの場合は、20*ms* 以下となります。動作時間と復帰時間はコイル温度が

＋23℃のときの値です。

(*j*) バウンスとは、接点をオンまたはオフさせるとき接点相互の衝突によって生じる接点間の間欠的開閉現象（バタツキ）をいいます。この間欠的開閉現象が継続している時間をバウンス時間といいます。

表5－3 一般リレーの仕様例

項目		定格電流 (*mA*)		コイル抵抗 (Ω)	コイルインダクタンス (*H*)		動作電圧 (*V*)	復帰電圧 (*V*)	最大許容電圧 (*V*)	消費電力 (*VA, W*)
定格電圧 (*V*)		50*Hz*	60*Hz*		鉄片開放時	鉄片動作時				
AC	12	106.5	91	46	0.17	0.33	80%以下	30%以上	定格電圧の110%	約1.0～約1.2 (60*Hz*)
	24	53.8	46	180	0.69	1.3				
	100/110	11/7/12.9	10/11	3750	14.54	24.6				約0.9*A*～約1.1*A* (60*Hz*)
	110/120	9.9/10.8	8.4/9.2	4430	19.2	32.1				
	200/220	6.2/6.8	5.3/5.8	12950	54.75	91.07				
	220/240	4.8/5.3	4.2/4.6	18700	83.5	134.6				
DC	12	72.7		165	0.73	1.37		10%以上		約0.9*A*
	24	36.3		662	3.2	5.72				
	48	17.6		2725	10.6	21				
	100/110	8.7/9.6		11440	45.6	86.2				

答：上記の説明

5-2 リレーシーケンスの基本

リレーシーケンスは有接点シーケンスともいわれています。リレーシーケンスは制御に使用される理論素子として機械的接点をもった電磁リレー（有接点リレー）を使います。また、リレーシーケンスのもとになっているシーケンス図は、リレー回路の動作原理や動作順序をわかりやすく配列し、リレー回路の動作の内容を理解できるようにした展開図です。電気設備の装置類、配電盤およびこれらに関連する機器、器具の動作・機能を中心に展開して示した図です。シーケンス図の例を図５－７に示します。シーケンスダイヤグラムまたは展開接続図ともいいます。シーケンス図は、多くのリレー回路をその動作の順序に従って配列し、動作の内容を理解しやすくした接続図といえます。

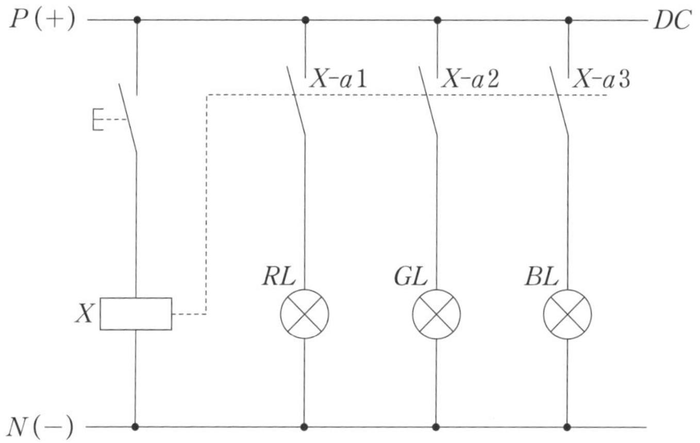

図５－７　シーケンス図の例

また、ブロックで簡単に示すことを目的とした流れ図をフローチャートもしくはブロックシーケンスといいます。図５－８は、図５－７のランプを点滅させる場合の各機器の動作順序をフローチャートに示したものです。

さらに、各機器の動作順序の時間的な変化を示した図をタイムチャートといいます（図５－９）。

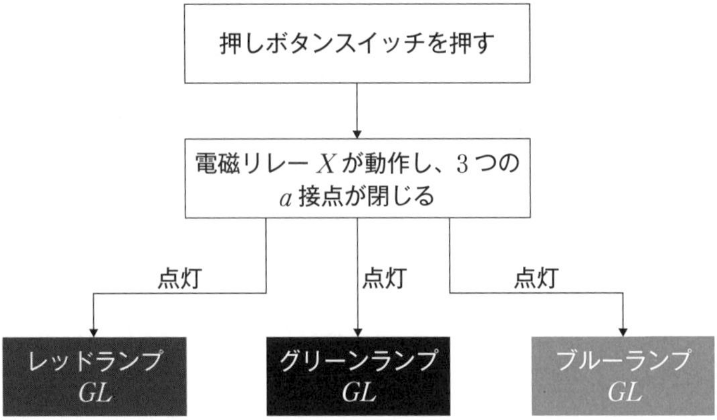

図 5−8　フローチャートの例

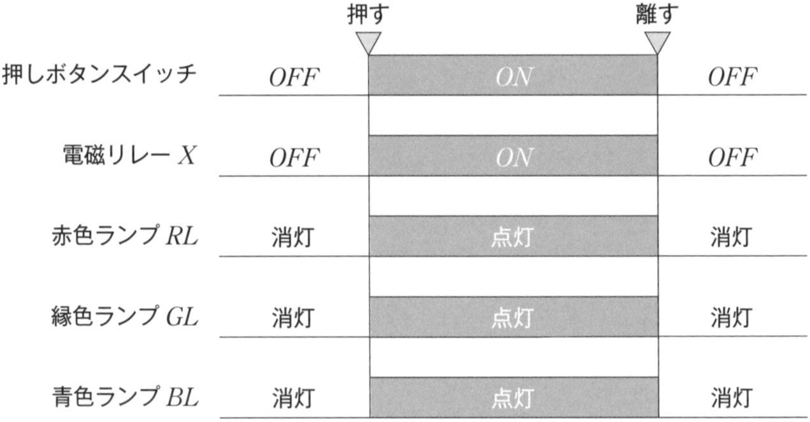

図 5−9　タイムチャートの例

コラム　リレーシーケンスの使用例

リレーシーケンスは古くからある技術ですが、機械制御には非常に重要で、なくてはならない技術です。有接点リレー方式、有接点シーケンスとも呼ばれ、電磁リレーをスイッチとして利用し、システムを制御する方式です。

表現方法として、シーケンス図が用いられます。負荷容量が大きいことや電気的ノイズに対して安定であることなどから、リレー回路によって構成されたシーケンス制御が普通に使用されています。主に、電磁ソレノイドや電動機の制御に応用されてきました。

電磁リレーという電気信号を機械的な動きに変換する電磁機器を使い、直接操作するには危険性の高い比較的大きな電圧、電流の制御を遠隔から危険性の少ない小さな電気で制御することがリレーシーケンスでした。

今では、リレーシーケンスは家電製品から産業機械、鉄道の分野まで電気機器の制御や機械制御など幅広い用途で使用されています。

次章で説明する*PLC*（“プログラマブル・ロジック・コントローラ”の頭文字の略）は、リレーシーケンスと同じように機械装置を制御する制御機器です。リレー回路の代替として開発された制御装置で、ファクトリオートメーションに代表されるように、工場などの自動機械の制御に使われる他、エレベーター、自動ドア、ボイラー、テーマパークの各種アトラクションなど、身近な機械の制御に使用されています。リレーシーケンスとの違いは、リレーシーケンスは電磁リレーという装置を複数使用してシステムを制御しますが、*PLC*は1つの装置であらゆる種類の制御を可能にします。コンピュータの発展に伴い、*PLC*制御も大きく発展し、高機能化してきています。

リレーシーケンスの回路を作成するための図記号について説明します。リレーシーケンスの回路構成図を“シーケンスダイヤグラム”といいます。基本論理回路のように簡単なものから実際の現場で使用されている複雑なものまで多種多様です。

シーケンスダイヤグラムを作成するための約束ごとがあります。それは図記号を使って回路図を作成することです。

シーケンスダイヤグラムで使用する主な図記号を表5－4に示します。電磁リレーやスイッチなど使用する機器によって図記号が決まっています。これらの図記号は、リレーシーケンスの回路構成と使い方に慣れてしまえば難しくはありません。

リレーシーケンスで使用される機器の例を写真5－3に示します。左から電磁リレーⒶ、トグルスイッチⒷ、マイクロスイッチⒸ、近接スイッチⒹ、押しボタンスイッチⒺ、タイマⒻ、パイロットランプⒼ、ブレーカⒽ、ブザーⒾの例です。

表5－4 リレーシーケンスで使用する主な図記号

名称	図記号	名称	図記号
電磁リレー コイル	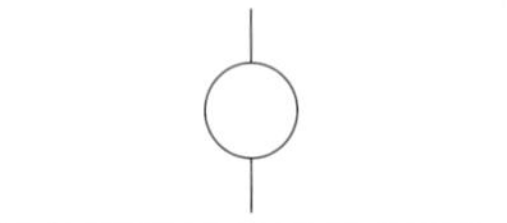	タイマ（限時動作接点）	
電磁リレー 接点		ランプ	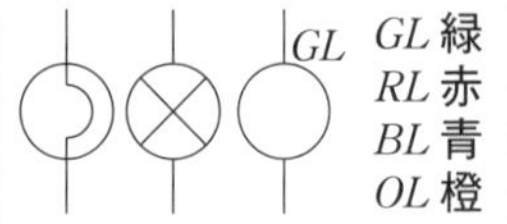
トグルスイッチ		ブレーカ	
押しボタンスイッチ		ブザー	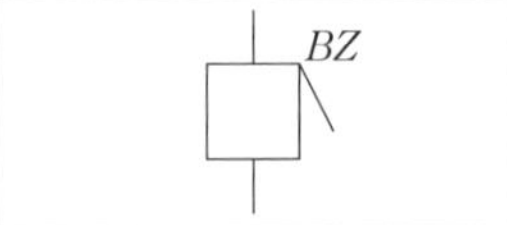
ヒューズ	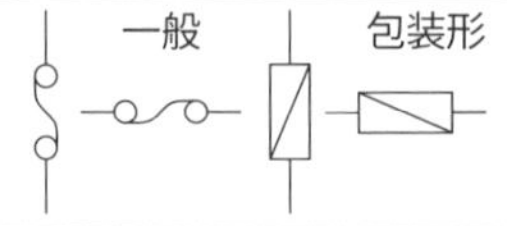	ベル	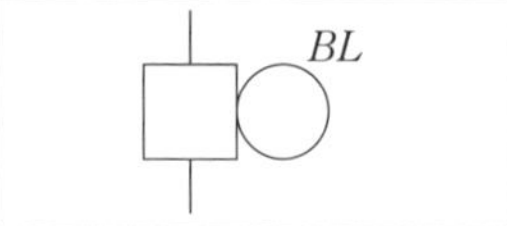
電磁接触器	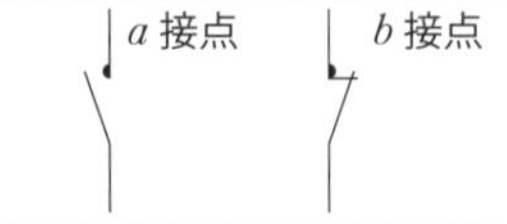		

写真5－3 リレーシーケンスで使用される機器の例

リレーシーケンスの基本回路になっているのが、*AND*（“アンド”と発音）、

OR（“オアー”と発音)、*NOT*（“ノット”と発音）の基本論理回路です。論理回路はトランジスタや*IC*を使用しても構成できますが、リレーシーケンスでは、リレーを使用した論理回路になります。

基本論理回路（*logic circuit*）とは、基本ゲートともいわれています。*AND*回路、*OR*回路、*NOT*回路のことをそれぞれ“論理積”、“論理和”、“否定”といいます。

5－2－1　AND回路

電磁リレーを使用した*AND*回路を図5－10に示します。2個のスイッチ（*SW*1、*SW*2)、2個の電磁リレー（*X*、*Y*)、1個のランプで構成されています。直流の場合は、*P*（+)、*N*（−）で表し、交流の場合は、*R*、*T*または*R*、*S*、*T*（三相交流の場合）で表します。回路の電源は直流の場合です。シーケンスダイヤグラムを考える場合には、左側から右側に見ていきます。

リレー*X*、*Y*はどちらも*a*接点を使用します。図中のランプ*BL*は、青色*LED*と電流制限用抵抗を直列接続した点灯回路を表しています（図5－11)。

2個のスイッチの*ON/OFF*の組み合わせにより、*LED*が点灯／消灯します。*SW*1と*SW*2が同時に*ON*になったときのみに*LED*が点灯します。*SW*1または*SW*2がどちらかが*ON*になっても*LED*は点灯しません。2つのスイッチと*LED*の点灯／消灯の動作の関係を表5－5に示します。このような論理動作を*AND*または論理積といいます。

表の5－5において、*SW*1と*SW*2の*ON/OFF*と*LED*の点灯／消灯を、二進法で1または0、あるいは*H*（*High*の意味）または*L*（*Low*の意味）で表現したものを真理値表といいます（表5－6)。*SW*1は*X*に、*SW*2は*Y*に、*LED*は*Z*に対応します。1を*H*で表現することを正論理（*Active High*）0を*L*で表現することを負論理（*Active Low*）といいます※注。

注：以下、真理値表は、正論理、負論理で表す。

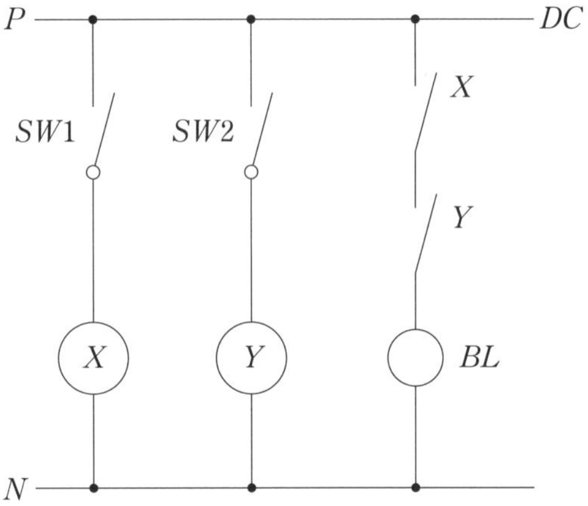

図5－10　AND回路

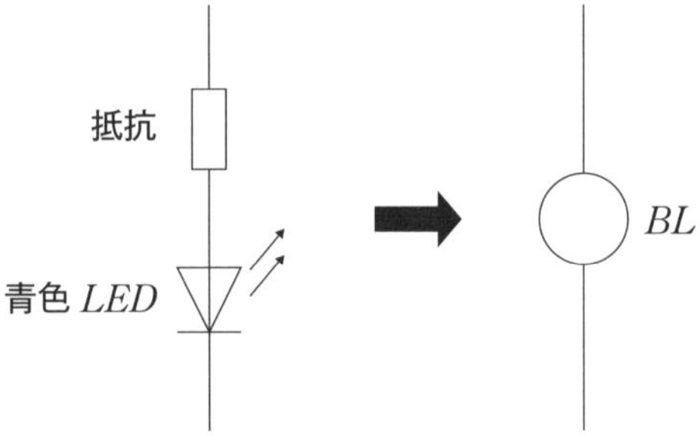

図5－11　LED点灯回路とランプ図記号の関係

表5－5　AND回路のSWとLEDの関係

SW1	SW2	LED
OFF	OFF	消灯
ON	OFF	消灯
OFF	ON	消灯
ON	ON	点灯

表5－6　*AND* 回路の真理値表

(a) 2進法で表現

入力		出力
X	Y	Z
0	0	0
1	0	0
0	1	0
1	1	1

(b) 正論理と負論理で表現

入力		出力
X	Y	Z
L	L	L
H	L	L
L	H	L
H	H	H

真理値表は、論理記号を使って表現することができます。*AND* 回路の論理記号を図5－12に示します。論理記号は *MIL* 記号と *JIS* 記号があります。本書では、*MIL* 記号を使用します。

(a) *MIL* 記号　　(b) *JIS* 記号

図5－12　*AND* の論理記号

また、*AND* 回路を論理式で表すと、

$$X \cdot Y = Z \qquad (5-1)$$

となります。論理記号をブール代数で表した式を論理式といいます。ブール代数とは、1または0しかもたない数学式で、加減乗除で表した式です。

この式から、*AND* 回路は“論理積”といわれます。真理値表と論理記号を使うことにより、リレーシーケンスの働きを理解することができます。

5－2－2　OR回路

電磁リレーを使用した *OR* 回路を図5－13に示します。2個のスイッチ（*SW*1、*SW*2）、2個の電磁リレー（*X*、*Y*）、1個のランプで構成されています。リレー（*X*、*Y*）はどちらも *a* 接点を使用します。図中のランプ *BL* は、図5－11と同じです。

真理値表を表5－7に示します。*AND* 回路と同様に、*SW*1は *X* に、*SW*2は *Y* に、*LED* は *Z* に対応します。*SW*1または *SW*2のどちらかが *ON* になったときに *LED* が点灯します。もちろん、*SW*1と *SW*2がともに *ON* になったときも *LED*

が点灯します。

OR 回路と AND 回路の違いは以下のようになります。

AND 回路は、SW1と SW2の両方が ONになったときのみに LED は点灯しますが、OR 回路の場合は、SW1または SW2のどちらかが ONになれば LED は点灯します。

OR 回路の論理記号は図 5 −14のように書きます。

論理式は

$$X+Y=Z \qquad (5-2)$$

のようになります。この式から、OR 回路は“論理和”といわれます。

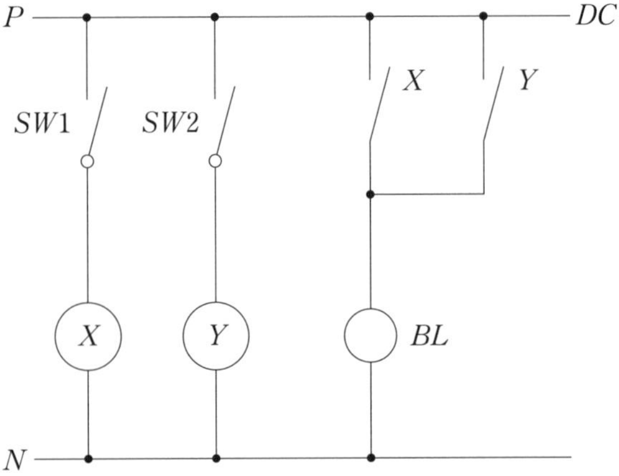

図 5 −13 OR 回路

表 5 − 7 OR 回路の真理値表

入力		出力
X	Y	Z
L	L	L
H	L	H
L	H	H
H	H	H

(a) *MIL* 記号　　(b) *JIS* 記号

図5－14　*OR* の論理記号

5－2－3　NOT 回路

電磁リレーを使用した *NOT* 回路を図5－15に示します。1個のスイッチ（*SW*）、1個の電磁リレー（*X*）、1個のランプで構成されています。リレーは *b* 接点を使用します。図中のランプ *RL* は、これまでと同様です。

真理値表を表5－8に示します。*SW* が *OFF* のときに *LED* が点灯し、*SW* が *ON* になったときに *LED* は消灯します。*SW* の動作と *LED* の動作が逆になります。

NOT 論理記号は図5－16ように書きます。

論理式は

$$\bar{X}=Z \qquad (5-3)$$

のようになります。否定の場合は、*X* の上にバーを入れます。この式から、*NOT* 回路は“否定”といわれます。

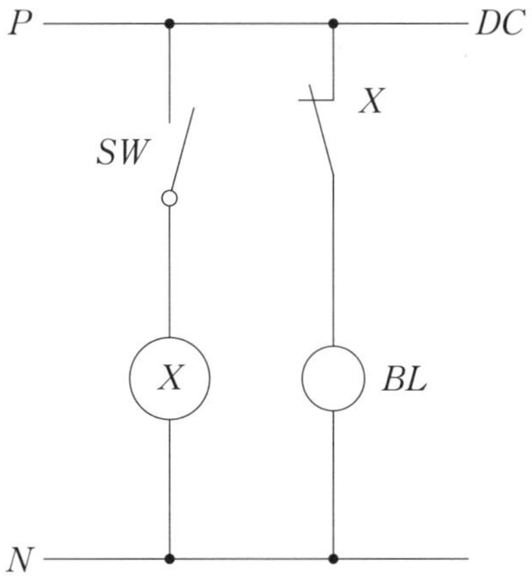

図5－15　*NOT* 回路

表5－8 NOT回路の真理値表

入力	出力
X	Z
L	H
H	L

(a) MIL記号　　(b) JIS記号

図5－16 NOTの論理記号

［例題5－2］

3個のスイッチ（$SW1$、$SW2$、$SW3$）と3個の電磁リレー（X、Y、Z）、1個のランプで構成されているリレー回路Aがある（図5－17）。この回路の真理値表を作成し、論理式を求めなさい。また、この回路を論理記号で表しなさい。

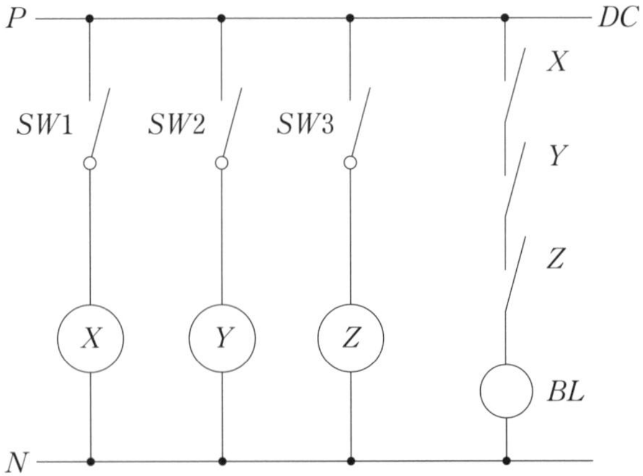

図5－17 リレー回路A

[解答]

電磁リレーの a 接点は3個とも直列接続されています。したがって、*LED*は3個の*SW*がすべて*ON*になったときのみ点灯します。3個の*SW*が1個でも*OFF*であれば*LED*は点灯しません。リレー回路 *A* は *AND* 回路になります。

この回路の真理値表は、表5－9のようになります。*H*と*L*の組み合わせは8通りになりますが、*X*、*Y*、*Z*すべてが*H*のときのみが出力 *W*は*H*になります。

表5－9　リレー回路 *A* の真理値表

入力			出力
X	*Y*	*Z*	*W*
L	*L*	*L*	*L*
H	*L*	*L*	*L*
L	*H*	*L*	*L*
L	*L*	*H*	*L*
H	*H*	*L*	*L*
L	*H*	*H*	*L*
H	*L*	*H*	*L*
H	*H*	*H*	*H*

論理式は

$$X \cdot Y \cdot Z = W \qquad (5-4)$$

のように表現します。*X*、*Y*、*Z*の論理積になります。

ブール代数の結合式※注を使って、式（5－4）を書き直します。

$$X \cdot Y \cdot Z = (X \cdot Y) \cdot Z$$

から

$$(X \cdot Y) \cdot Z = W$$

となるので、出力 *W*は、*X*と*Y*の論理積（$X \cdot Y$）と*Z*の論理積になります。

したがって、この回路を論理記号で表すと、図5－18のように書くことができます。

※注：『例題で学ぶはじめての電気機器』（臼田昭司 著／技術評論社）のp.131のコラム4－1「ブール代数の公理と定義」を参照。

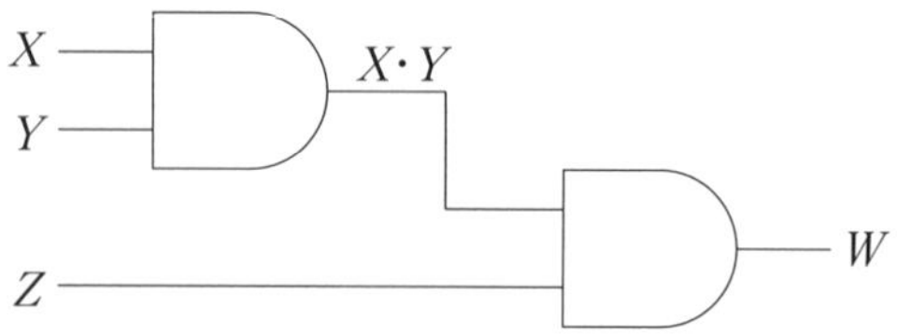

図5−18 リレー回路*A*の論理回路

答：真理値表は表5－9、論理式は$X \cdot Y \cdot Z = W$、論理回路は図5－18

［例題5－3］

3個のスイッチ（*SW*1、*SW*2、*SW*3）と3個の電磁リレー（*X*、*Y*、*Z*）、1個のランプで構成されているリレー回路*B*がある（図5－19）。この回路の真理値表を作成し、論理式を求めなさい。また、この回路を論理記号で表しなさい。

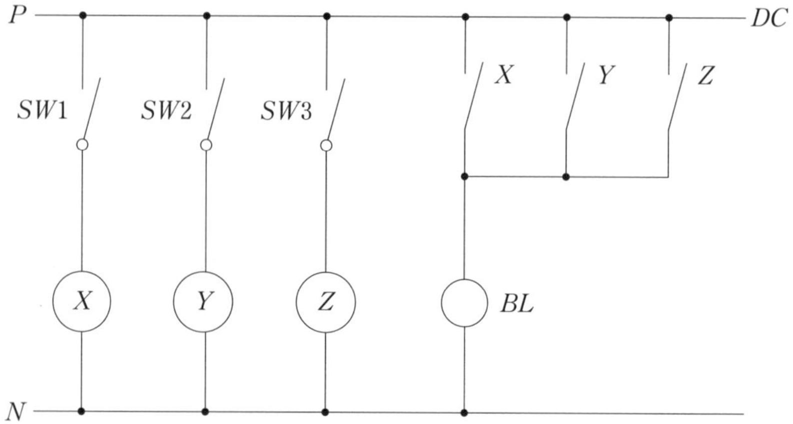

図5−19 リレー回路*B*

［解答］

電磁リレーの3個の*a*接点は並列接続されています。したがって、3個の*SW*のいずれか1個が*ON*になれば*LED*は点灯します。したがって、リレー回路*B*は*OR*回路になります。

この回路の真理値表は、表5－10のようになります。*H*と*L*の組み合わせは8通りになります。*X*、*Y*、*Z*のいずれか1つが*H*となれば、出力*W*は*H*になります。

表5－10　リレー回路 B の真理値表

入力			出力
X	Y	Z	W
L	L	L	L
H	L	L	H
L	H	L	H
L	L	H	H
H	H	L	H
L	H	H	H
H	L	H	H
H	H	H	H

論理式は

$$X+Y+Z=W \qquad (5-5)$$

のように表現します。X、Y、Z の論理和になります。

ブール代数の結合式を使って、式（5－5）を書き直します。

$$X+Y+Z=(X+Y)+Z$$

から

$$(X+Y)+Z=W$$

となるので、出力 W は、X と Y の論理和（$X+Y$）と Z の論理和になります。

したがって、この回路を論理記号で表すと、図5－20のように書くことができます。

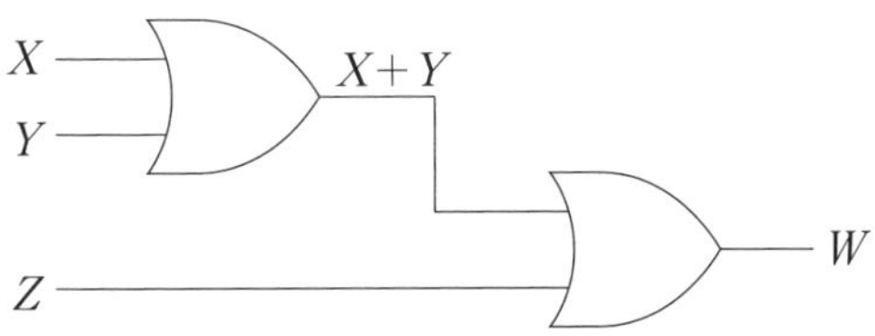

図5－20　リレー回路 B の論理回路

答：真理値表は表5－10、論理式は $X+Y+Z=W$、論理回路は図5－20

5－3 基本論理回路を組み合わせた応用回路

基本論理回路の組み合わせとして、電磁リレー、スイッチ、ランプを使用した*NANA*回路、*NOR*回路、自己保持回路、インターロック回路について説明します。

5－3－1 NAND回路

*NAND*回路を図5－21に示します。3個の電磁リレーと2個のスイッチ、1個のランプで構成されています。リレー*X*、*Y*は*a*接点を使用し、リレー*W*は*b*接点を使用します。ランプ*BL*の構成はこれまでと同じです。

動作は次のようになります。

*SW1*と*SW2*の両方が*ON*になったときのみ*LED*は消灯します。それ以外はすべて*LED*は点灯します。真理値表は、表5－11のようになります。*AND*回路の真理値表と比べると*LED*の動作は逆になります。

*NAND*の回路構成（論理回路）は図5－22（*a*）のようになります。*AND*回路の否定という意味で、*AND*回路に*NOT*回路を接続した構成になります。*NAND*回路は、これを1つの論理記号で表します（図5－22（*b*））。図（*a*）と（*b*）の回路は等価であるといえます。このような回路を“否定論理積”といいます。

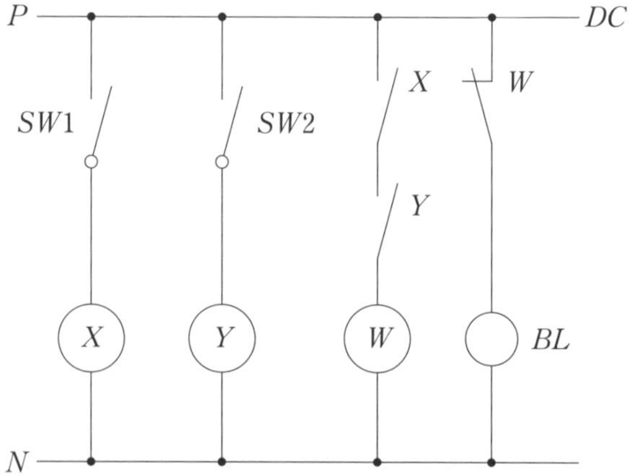

図5－21 *NAND*回路

表5－11　*NAND* 回路の真理値表

入力		出力
X	*Y*	*Z*
L	*L*	*H*
H	*L*	*H*
L	*H*	*H*
H	*H*	*L*

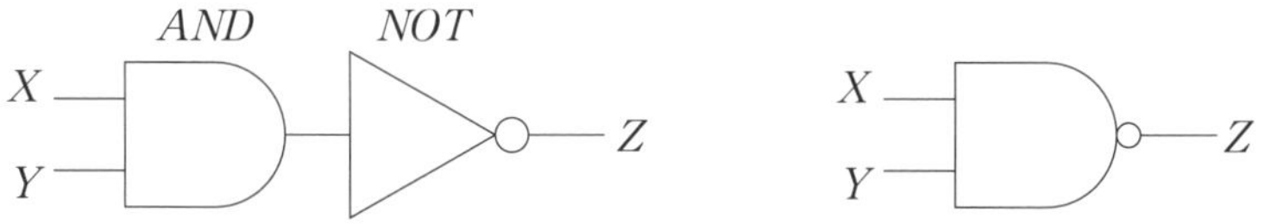

(a) *NAND* 回路の回路構成　　(b) *NAND* 回路の論理記号

図5－22　*NAND* 回路の構成と論理記号

NAND 回路の論理式は、

$$\overline{X \cdot Y} = Z \qquad (5-6)$$

のように書きます。*AND* 回路の論理積 $X \cdot Y$ の否定がになります。

5－3－2　NOR 回路

NOR 回路を図5－23に示します。3個の電磁リレーと2個のスイッチ、1個のランプで構成されています。リレー*X*、*Y* は *a* 接点を使用し、リレー*W* は *b* 接点を使用します。*NAND* と部品構成は同じですが、回路が異なります。*NAND* 回路との違いは、*NAND* 回路のリレー接点 *X*、*Y* が直列接続されているに対して、*NOR* 回路の場合は並列接続されています。

動作は、*SW1* と *SW2* の両方が *ON* になったときのみ *LED* は点灯します。それ以外はすべて *LED* は消灯します。真理値表は、表5－12のようになります。*OR* 回路の真理値表と比べると *LED* の動作は逆になります。

NOR の回路構成（論理回路）は図5－24（*a*）のようになります。*OR* 回路の否定という意味で、*OR* 回路に *NOT* 回路を接続した構成になります。*NOR* 回路は、これを1つの論理記号で表します（図5－24（*b*））。図（*a*）と（*b*）の回路は等価であるといえます。このような回路を“否定論理和”といいます。

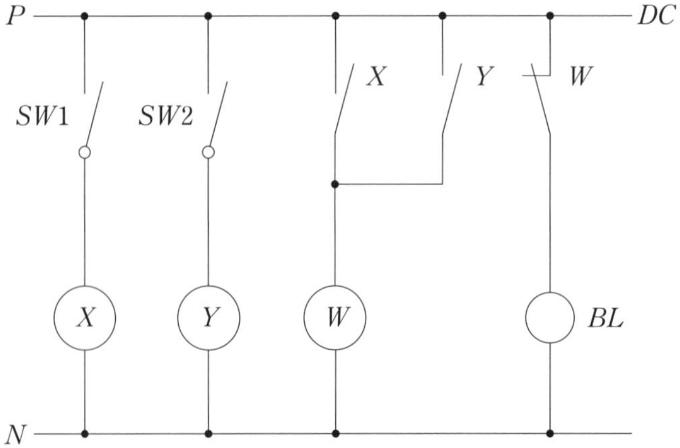

図5−23　*NOR* 回路

表5−12　*NOR* 回路の真理値表

入力		出力
X	*Y*	*Z*
L	*L*	*H*
L	*H*	*L*
H	*L*	*L*
H	*H*	*L*

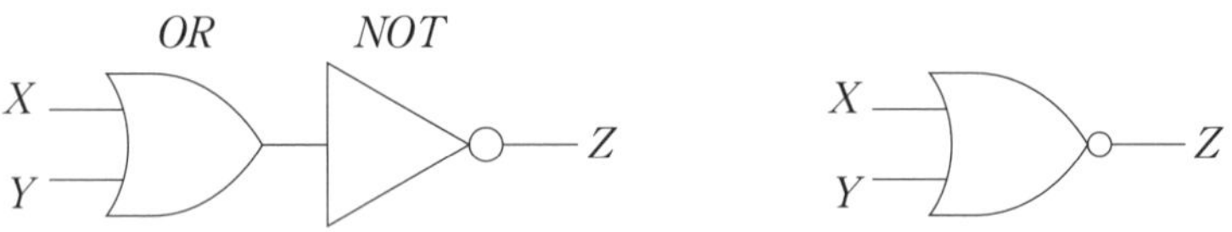

(a) *NOR* の回路構成　　(b) *NOR* の論理記号

図5−24　*NOR* の回路構成と論理記号

NOR 回路の論理式は、

$$\overline{X+Y}=Z \qquad (5-7)$$

のように書きます。*OR* 回路の論理和 $X+Y$ の否定になります。

5－3－3　自己保持回路

自己保持回路を図5－25に示します。1個の電磁リレーと2個のスイッチ、1個のランプで構成されています。リレーは2接点（X1、X2）を使用し、いずれもa接点を使用します。

動作は次のようになります。

SW1をONにした後、SW2をONにすると、接点X2がONになり、LEDは点灯します。このとき接点X1もONになります。

この後、SW2をOFFにします。LEDは点灯を続け、消灯することはありません。すなわち、SW2をOFFにしても、接点X1がON状態を持続するため、リレーコイルに動作電流が流れ続けるためです。LEDは点灯し続けます。LEDを消灯させるためにはSW1をOFFにします。これでSWを入れる前の初期状態に戻ります。このような回路を“自己保持回路”といいます。

真理値表は、表5－13のようになります。SW1はXに、SW2はYに、LEDはZに対応しているので、XがHで、YがHになれば、Z（LED）はH（点灯）になります。その後、YをLにしてもZはHを持続します。XをLにすれば、YのHまたはLによらずZはLになります。

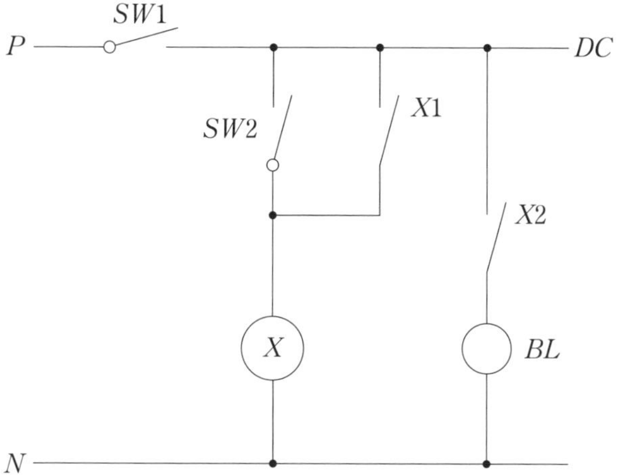

図5－25　自己保持回路

表5－13 自己保持回路の真理値表

入力		出力
X	Y	Z
H	H	H
H	L	H
L	H	L
L	L	L

自己保持回路の回路構成は、基本論理回路を組み合わせると、図5－26のように書くことができます。*AND* 回路と *OR* 回路の組み合わせになります。

この回路構成の論理式は、

$$X \cdot (Y+Z)=Z \qquad (5-8)$$

となります。

この式はさらに、分配の法則から

$$X \cdot (Y+Z)=X \cdot Y+X \cdot Z=Z$$

となります。

したがって

$$X \cdot Y=(1-X) \cdot Z$$

となり、

$$\frac{X \cdot Y}{1-X}=Z$$

が得られます。

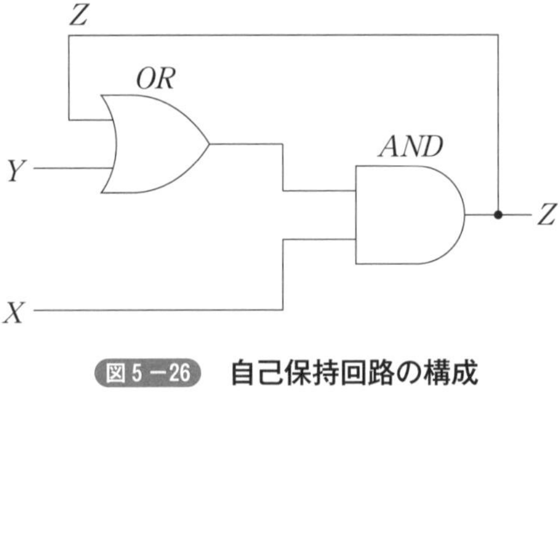

図5－26 自己保持回路の構成

5－3－4　インターロック回路

インターロック回路を図5－27に示します。2個の電磁リレー（X、Y）と2個のスイッチ（SW1、SW2）、2個のランプBL（青色LED）とRL（赤色LED）で構成されています。リレーはそれぞれ2接点（X1、X2）、（Y1、Y2）を使用し、X1とY1はb接点を、X2よY2はa接点を使用します。

動作は次のようになります。

最初に、SW1をONにするとBLが点灯します。この後、SW2をONにしてもRLは点灯しません。

次に、SW1とSW2をOFFにしてから、SW2をONにするとRLが点灯します。この後、SW1をONにしてもBLは点灯しません。

このように、先に、SWをONにした方の動作が優先します。このような回路を“インターロック回路”または“先行優先回路”といいます。

すなわち、SW1をONにすると、リレーXの動作し、a接点X2がONになりBLが点灯します。これと同時に、b接点X1がONになるので、リレーYは動作しません。リレーXの動作を優先します。

次に、SW2をONにすると、リレーYが動作し、a接点Y2がONになりRLが点灯します。これと同時に、b接点Y1がONになるので、リレーXは動作しません。リレーYの動作を優先します。

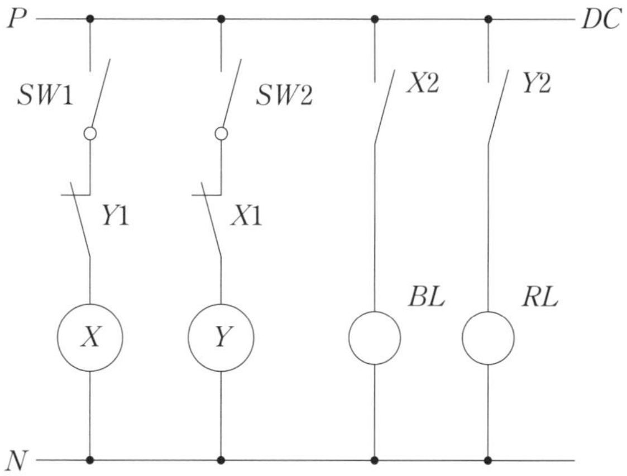

図5－27　インターロック回路

真理値表は、表5－14のようになります。

XはSW1に、YがSW2に対応します。Xが優先Hであれば、YのH／Lにか

かわらず $Z1$（BL）は H になります。逆に、Y が優先 H であれば、X の H/L にかかわらず $Z2$（RL）は H になります。

インターロック回路の回路構成は、基本論理回路を組み合わせると、図5−28のように書くことができます。すなわち、AND 回路と NOT 回路の組み合わせになります。

この回路構成の論理式は、

$SW1$ を ON にした場合は

$$X \cdot \overline{Y2} = X2 \qquad (5-9)$$

となり、$X2$ の動作（BL が点灯）が優先します。

$SW2$ を ON にした場合は、

$$Y \cdot \overline{X2} = Y2 \qquad (5-10)$$

となり、$Y2$ の動作（RL が点灯）が優先します。

表5−14　インターロック回路の真理値表

入力		出力	
X	Y	Z_1	Z_2
H	L	H	L
H	H	H	L
L	H	L	H
H	H	L	H

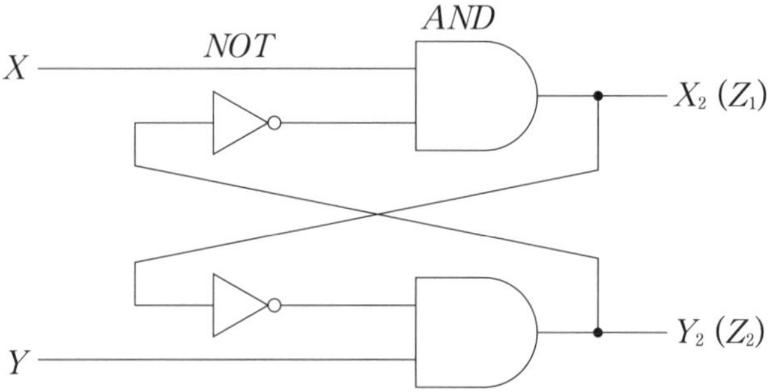

図5−28　インターロック回路の構成

［例題５－４］

次の説明文の空白の箇所(ア)〜(ウ)に該当する用語を入れなさい。

洗濯機はシーケンス制御を利用している。洗濯機は、給水→洗い→すすぎ→脱水→乾燥などの一連の操作を、決められた手順に従って実行する。この制御を行うための機器として電磁リレーがある。電磁リレーを用いた制御を［(ア)］という。リレーシーケンスにおいて、２個の電磁リレーのそれぞれのコイルに相手の接点を接続して、両者が決して同時に働かないようにすることを［(イ)］という。この［(イ)］は安全装置として働き、洗濯機の場合の［(イ)］は、洗濯機が高速で廻っている間は、洗濯機のフタが開かないようになっている。すなわち、「洗濯機の高速回転」と「フタのロック解除」は同時に働かないようになっている。

シーケンス制御の対象となる機械が安全に運転できるようにするために、シーケンス動作の進行を阻止したり、運転状態の回路を初期状態に戻すことを目的としたものを、［(イ)］という。インターロックは、起動インターロック、停止インターロック、［(ウ)］に大別することができます。

［解答］

(ア)は、有接点シーケンス制御またはリレーシーケンスです。

(イ)は、インターロックです。

(ウ)は、相互インターロックです。インターロックには、起動インターロック、停止インターロック、相互インターロックに大別されます。

本文の図５－27の回路は、相互インターロックになります。２つの入力信号のうち、先に動作した方が優先し、他方の動作を禁止する回路です。２つの入力信号が同時に入っても先に動作したほうを優先し、他方は動作しないようにした回路です。

起動インターロックは、機械を始動させる直前の初期状態のときだけ条件が成立し、機械が運転に入ると、その条件が不成立になるものをいいます。電源投入時または電源復帰時に機械が自動的に起動するのを防ぐ手段です。図５－29の場合、起動インターロックはスイッチAに相当します。シーケンス回路への組み込みは、電磁リレーXの自己保持回路の中に入れます。

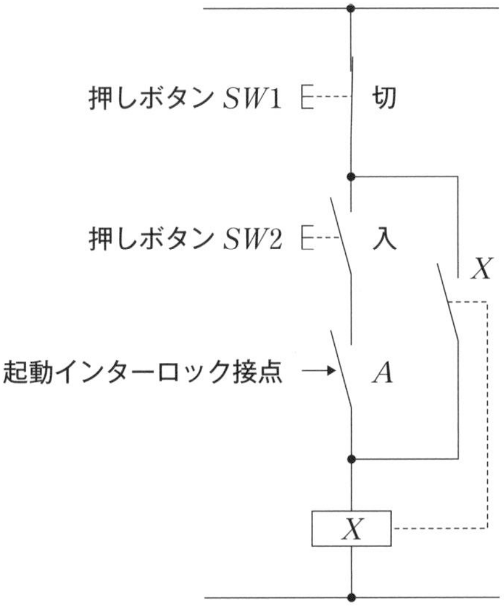

図５－29　起動インターロック

停止インターロックは、運転中の機械を人の操作により停止させる以外に、機械の保護装置が作動したときに、機械を自動的に停止させるようにしたものです。図５－30の場合、接点 B に相当します。機械を始動させる初期状態において、条件が成立していなければ始動不可であるので、運転インターロックという場合もあります。

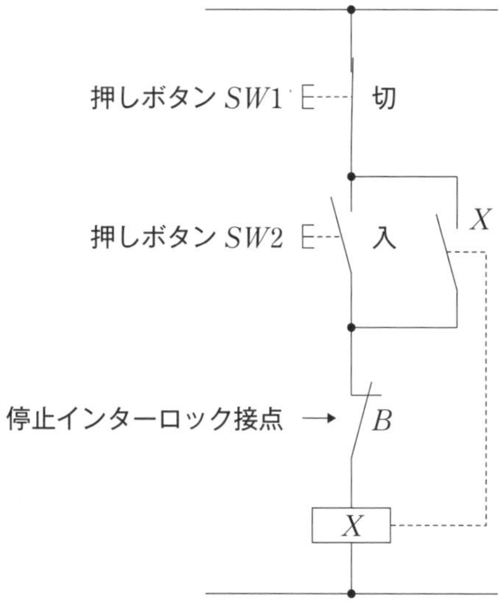

図5－30　停止インターロック

答：(ア)は有接点シーケンス制御またはリレーシーケンス、(イ)はインターロック、(ウ)は相互インターロック

［例題５－５］

１個の押しボタンスイッチと１個の電磁リレー、赤色と緑色の２個のランプ（RL、GL）を使用した回路（リレー回路 C）を図５－31に示す。電磁リレーの a 接点は RL に接続し、b 接点は GL に接続してある。この回路の動作を説明しなさい。

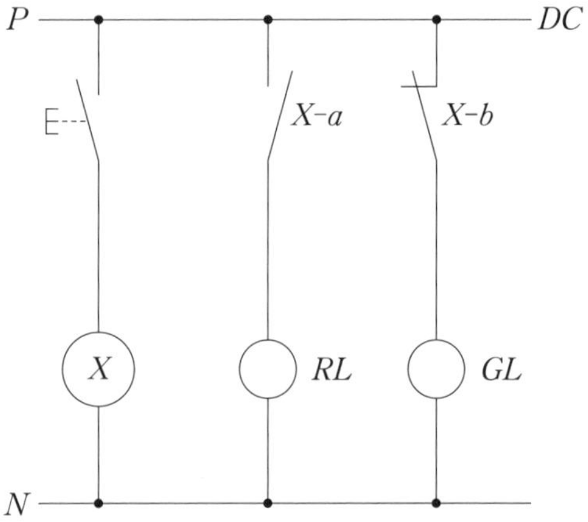

図５－31　リレー回路 C

［解答］

押しボタンスイッチは、ボタンを押したときだけ ON になります。手を離せば OFF になるスイッチです（写真５－３Ⓔを参照）。図中に示した図記号を使います。

押しボタンを押す前は、リレーの b 接点を通して GL が点灯します。RL は、a 接点に接続されているので点灯しません。消灯です。

ここで押しボタンスイッチを ON にします。今度は、a 接点側の BL が点灯し、b 接点側の GL は消灯します。

すなわち、この回路は、押しボタンスイッチを押すごとに、RL と Gl の切り替え動作をします。１つの入力に対して、２つの出力があり、２つの出力のどちらか一方のみを出力する回路を“切り替え回路”といいます。

この回路の具体的な使い方の例として、機械設備を「自動」で運転させるか、「手動」で操作するかを選択するときのモード切り替えスイッチなどに応用されています。

答：RL と Gl の点灯／消灯の切り替え動作

［例題5－6］

2個の押しボタンスイッチと2個の電磁リレー（XとY）、1個の青色ランプ（BL）を使用した回路（リレー回路D）を図5－32に示す。電磁リレーXはa接点を、電磁リレーYはb接点を使用し、a接点とb接点は直列接続されている。この回路の動作を説明しなさい。

また、この回路を論理回路で表し、真理値表と論理式を書きなさい。

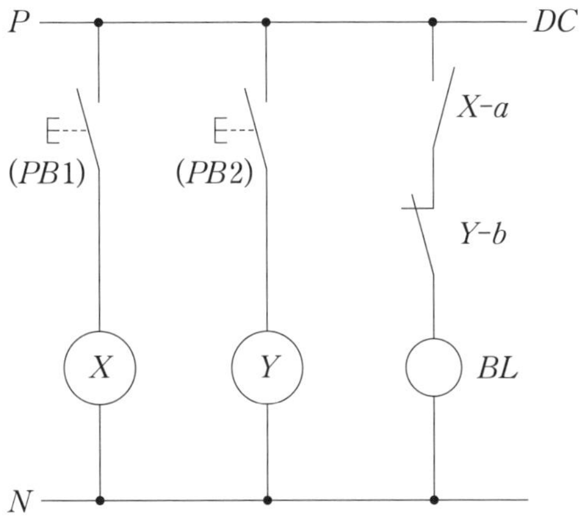

図5－32　リレー回路 *D*

［解答］

押しボタンスイッチ$PB1$を先行してONにすると電磁リレーXのa接点が閉じ、BLが点灯します。BLが点灯している状態で、もう1つの押しボタンスイッチ$PB2$を押すと電磁リレーYのb接点が開き、BLは消灯します。

押しボタンスイッチ$PB1$を押す状態を“入力”、$PB2$を押す状態を“禁止入力”とすると、禁止入力がある間（$PB2$を押している間）は、入力があっても（$PB1$を押しても）出力はONにならない（BLは点灯しない）ようにする回路です。このような回路を“禁止回路”または“インヒビット回路”といいます。

現場では、例えば、警報が鳴っている間は、機械のスイッチを入れても機械は稼働させない回路などに使用されます。

論理回路は、AND回路に禁止入力としてNOT回路を組み合わせます（図5－33）。$PB1$を入力Xに、$PB2$を禁止入力Yに、BLを出力Zに対応させています。○印が付くと否定を表します。入力に○印が付いた場合、その否定がゲート入力になります。

真理値表は表５－15になります。

論理式は、図５－33から

$$X\cdot\overline{Y}=Z \qquad (5-11)$$

となります。

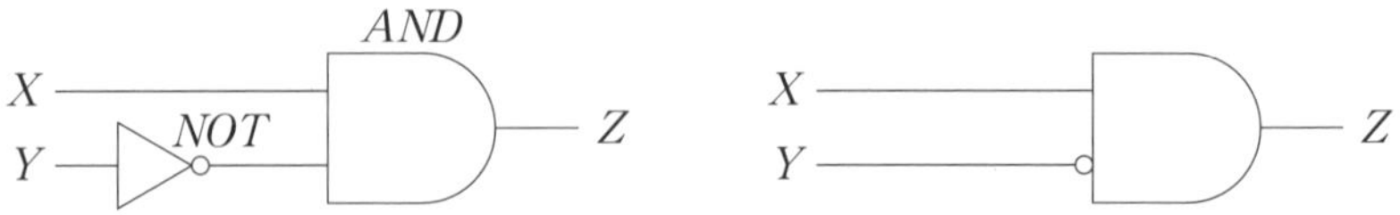

(a) *NOT*回路を入れる　　(b) ○印を入れる

図５－33　禁止回路の論理回路

表５－15　禁止回路の真理値表

入力		出力
X	Y	Z
L	L	L
H	L	H
L	H	L
H	H	L

答：禁止入力がある間は、入力があっても出力は*ON*にならないようにする回路、論理回路は図５－33、真理値表は表５－15、論理式は式（５－11）

第 6 章

PLC の基礎

PLC はメカトロ制御の重要なシーケンス用ツールの 1 つになります。機械が実行する動作を事前に順序付けて記憶させることで効率的に機械を動作し、機械の動きを自動的に制御することができます。正式名称は Programmable Logic Controller ですが、この頭文字を取って PLC と一般的に呼ばれています。最初に、PLC の特徴や PLC のプログラミング方式、PLC の基本構成について説明します。次に、PLC のプログラムを図式化したラダー図について説明します。シーケンス回路図を、ラダーシンボルを用いて図式化します。最後に、PLC の入力リレーと出力リレーについて、具体的なリレー回路を例に説明します。

6－1 PLCとは何か

*PLC*とは“*Programmable Logic Controller*（プログラマブルロジックコントローラ)”の略で、機械を自動的に制御する装置の総称です。*PLC*はシーケンス制御の心臓部であり、重要な機能部として動作します。

シーケンス制御は日本工業規格（*JIS*）では、

あらかじめ定められた順序または手続きに従って
制御の各段階を逐次進めていく制御

と定義されています。

すなわち、*PLC*は、ケースバイケースで、その都度、動作を変更するのではなく、機械が実行する動作を事前に順序付けて記憶させることで効率よく機械を動作させる装置ということができます。

*PLC*は、リレー回路の代替として開発され、工場などの自動機械の制御の他に、エレベータや遊園地のアトラクションなどの機械装置にも搭載されています。

*PLC*の仕組みは、スイッチやセンサなどの入力機器の*ON/OFF*に応じて、あらかじめ決められたプログラムに従い、出力機器を*ON/OFF*制御します。表示ランプ、モータ、アクチュエータなど各種制御機器の動作を制御します。

エアコンや全自動洗濯機など、家庭用電化製品をはじめ、エレベータや信号機、自動販売機、自動ドアなど身近な設備まで、日常的にさまざまな目的で使用されています。また、ボイラーやポンプ、工場の自動化設備、発電所・変電所など、あらゆる分野で利用されています。特に、ベルトコンベアや加工・組立機械の制御は、*PLC*によって格段に向上し、製造現場の*FA*（ファクトリーオートメーション）に大きく寄与しています。

工場においては、シーケンス制御は生産ラインを効率化するために必須となっています。しかし、シーケンス制御は*PLC*を用いなくても、電磁リレーや*SSR*などの半導体リレー、これらの電気制御機器を組み合わせても実施可能ですが、*PLC*を使用することにより大きなメリットが得られます。

*PLC*は以下のような特徴をもちます。

●小型化と省スペース化

*PLC*は比較的コンパクトに設計されているため、収納する制御盤は小型化することができます。電磁リレーを使用する場合は、リレー同士を直接接続しなけ

ればならず、配線が複雑になります。そのため、制御装置も大きくならざるを得なくなり、設置スペースの肥大化に繋がります。複数の電磁リレーを組み合わせて制御する方法を“有接点シーケンス制御”といいます。

PLC はリレー同士の配線が不要になり、小型化が必然的に可能になります。工場はあらゆる機械、装置を配置する必要があるため、スペースの確保は重要な課題です。*PLC* を用いることでスペースの有効活用が実現可能となります。

●容易な動作変更

有接点シーケンス制御で機械や装置を一度設定した後に、必要に応じて設定変更することが必要になります。この場合、*PLC* は設定変更に対応することが可能です。例えば、生産ラインで製造する製品や品数によって変更したり、改良を加える場合に、有接点シーケンス制御の場合は、電気部品の増減や接続する配線のやり直しなど、煩わしい手間と多くの時間を要します。これに対して、*PLC* はプログラミング言語でシーケンスを変更するだけでシーケンス制御の変更・改良が可能となります。

PLC はプログラミングによって想定される動作を書き込み、機械や設備に指示を出す制御装置です。*PLC* を動かすにはプログラミング言語が必要です。*PLC* のプログラミング方式は4つの方法があります。

- ・ラダー方式
- ・フローチャート方式
- ・ステップラダー方式
- ・*SFC*（*Sequential Function Chart*）方式

この4つの方式の中で、最も多く使用されるのが“ラダー方式”です。ラダー方式で作られたプログラムをラダー図といいます。この方式は、技術者にとってプログラミングが理解しやすいことと、機械の動作に対しても信頼性と安全性が高まることにあります。

有接点シーケンス制御では、シーケンス図を使ってリレーなどの制御機器の配線を回路図として表していました。*PLC* が登場したことにより、シーケンス図と同じような形式、用途でプログラミングできるラダー方式が開発されました。ラダー方式の回路図は、はしご（梯子）（*ladder*）の形に似ているため、“ラダー”と名付けられました。

PLC を使用したシーケンス制御は、リレーシーケンスとは異なり、プログラミングで回路設計をします。ラダー図とは、そのプログラムを記述する1つの方式であり、*PLC* 設計をするプログラマーに最も使用されている方式です。*PLC*

を使用するためには、ラダー図の見方、書き方を理解することは必要不可欠になります。

6－2 PLC の基本構成

PLC は普通のコンピュータと基本的な構造は同じです（図 6 － 1）。制御機器の制御やデータの処理を行う心臓部は *MPU*（論理演算・制御部）です。メモリ（記憶部）に記憶されたプログラムを実行し、入力部からデータを受け取ります。そして、演算・加工した上で、出力部へ信号を送り、機器の制御を行います。制御を行う基本ソフトウエアはメモリに書き込まれています。そのプログラムは、一般的にラダー図が用いられています。ラダー図はプログラムに対する特別な知識がなくても、リレーシーケンスを理解することができれば、容易にプログラムを作成することができます。入出力の信号はアナログ、デジタル共に対応することができます。

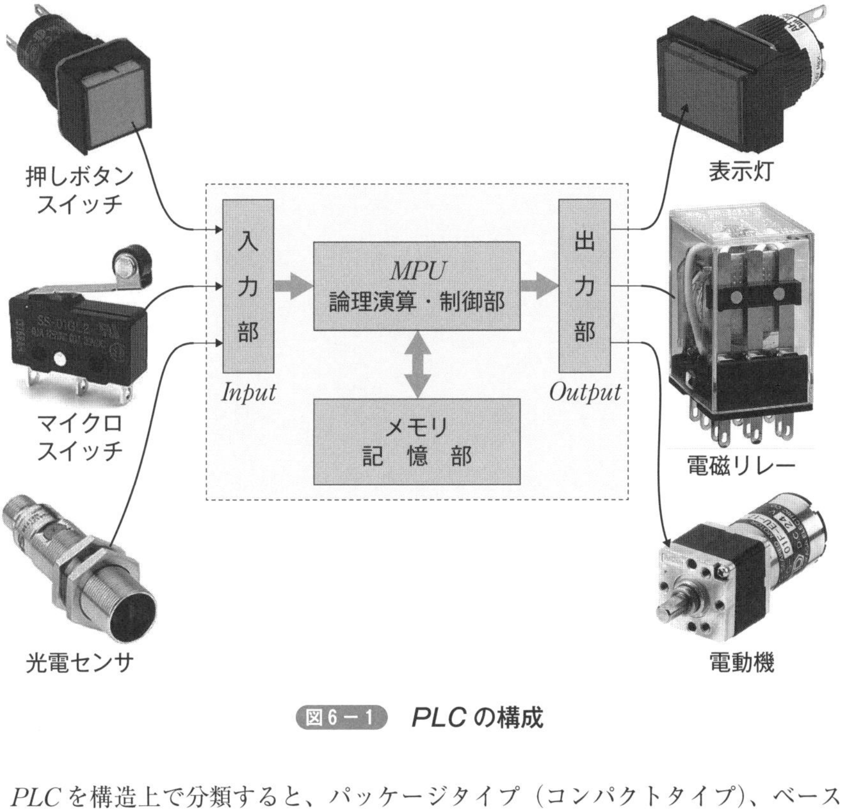

図 6 － 1　*PLC* の構成

PLC を構造上で分類すると、パッケージタイプ（コンパクトタイプ）、ベース

装着タイプ、コンポーネントタイプに分けることができます（図6−2）。

パッケージタイプは、*MPU*部・メモリ部・電源部・入力部・出力部をワンセットにした*PLC*です。入力や出力の点数を増設できるものがありますが、128点以下のものが主流となっています。入出力点数は少ないですが、安価で小型化されているので省スペースといった特徴があります。

ベース装着タイプは、ベースユニット・*MPU*ユニット・電源ユニット・入出力ユニットなどの独立した機器を組み合わせて使う*PLC*です。ネットワークユニットや特殊入出力ユニットなどもあり、選択の範囲が広いことが特徴です。ここで、ベースユニットでは*MPU*ユニットと電源ユニットを装着しなければなりません。

コンポーネントタイプは、*MPU*ユニット・電源ユニット・入出力ユニットなどの独立した機器を直接連結することができる*PLC*です。入出力ユニットなどを後から増設しやすいといった特徴があります。コンポーネントタイプはビルディングタイプとも呼ばれています。ベース装着タイプと同じように各部が独立したユニットになっています。各ユニットに装着されたコネクタで直接接続します。ベースが必要ないので、ベース装着タイプより省スペースになります。

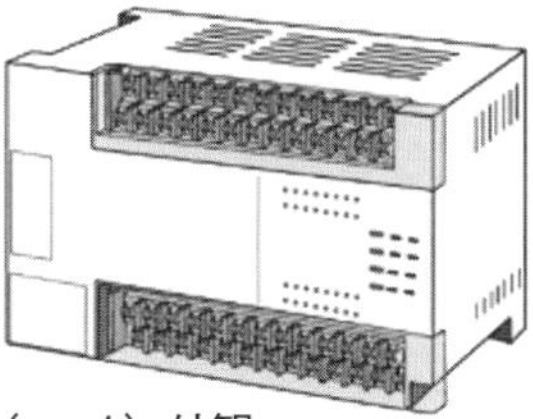

(a−1) 外観

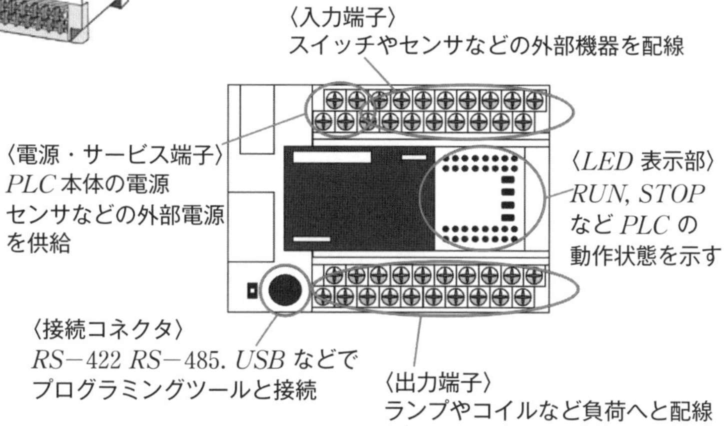

(a−2) 入出力端子など

(a) パッケージタイプ

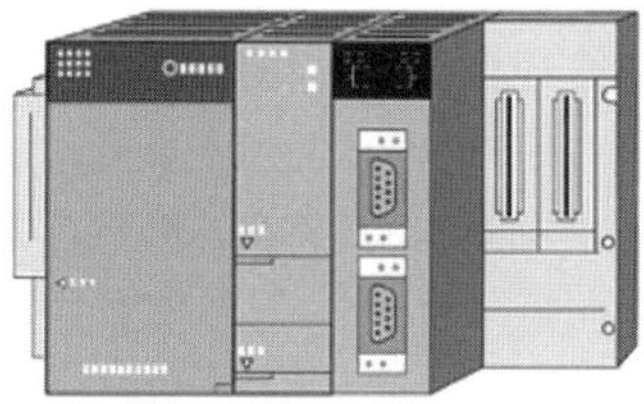

(b−1) 実装

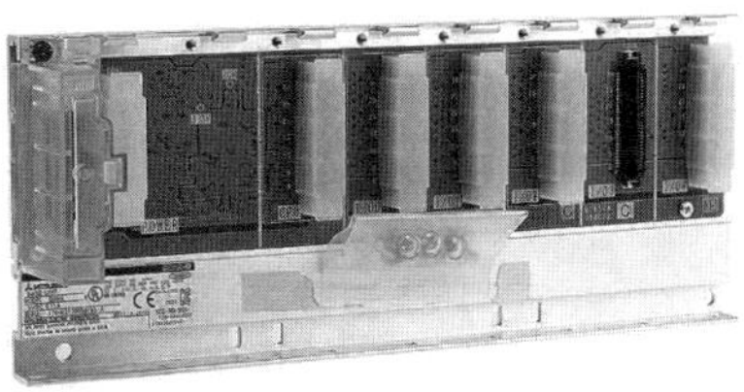

(b−2) ベースユニット

(b) ベース装着タイプ

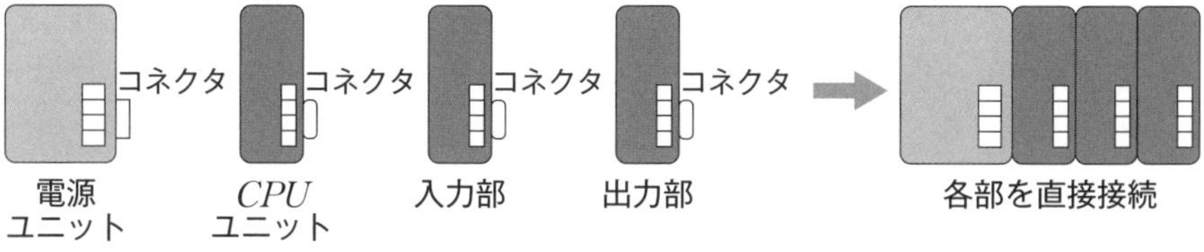

(c) コンポーネントタイプ

図 6−2　PLC の分類

●*MPU*

MPU（*Main Processing Unit*、マイクロプロセッシングユニット）とは、主処理装置のことで、マイコンそのものを指しています。*PLC*の制御や演算、情報転送などの基本動作を行う中枢部分です。*PLC*の中枢部を担っています。*MPU*は、アプリケーションプログラムに従って、外部と接続された入力スイッチなどの信号を、入力部を経由して読み込み、演算し、その結果を、出力部を経由して負荷などへ外部出力します。

演算は、数値計算だけではなく、*AND*や*OR*などの論理演算や条件判断など幅広い処理が可能です。処理された結果は、必要に応じてメモリに送られます。

なお、*CPU*（*Central Processing Unit*）は中央演算処理装置のことで、計算する機能のみを指しています。マイコンの中には計算だけでなく、通信や入出力の機能も含まれますが、*CPU*にはそのような機能は含みません。

●メモリ

*PLC*のメモリは、シーケンスプログラム、入出力の信号や数値、演算状態、制御の途中経過などさまざまな状態やデータを一時的に格納するための記憶装置です。記憶装置は、*CPU*内部とプログラム部、外部記憶装置に分けることができます。なお、メモリの容量は*PLC*の機種によって異なります。また、ロジックの処理は、各メーカによって独自のシーケンス言語でプログラムされています。

*PLC*のメモリには、読み取り専用メモリ（*ROM*）と読み書き用メモリ（*RAM*）の区分があります。補助記憶装置として、補助メモリの他にも外部記憶媒体としてメモリが取り外し可能な機器もあります。*PLC*では、プログラムの保存、運転状態の記憶、制御装置再起動時の初期データの記憶などさまざまな機能があります。

●入力装置（*Input*）

入力装置はスイッチやセンサなどの外部機器からの信号を*PLC*内に取り込む装置です。これらの信号は入力端子から取り込みます。入力端子には、それぞれ固有の入力リレー番号が割り当てられており、この番号がプログラム中で使用するリレー番号となります。入力装置は、接続された外部信号を*PLC*で扱う内部信号に変換する機能をもちます。

*PLC*の入力装置は、入力信号を*A/D*変換（アナログ・デジタル変換）します。*ON/OFF*入力の場合は、接点の*ON/OFF*信号を入力し、*A/D*変換部へ渡します。アナログ入力の場合は、一般入力（1～5*V*、4～20*mA*など）の他に

温度センサ（熱電対）の直接入力などの処理を行い、*A*/*D*変換部へ渡します。*A*/*D*変換部は、入力部から受けた信号（アナログ値）をデジタルに変換し、メモリの入力部へ書き込みます。

●出力装置（*Output*）

出力装置は*PLC*内部で処理された信号を、外部のリレーやランプなどを駆動できる信号に変換します。*MPU*で演算された出力命令に従って個別に動作させることにより、接続された機器を制御します。装置にある出力端子には、それぞれ固有の出力リレー番号が割り当てられています。

また、*PLC*の機種によっては、高電圧、大電流を必要とするモータやソレノイドなどを駆動できるように増幅する機能や、*PLC*の内部信号を外部機器と接続できるようにレベルを変換する機能をもつものがあります。*PLC*では、○○点入力・○○点出力といった表示があり、その点数分の入力機器信号を個別に読み込み、その点数分の出力機器を制御することができます。また、拡張機能で入出力の点数を増やせる*PLC*もあります。

●電源部

*PLC*を運転させるために、必要な電力を供給するための装置です。外部商用電源を変換して、*MPU*部などを動作させるために*PLC*の内部電源として供給します。内部の*IC*は、*DC*5*V*で動作しています。電源部では、交流を直流に変換し、内部*IC*に電源を供給しています。

●周辺装置

周辺装置・インターフェースとして、システムの動作状態をモニタリングできるプログラマブル表示器や、*PLC*を汎用のパソコンでサポートするためのアプリケーションソフトなどがあります。また、通信インターフェースや各種アプリケーション専用モジュールのインターフェースがあります。いずれも、*PLC*を効率よく利用できるようにするための周辺装置になります。

6－3 ラダー図

PLC はプログラムを実行することによって、制御機器として動作します。そのプログラムであるラダー図は、リレーシーケンスの回路図を"ラダーシンボル"を使って図式化したものです。ラダー図はリレー回路をベースに作られた特殊なプログラム言語です。リレー回路では、接点やコイル間を電線で接続します。これに対しラダー図は、パソコン内でリレー回路を作成するもので、プログラムというよりも、図面に近いと考えられます。リレーシーケンス回路をソフトウエアで置き換えたものといえます。基本的にはリレー回路と類似しています。

PLC のラダー作成にはルールがあります。

シーケンス図では押しボタンスイッチ、リミットスイッチ、光電スイッチ、リレーなどそれぞれ部品としてのシンボル記号で表しますが、ラダー図では、入力信号のすべてを同じ記号で表します。また、入力の否定（*b* 接点）の場合も同じ記号で表します。

また、ラダー図の出力は、出力リレーや補助リレーの仮想コイルです。出力リレーの場合は出力ユニットの端子番号、補助リレーの場合は、*PLC* の機種により割り当てられた番号に対応したアドレスとなります。出力表示も同じ記号で表しますが、タイマ、カウンタ記号は、記号数字を変えて区別をします。

また、命令を順序よく実行するために多数のリレーやタイマを機能別に識別し、整理しておくとわかりやすくなります。この識別番号のことをアドレスといいます。アドレスは、入力リレーなら *X* ○○、出力なら *Y* ○○といった記号（要素記号）を頭に付けるとわかりやすくなります。

アドレスは、

・入力リレーの場合は、*PLC* の入力ユニットの端子番号

・出力リレーの場合は、出力ユニットの端子番号

・タイマー・カウンター・補助リレーなどの場合は、*PLC* の機種により割り当てられた番号

に対応したアドレスとなります。

ラダー図で表現する接点やリレーなどの機器は、すべて実在しない仮想的なもので、プログラム上で動作を行わせます。

リレー回路をラダー図にする場合、接点とコイルの記号を単純なラダー図の記号に変更します（図6－3）。また、電源部分は削除します。ただし、横の罫線（母線）は残します。すなわち、ラダー図の左側の縦線（母線という）はプラス

の電圧ライン、右側の縦線はマイナスの電圧ラインと考えます。

例として、図６－４のリレー回路を用いて、ラダー図を書いてみます。リレー回路の回路図をラダーシンボルに置き換えて図式化します。

書き直したラダー図を図６－５に示します。

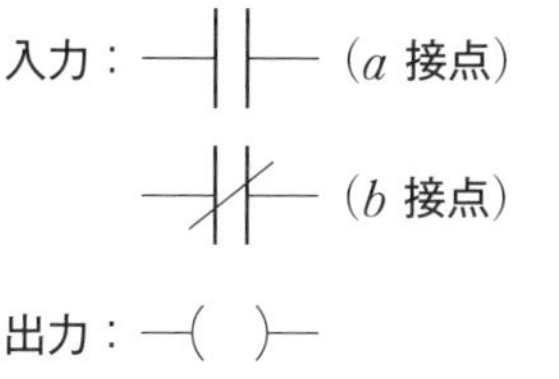

(a) 入出力のラダーシンボル

(b) 入出力リレーやタイマのラダーシンボル

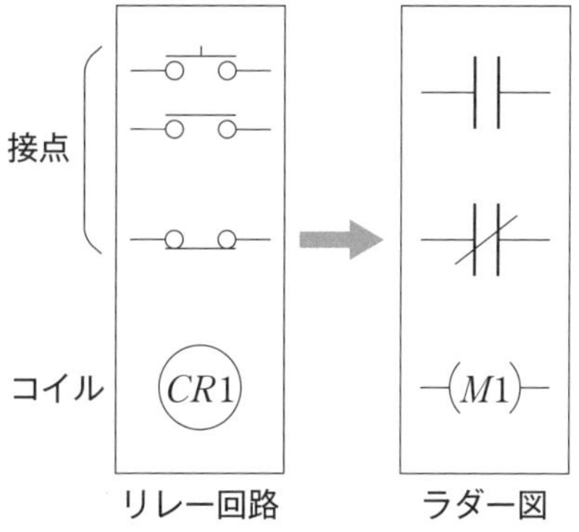

(c) リレーとラダー図の対応

図６－３　ラダーシンボル

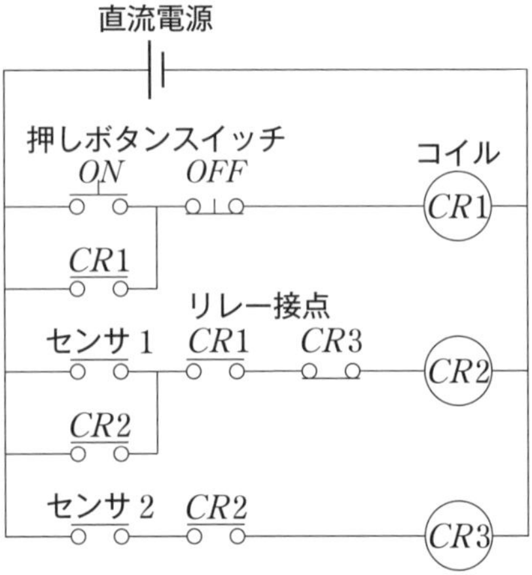

図6－4　リレー回路

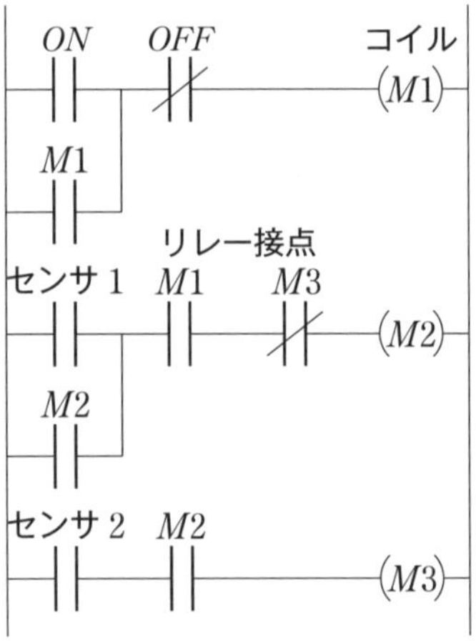

図6－5　ラダー図

ラダー図は、リレー回路とは記号が異なります。しかし、回路の形状や動作は同じです。図６－４のリレー回路の場合、３つのリレー（*CR*1、*CR*2、*CR*3）は *PLC*（ラダー図のシンボル）に置き換えます。また、スイッチやセンサなどの信号線は、図６－５のようにラダー図に書き込みます。

図６－４のリレー回路と図６－５のラダー図では、接点とコイルの記号が変わっています。リレー回路の *CR* は実物のリレーを指し、図の例では３個のリレー

が存在します。回路が複雑になりリレーの数が増えると、物理的なスペースが必要となります。

図6－5のMは内部リレーを意味します。PLC内部にある“仮想的なリレー”です。MはM社製のPLCに使われている記号で、機種により異なりますが、PLC内では内部リレーMは約10,000点使用可能です。

リレー回路のCRと同様に、内部リレーMにもコイルと接点があります。コイルは、基本的には1個のみしか書くことができません。例えば、図6－5に使用されているコイルは、$M1$の1つだけです。複数のコイルを使いたい場合は、$M1$、$M2$のようにコイルの番号を変更し、追加します。これは実際のリレーでも同じで、図6－4で使用されている$CR1$は1つだけです。複数のリレーを使用したい場合は、$CR2$、$CR3$のように別のリレーを使います。

[例題6－1]

図6－6のように構成した自己保持回路（押しボタンスイッチ$X1$と$X2$、電磁リレーYを使用した有接点シーケンス）をラダー図に書き直しなさい。

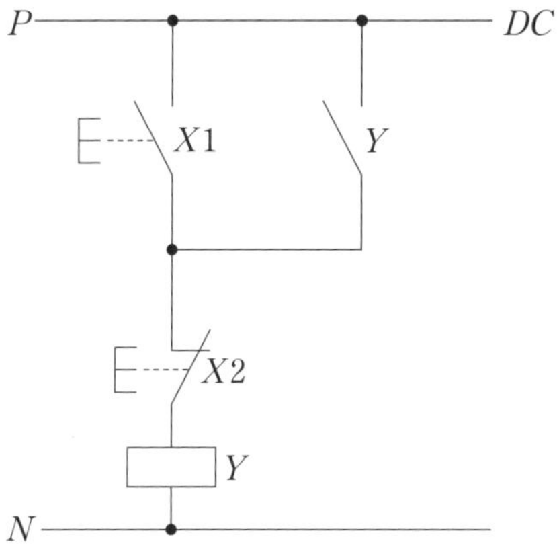

図6－6　自己保持回路

[解答]

押しボタンスイッチ$X1$はa接点で、$X2$はb接点です。また、リレーYはa接点を使用しています。押しボタンスイッチ$X1$をONにすると、押しボタンスイッチ$X2$（b接点）を通してリレーコイルYに動作電流が流れます。その結果、リレーYのa接点がONになり、リレーコイルYに動作電流が流れ続け、ON状態を保持します。保持状態を解除する場合には、押しボタンスイッチ$X2$をOFF

にします。これにより動作電流が切れるので接点 *Y* は *OFF* になります。

図6－3のラダーシンボルを使用すると、ラダー図は図6－7のようになります。

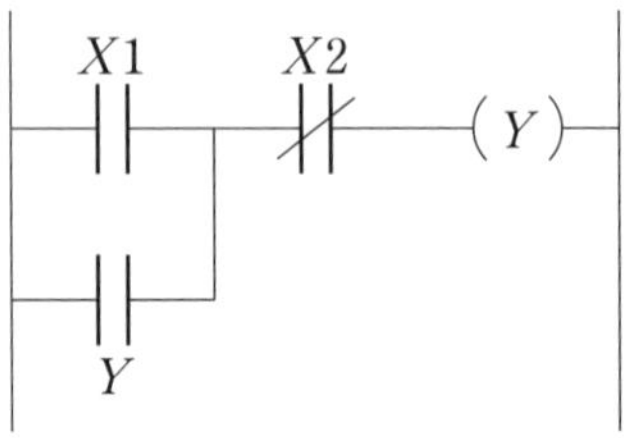

図6－7　**自己保持回路のラダー図**

答：図6－7

6－4 PLC の入力リレーと出力リレー

PLC の外観イメージと *PLC* の入出力端子を含む内部構成の全体イメージを図6－8、図6－9に示します。

これらの図を用いて、*PLC* の入力端子と出力端子の基本動作、入出力機器と *PLC* の端子番号について説明します。

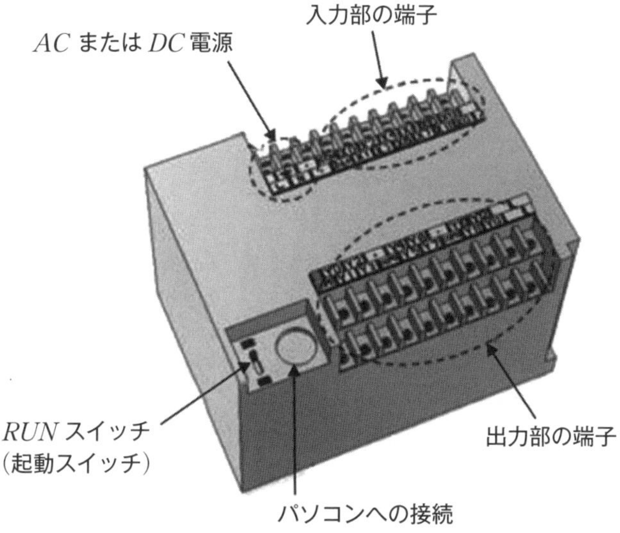

図6－8　PLC の外観イメージ

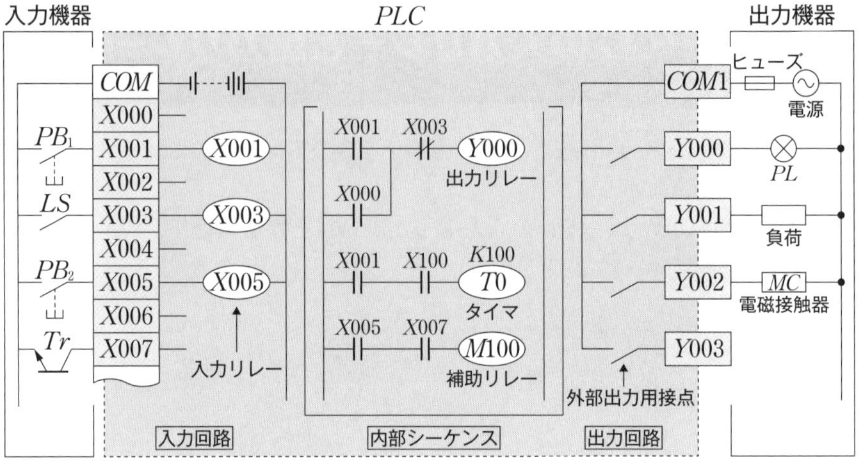

図6－9　*PLC* 入出力端子

6－4－1　PLCの入力端子

PLC の入力部は、外部のスイッチ、センサからの信号が入ります。

PLC の入力端子には、それぞれチャネルと固有の入力リレー番号が割り当てられています（図6－10）。入力端子は *X*0、*X*1 …のように番号が振られています。この番号がプログラム中で使用するリレー番号となります。*COM*（コム）は共通端子です。

リレーは *PLC* の入力回路（入力ユニット）内部に組み込まれています（接点のみが組み込まれています）。リレーの動作は見ることができませんが、動作ランプで確認することができます。このリレーのことを“入力リレー”といい、外部機器（入力機器）からの信号を *PLC* への入力信号に変換しています。

図5－10に示すように、外部接点（例えば、押しボタンスイッチ）「*PB*1」を端子番号【*X*001】に接続すると、外部接点「*PB*1」を閉じたとき、端子【*X*001】と *COM* 端子間に電圧が印加され、入力リレー（*X*001）が動作します。

プログラム中で入力リレー（*X*001）の *a* 接点を使えば、接点は開（*OFF*）から閉（*ON*）になります。

端子番号【*X*001】や【*X*003】に接続した外部接点の動作が、入力リレー（*X*001）や（*X*003）の動作に、そのまま置き換わると考えることができます。通常のリレー接点は多くても数個の接点しかもっていませんが、シーケンサプログラム上では無数の接点をもっています。入力リレー（*X*001）や（*X*003）の *a*

接点や b 接点は、ラダー図の中では何度でも使用することができます。

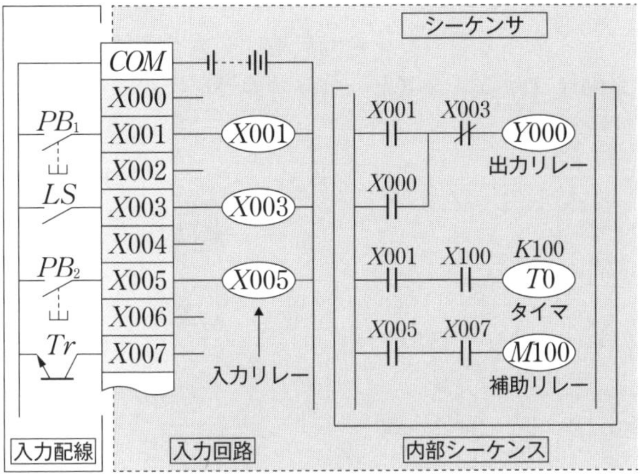

図 6 −10　**PLC の入力端子**

6－4－2　PLC の出力端子

PLC の出力部は、外部のランプ、モータなどのアクチュエータを動かす出力信号を出力します。

PLC の出力端子には、入力端子同様に、それぞれチャネルと固有の出力リレー番号が割り当てられています（図 6 −11）。出力端子は *Y*0、*Y*1 …のように番号が振られています。この番号がプログラム中で使用するリレー番号となります。出力リレーはプログラム上の仮想リレーで、*PLC* の出力回路（出力ユニット）に組み込まれています（接点のみが組み込まれています）。接点の動作は見ることができませんが、動作ランプで確認することができます。このリレーのことを“出力リレー”といいます。シーケンサプログラムの命令で外部の機器を動作させることができます。

PLC の出力接点を用いる場合に考慮しなくてはならないことは、接点の電流容量です。大容量のモータや大型のソレノイドなどを使用する場合は、*PLC* の接点容量を考慮する必要があります。

図 6 −11に示すように、ランプ「*PL*」を端子番号【*Y*000】に接続すると、*PLC* プログラム中で出力リレー（*Y*000）が *ON* になると、端子【*Y*000】と *COM* 端子間に電圧が印加され、ランプ「*PL*」が点灯します。

すなわち、端子番号【*Y*000】や【*Y*001】に接続した外部接点の動作が、入力リレー（X001）や（X003）の動作に、そのまま置き換わると考えることができます。出力端子のリレー接点もシーケンサプログラム上では無数の接点をもっています。

シーケンサプログラム上の出力リレーが動作すると、外部出力用接点が閉じます。出力機器を動作させる電源はシーケンサの外部に設けなければなりません。

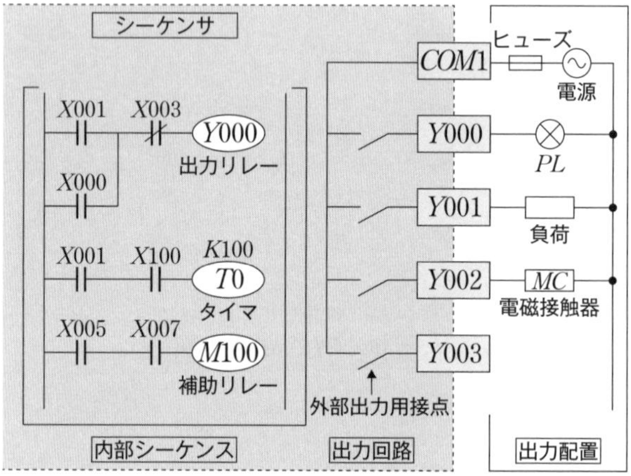

図6−11　**PLC の出力端子**

例えば、PLC を用いた DC モータの駆動イメージを図6−12に示します。

入力の X 端子1つと COM 端子を短絡させると ON 信号を入力することができます。これにより出力の Y 端子の1つと COM 端子に DC モータと DC 電源を接続すればモータを回転させることができます。

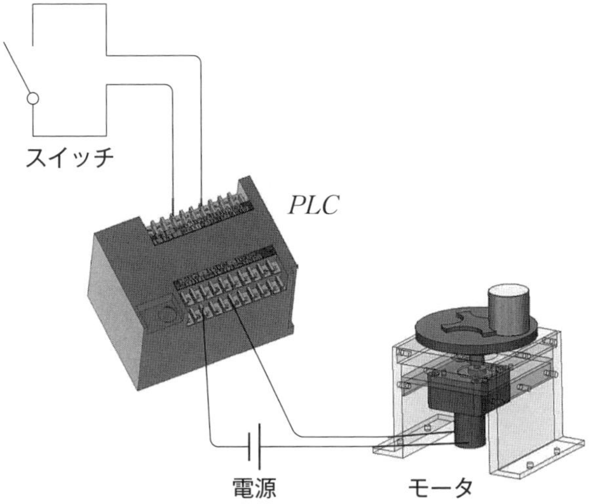

図6－12　*PLC*による*DC*モータの駆動

［例題6－2］

押しボタンスイッチを押すと入力デバイス*X*1（*a*接点）が*ON*になり、ランプを点灯させるための出力デバイス*Y*1が*ON*になる回路をラダー図で作成しなさい。ただし、押しボタンスイッチは*a*接点型のモーメンタリ式※注であるとする。

［解答］

入力である*a*接点と出力であるランプを、ラダーシンボルを用いて書くと、ラダー図は図6－13のようになります。押しボタンスイッチを押している間のみ*X*1は*ON*になり、*Y*1も*X*1が*ON*しているときにのみ*ON*（ランプが点灯）になります。

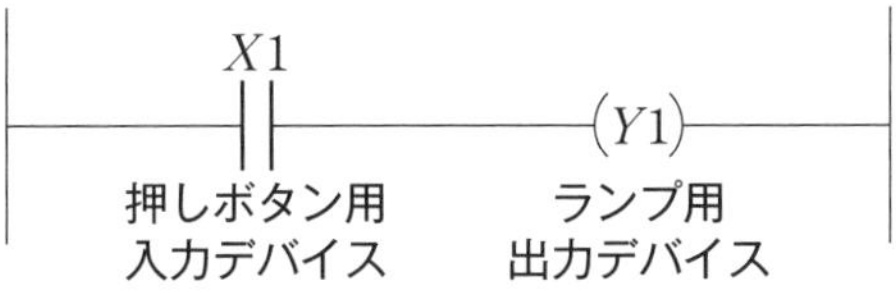

図6－13　ラダー図その1

※注：スイッチのボタンを押している間だけON状態になる方式をモーメンタリ式といい、ボタンを押した後、手を離してもON状態を保持する方式をオルタネイト式という。

答：図6 −13

［例題6 − 3］

押しボタンスイッチ（入力デバイス X1）を1度押しただけで、ランプ（出力デバイス Y1）が点灯し続ける回路のラダー図を作成しなさい。

［解答］

この回路は自己保持回路になります。押しボタンスイッチを OFF にしてもランプは点灯を維持します。

ランプ用出力デバイス Y1が ON を維持するためには、同じ Y1の接点（a 接点）を OR 回路として追加します。作成したラダー図を図6 −14に示します。

押しボタンスイッチを押すと入力デバイス X1が ON になり、ランプ用出力デバイス Y1が ON になると同時に、Y1接点（a 接点）も ON になるため、押しボタンスイッチを放して X1が OFF になってもランプは点灯し続けます。

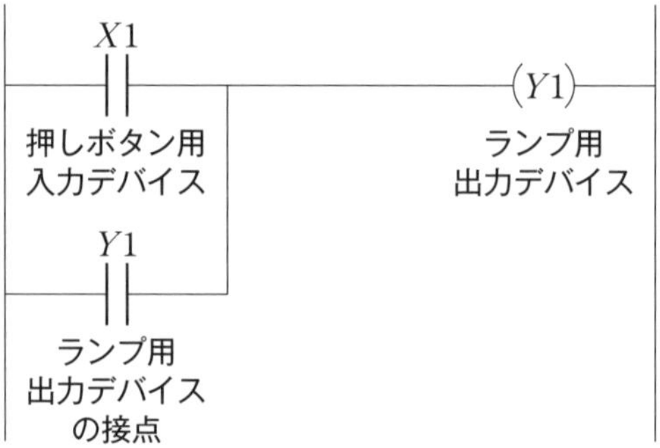

図6 −14 ラダー図その2

答：図6 −14

［例題6 − 4］

例題6 − 3の自己保持回路で、点灯しているランプを消灯することができるように機能を追加したラダー図を作成しなさい。

［解答］

ランプを消灯させるために、自己保持している間、b 接点型のモーメンタリ式押しボタンスイッチを入力デバイス X2として追加します。ラダー図は図6 −15

にようになります。

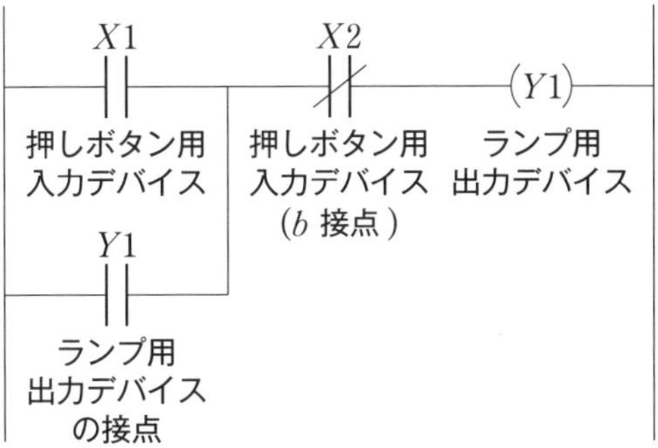

図6−15　ラダー図その3

答：図6−15

第7章 PLCの実際

PLCで使用するラダー図（ラダープログラム）を作成します。使用するPLCとプログラム作成ソフトの仕様はメーカや機種により異なりますが、基本的な作成法については大きな差異はありません。本書では、汎用PLCであるOMRON製プログラムリレーZENとZENサポートソフトを使用します。サポートソフトで自己保持回路とタイマを使用したタイマ回路のラダー図を作成し、パソコンからPLCに転送したラダー図の模擬実験を行います。PLC、トグルスイッチ、リセットスイッチ、パイロットランプをDINレール上に配置し、配線した自作制御ボードで模擬実験をします。

7－1 ラダー図作成

*PLC*のラダープログラムであるラダー図は、専用のプログラム作成ソフトで作成します。プログラム作成に際して、次のような基本的な禁止事項があります。禁止事項はプログラム作成ソフトにおいてエラーで表示されます。

・コイルの後に、接点を置くことができない。

・コイルを直列に並べることができない。

・同一アドレスのコイルを複数使うことができない。

・接点のみの回路やコイルのみの回路を作成することはできない。

・上下の配線間に接点やコイルを書くことができない。

*PLC*では簡潔にプログラミングをすることがプログラミングのコツになります。

*PLC*で使用できる接点数には、電磁リレーのように使用制限がありません。1つの出力リレーで、たくさんの接点が使えます。電磁リレーでは4接点まで使用できるものがありますが、複数使用すると複雑な回路になってきます。また、必要な接点を得るためにはリレーを並列に接続しなければなりません。*PLC*では使える接点数に限りがありませんので、1つのコイルに多くの枝分かれの回路をつくる必要はありません。コイルを最小限にすれば、簡潔な回路になります。ただし、*PLC*のメモリや内部リレー、スキャンタイムに支障がないように考慮する必要があります。

本書で使用する*PLC*とプログラム作成ソフト、専用ケーブル類は、

・*PLC*：*OMRON*製プログラムリレー*ZEN-V*2シリーズ 形*ZEN*-10*C*1*DR*-*D*-*V*2

・プログラム作成ソフト：*ZEN*サポートソフト 形*ZEN*-*SOFT*01-*V*4

・パソコン接続ケーブル（形 *ZEN*-*CIF*01）

・*USB*−シリアル変換ケーブルおよびドライバソフト（形 *CS*1*W*-*CIF*31）

です（写真7－1）。

*PLC*とプログラム作成ソフトの仕様は、メーカや機種により異なりますが、ラダー図の作成法の基本は大きくは異なりません。メーカや機種、ソフトが異なっていても、ラダー図の作成法の基本とラダー図を*PLC*でどのように使用するかを理解すれば、使用に際して大きな差異はないので混乱することはありません。

*PLC*であるプログラムリレー*ZEN*-10*C*1*DR*-*D*-*V*2の基本仕様を表7－1に示

します。

プログラム作成ソフトであるサポートソフト（形 *ZEN-SOFT*01-*V*4）は、シミュレーション機能付きなので、パソコンで簡単にラダープログラミングの作成・保存・モニタリングすることが可能です。*PLC* 本体に接続せずに、プログラムをパソコン上でシミュレーションすることができます。

RS-232*C* シリアルポートがないノートパソコンを使用する場合は、専用のパソコン接続ケーブル（形 *ZEN-CIF*01）に *USB*−シリアル変換ケーブル（形 *CS*1*W-CIF*31）を接続して使用します。

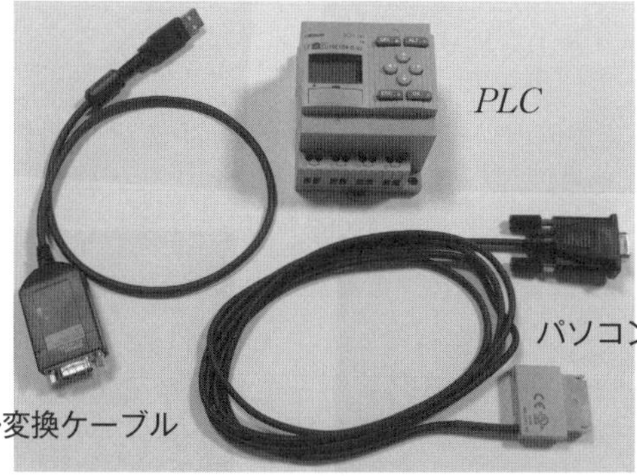

（a）*PLC* 本体と接続ケーブル類

（b）サポートソフトと変換ケーブルのドライバソフト

写真7－1　*PLC* 本体と接続ケーブル類、サポートソフトとドライバソフト

表7－1　形 ZEN-SOFT01-V4の基本仕様

項目	内容
出力点数	4
入力	あり（アナログ入力2ch 搭載）
入力点数	6
電源電圧	DC12V～24V
出力仕様	リレー
アナログ入力	あり
	コンパクトなボディに機能が満載されている
	リレー、タイマ、カウンタ、タイムスイッチ機能が本器で簡単に実現できる
	正面の液晶画面と８つの操作ボタンでラダープログラミングが可能（バックライト機能あり）
	拡張ユニット増設で最大 I/O 点数を44点まで拡張可能
	拡張 I/O ユニットは幅35mm のスマートサイズ
液晶画面	標準 LCD タイプ
接続ケーブル	RS-232C シリアルポートがないノートパソコンを使用する場合は、本器専用のパソコン接続ケーブルに専用の USB－シリアル変換ケーブルを接続する
寸法	70×90
質量	約300g
制御方式	ストアードプログラム方式
ユニット名	CPU ユニット
機能	操作ボタン、カレンダ、時計
プログラミング言語	ラダーチャート方式
入出力制御方式	サイクリックスキャン方式
プログラムメモリ容量	96行 （１行当たり入力系接点 × ３個＋出力系コイル × １個まで）
取り付け方式	DIN レール

サポートソフトによるラダー図作成例を説明します。

サポートソフトを起動すると、オープニング画面が表示されます（図７－１）。オープニング画面が終了すると、プログラム選択画面が表示されるので、「新規プログラム作成」を選択します。次に、「プロパティ設定」画面が表示されるので、CPU 種別「－V2」、ZEN 機種「10C1D＊－D－V2」、拡張ユニット「なし」、プロジェクト名称「新規プロジェクト」などの設定情報を入力します。

サポートソフトが起動します（図7－2）。

サポートソフトでは、ラダー回路図表示と電気回路図表示の2つの表示方式を選択することができます。2つの表示方式のいずれを選択しても、サポートソフトの機能は同じです。

図7－1　*ZEN* サポートソフトのオープニング画面

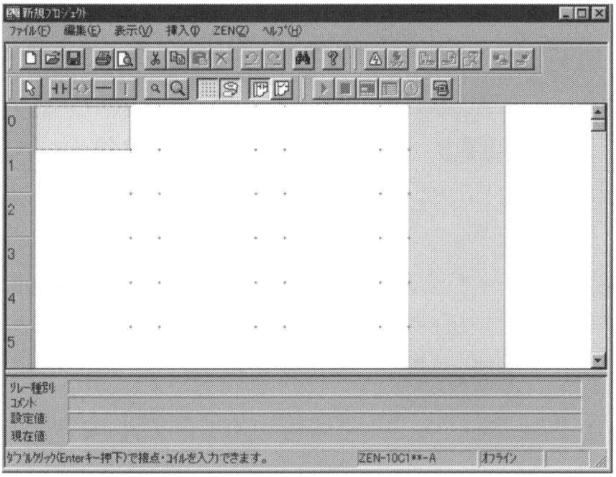

図7－2　*ZEN* サポートソフトの起動

リレーシーケンス回路と対応したラダー図を図7－3に示します。同図（*a*）のリレー回路はスイッチ2つ（*SW1*、*SW2*）と電磁リレー*Ry*を1個使用した代表的な自己保持回路の1つです。*SW1*は*a*接点で、*SW2*は*b*接点を使用します。

電磁リレー*Ry* はノーマリ *OFF*（*a* 接点）を使用します。同図（*b*）は、同図（*a*）のリレー回路をラダー図、すなわちラダープログラムに書き直したものです。

サポートソフトは、１行当たり接点数は３個、コイルは１個のプログラムを構成することができます。最大96行までのプログラムを実行することができます。コイルは各行の最後にのみ１個指定することができます（図７－４）。コイルの後に接点を追加で指定することはできません。

また、サポートソフトのラダー図で使用できる入出力リレーの記号、名称、機能、接点指定、コイル指定については、表７－２に示します。

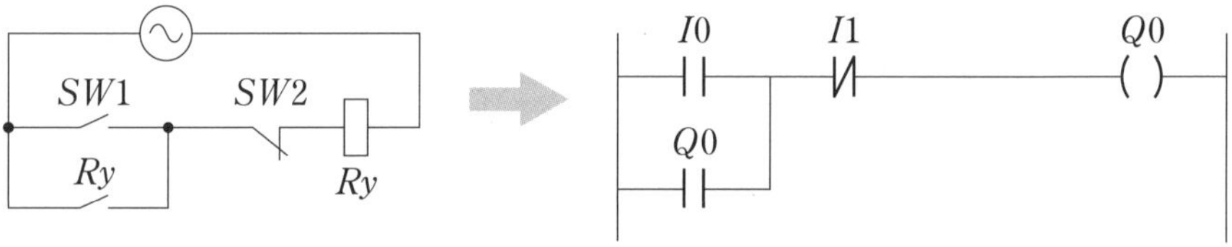

(a) リレーシーケンス回路　　(b) ラダー図

図７－３　リレーシーケンス回路とラダー図

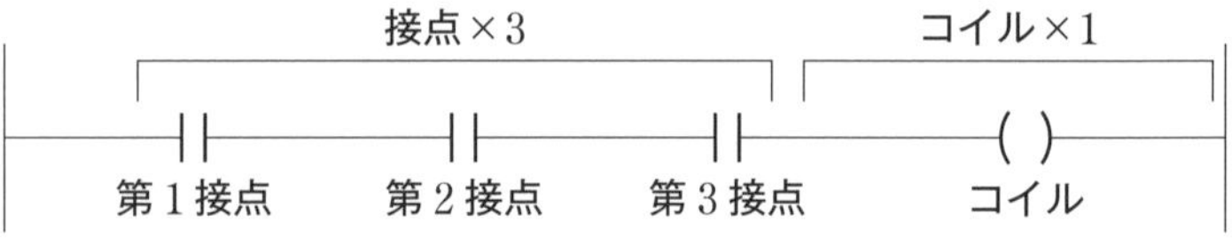

図７－４　ラダープログラムの基本構成

表７－２　サポートソフトのラダー図で使用できる入出力リレー

記号	名称	機能	接点指定	コイル指定
I	*CPU* ユニット入力リレー	*CPU* ユニットの入力端子に対応する接点	○	×
X	拡張 *I/O* ユニット入力リレー	拡張 *I/O* ユニットの入力端子に対応する接点	○	×
B	ボタンスイッチ	操作ボタンに対応する接点	○	×

<table>
<tr><th>記号</th><th>名称</th><th colspan="2">機能</th><th>接点指定</th><th>コイル指定</th></tr>
<tr><td>A</td><td>アナログコンパレータ</td><td colspan="2">DC 電源タイプの入力 2 点と定数の大小比較を行い、比較結果を出力する接点（10点入出力タイプでは14と15、20点入力タイプでは la と lb がアナログ入力端子となる）</td><td>○</td><td>×</td></tr>
<tr><td>P</td><td>コンパレータ</td><td colspan="2">タイマ、カウンタ、設定値の大小比較を行い比較結果を出力する接点</td><td>○</td><td>×</td></tr>
<tr><td>G</td><td>8 桁コンパレータ</td><td colspan="2">8 桁カウンタの現在値と設定値の大小比較を行い、比較結果を出力する接点</td><td>○</td><td>×</td></tr>
<tr><td>@</td><td>ウィークリータイマ</td><td colspan="2">指定の曜日、時刻で ON/OFF する接点</td><td>○</td><td>×</td></tr>
<tr><td>*</td><td>カレンダタイマ</td><td colspan="2">指定の月/日間で ON/OFF する接点</td><td>○</td><td>×</td></tr>
<tr><td>Q</td><td>CPU ユニット出力リレー</td><td>CPU ユニットの出力端子に対応するコイル、接点</td><td>通常出力（I）、セット出力（S）/リセット出力（R）、オルタネイト出力（A）として使用可能</td><td>○</td><td>○</td></tr>
<tr><td>Y</td><td>拡張 I/O ユニット出力リレー</td><td>拡張 I/O ユニットの出力端子に対応するコイル、接点</td><td>通常出力（I）、セット出力（S）/リセット出力（R）、オルタネイト出力（A）として使用可能</td><td>○</td><td>○</td></tr>
<tr><td>M</td><td>内部補助リレー</td><td>ラダープログラム内で使用できるリレー</td><td>通常出力（I）、セット出力（S）/リセット出力（R）、オルタネイト出力（A）として使用可能</td><td>○</td><td>○</td></tr>
<tr><td>H</td><td>内部保持リレー</td><td>ラダープログラム内で使用でき、電源断時も ON/OFF 内容を記憶できるリレー</td><td>通常出力（I）、セット出力（S）/リセット出力（R）、オルタネイト出力（A）として使用可能</td><td>○</td><td>○</td></tr>
<tr><td>T</td><td>タイマ</td><td colspan="2">オンディレー（X）オフディレー（■）/ワンショットパルス（D）/フラッシングパルス（F）/ツイン（W）として使用できるタイマ</td><td>○</td><td>○</td></tr>
<tr><td>#</td><td>保持タイマ</td><td colspan="2">電源断時も現在値を記憶するタイマ（オンディレー動作のみ）</td><td>○</td><td>○</td></tr>
<tr><td>C</td><td>カウンタ</td><td colspan="2">加算または減算式カウンタ</td><td>○</td><td>○</td></tr>
<tr><td>F</td><td>8 桁カウンタ</td><td colspan="2">加算または減算式 8 桁カウンタ</td><td>○</td><td>○</td></tr>
</table>

記号	名称	機能	接点指定	コイル指定
D	ディスプレイ	任意の文字列や月日、時刻、タイマ/カウンタ現在値、アナログ変換値を *LCD* 画面に表示	×	○

サポートソフトの画面左上に表示されたラダービューにおいて、最初の接点（*SW1*）の入力位置をマウスでダブルクリックします。入力接点の編集ダイアログボックスが表示されるので、リレー種別、*a* 接点または *b* 接点、リレー番号を指定します。また、必要に応じてコメントを入力します（図 7 − 5 ）。

編集ダイアログボックスにおいて、リレー名称は“*CPU* ユニット入力リレー”になります。リレー種別（記号）はタグ“*I*”を、接点は“*a* 接点”を、リレー番号は“ 0 ”を選択し、コメントには“*SW1*”を入力します。「*OK*」ボタンをクリックするとラダービューに *SW1* のラダー記号が表示されます（図 7 − 6 ）。

続いて、次の接点の入力位置をマウスでダブルクリックします。*SW2* の編集ダイアログボックスが表示されるので、リレー種別はタグ *I*、接点は *b* 接点、リレー番号は 1 を指定します（図 7 − 7 ）。「*OK*」ボタンをクリックするとラダービューに *SW2* のラダー記号が表示されます（図 7 − 8 ）

続いて、出力側のカラーの付いたラダービューで、リレーコイル *Ry* の入力位置をマウスでダブルクリックします。ダイアログボックス「出力接点編集」が表示されるので、記号は“*Q*”を選択し、名称は“*CPU* ユニット出力リレー”を確認して、機能は“通常出力動作”、リレー番号は 1 を指定し、コメントは“リレーコイル”を入力します（図 7 − 9 ）。「*OK*」ボタンをクリックするとラダービューにリレーコイルのラダー記号が表示されます（図 7 −10）。

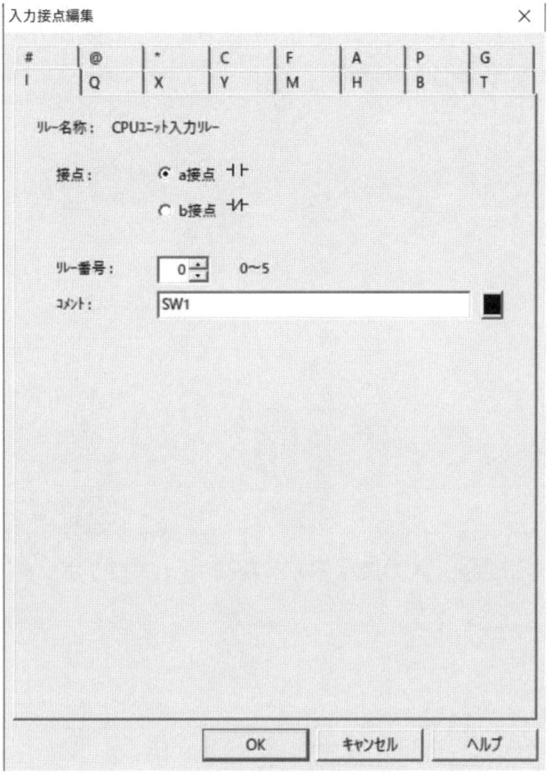

図7－5　入力接点 *SW*1の編集ダイアログボックス

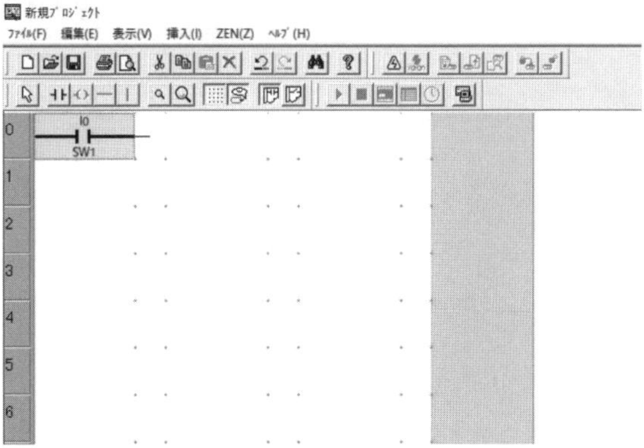

図7－6　*SW*1（*a* 接点）のラダー記号が表示される

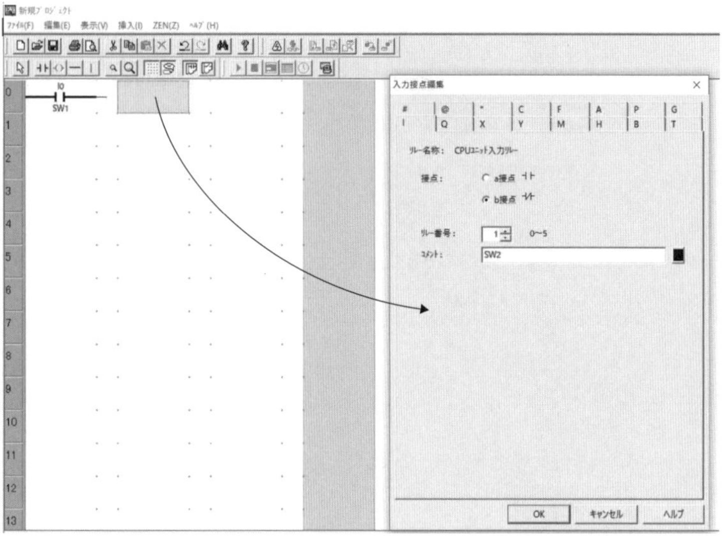

図7−7　入力接点 *SW*2の編集ダイアログボックス

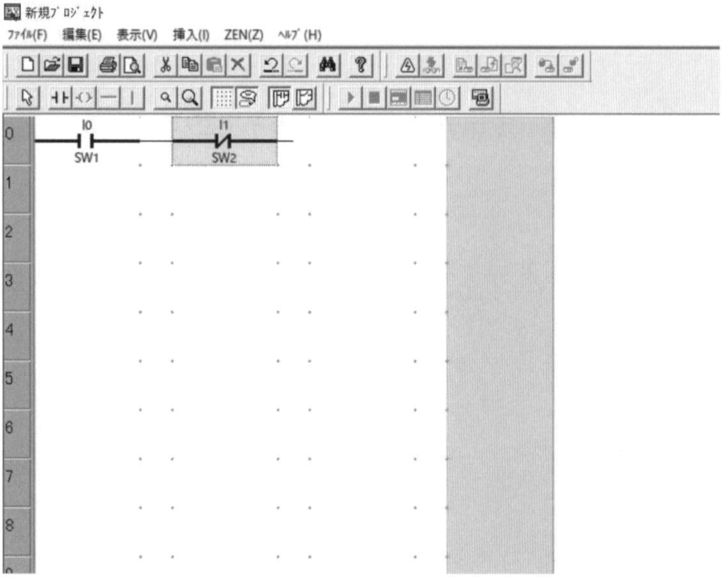

図7−8　*SW*2（*b* 接点）のラダー記号が表示される

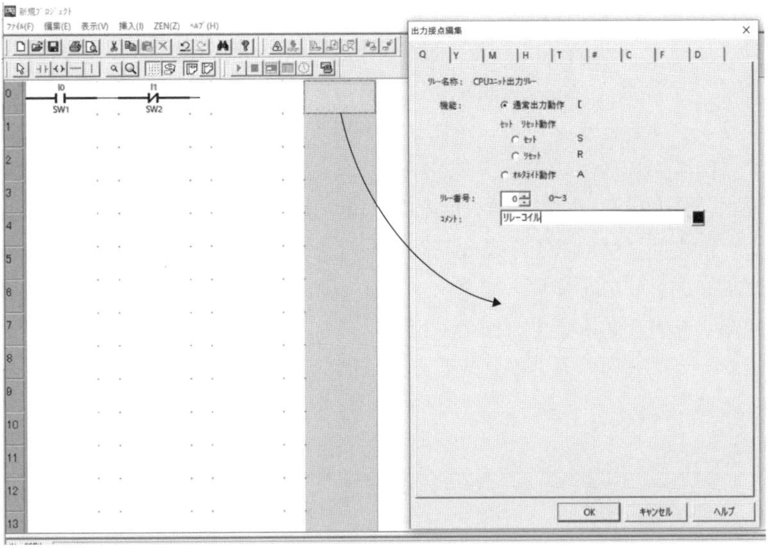

図7－9　リレーコイルの編集ダイアログボックス

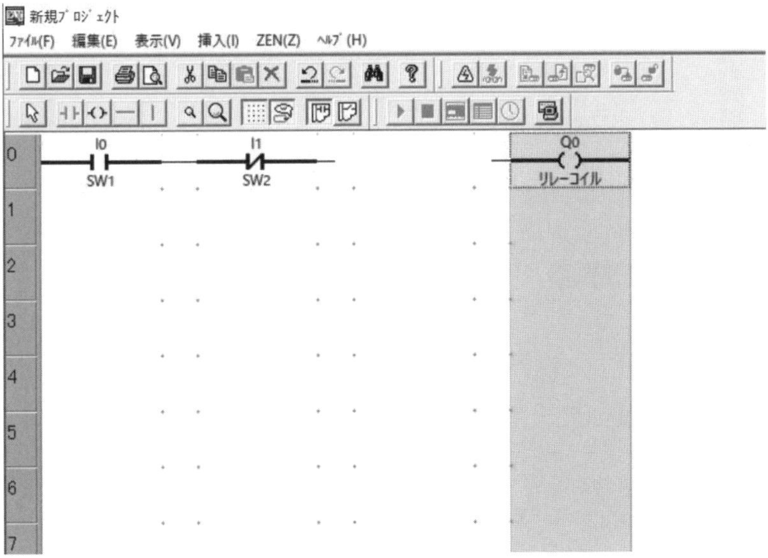

図7－10　リレーコイルのラダー記号が表示される

次の行の接点の入力位置をマウスでダブルクリックします。入力接点の編集ダイアログボックスが表示されるので、*SW*1の場合と同様に、リレー種別（記号*Q*)、接点（*a* 接点)、リレー番号（0）を指定します（図 7 −11)。「*OK*」ボタンをクリックするとラダービューにリレー接点（*a* 接点）のラダー記号が表示されます（図 7 −12)。

最後に、*SW*2からリレーコイル方向（横方向）にドラッグし、また、リレー接点から縦方向にマウスをドラッグしてそれぞれ接続線を引きます（図 7 −13)。

行コメントエリアをマウスでダブルクリックし、ラダー図に行コメント“自己保持回路”を書き込みます（図 7 −14)。

以上で、ラダー図の入力が完成します（図 7 −15)。

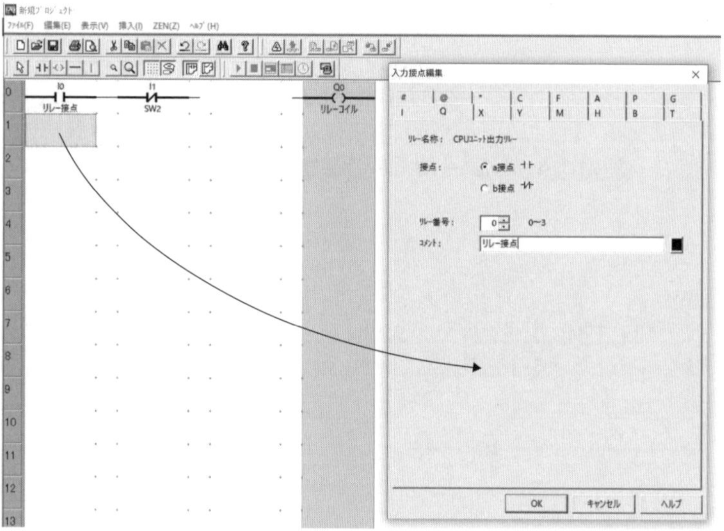

図 7 −11　リレー接点の編集ダイアログボックス

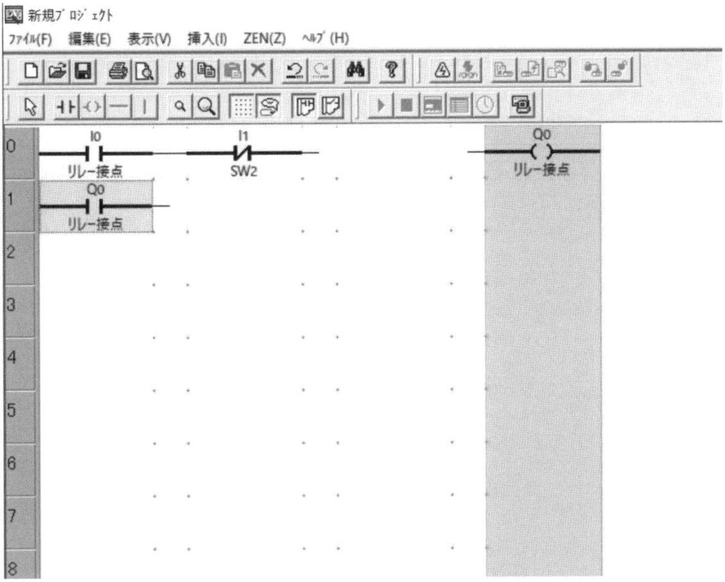

図7－12　リレー接点のラダー記号が表示される

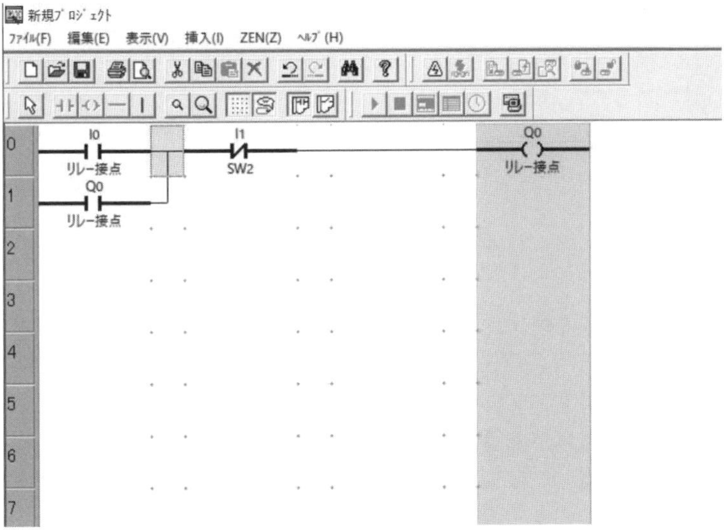

図7－13　ラダー記号間に接続線を引く

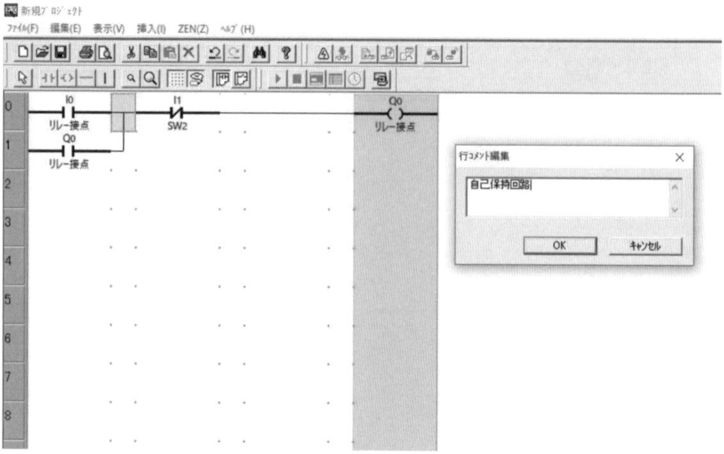

図7−14　行コメントを入力する

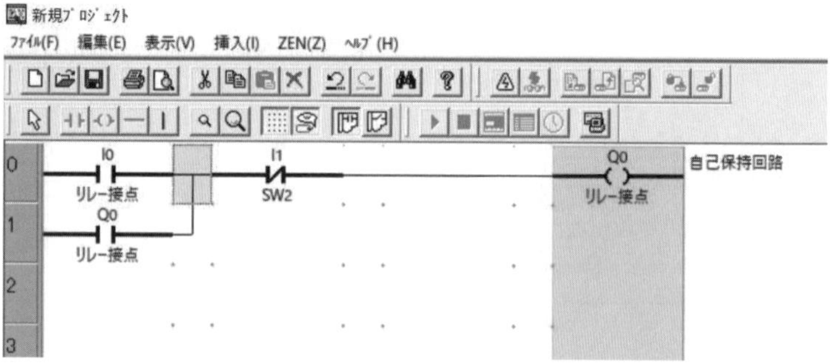

図7−15　ラダー図の完成

作成したラダー図の動作チェックをします。

メニューバーから「*ZEN*」—「プログラムチェック」を実行し、プログラムのチェックを行います。プログラムチェックが正常に終了すれば、図7−16に示すダイアログボックスが表示されます。

作成したラダー図を保存します。

メニューバーから「ファイル」—「名前を付けて保存」を実行します。ファイル保存のダイアログボックスが表示されるので、保存場所とファイル名（“自己保持回路”）を指定して保存します。

ラダー図を印刷します。印刷を開始する前に、レイアウトおよび表題の設定をします。

メニューバーから「ファイル」―「印刷設定」を実行し、印刷設定ダイアログボックスが表示されるので、各項目（ラダープログラムレイアウト、図面名称、図番などの表題欄）を設定します。

印刷プレビューから印刷仕上がりを確認することができます（図 7 −17）。

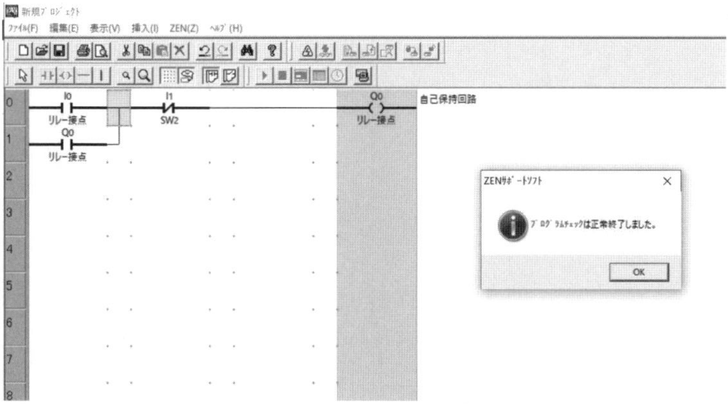

図 7 −16　ラダー図の動作チェック

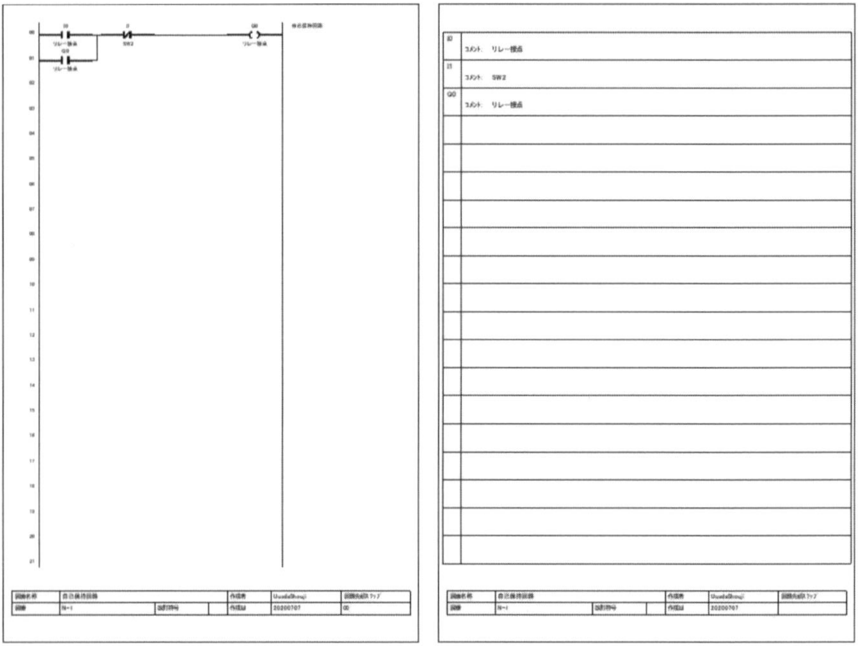

（a）基本情報　　（b）パラメータ設定情報

図7−17　印刷プレビュー

7−2 タイマ回路のラダー図

オン・ディレイタイマを使用したタイマ回路のラダー図を作成します。タイマ回路とタイムチャートを図７−18に示します。トグルスイッチを *ON* にするとタイマコイルが励磁され、設定した時間（整定時間：*T*＝３秒）後にメーク接点（*a* 接点）が *ON* になります。同時に、メーク接点に接続したパイロットランプ（*BL*）が点灯します。トグルスイッチが *OFF* になればパイロットランプは消灯します。

サポートソフトの画面左上に表示されたラダービューで、スイッチ *SW* の「入力接点編集」ダイアログボックスで、リレー種別とリレー番号を指定します（図７−19）。

次に、出力側のラダービューでダイアログボックス「出力接点編集」を開き、機能（トリガー入力）とリレー番号を選択します（図７−20）。

次に、２行目最初のラダービューでタイマ接点を入力します。「入力接点編集」のダイアログボックスを開き、接点“*a* 接点”、リレー番号“０”、タイマ種別“オンディレー動作”、時間設定値“３秒”、コメント“タイマ回路”を入力します（図７−21）。

続いて、出力側のラダービューで、出力接点編集のダイアログボックスを開き、機能やリレー番号を選択します（図７−22）。

最後に、接続線を引き、リレー回路のラダー図が完成します（図７−23）。

ラダー図が完成したので、プログラムチェックを実行し、ラダー図の動作確認をします。プログラムチェックが正常に終了したことを確認して、ラダー図を保存します。

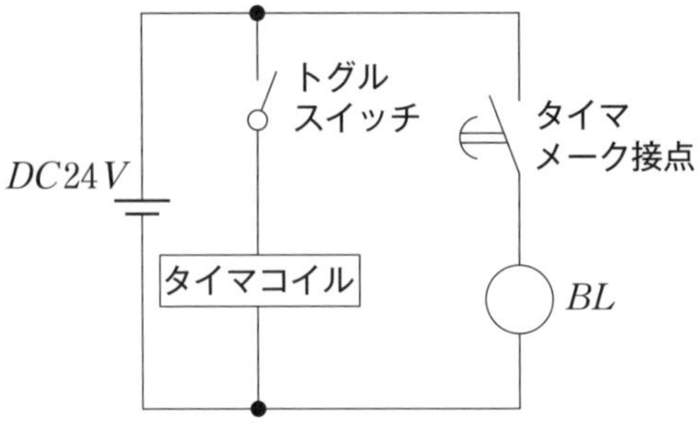

(a) タイマ回路（フリッカ回路）

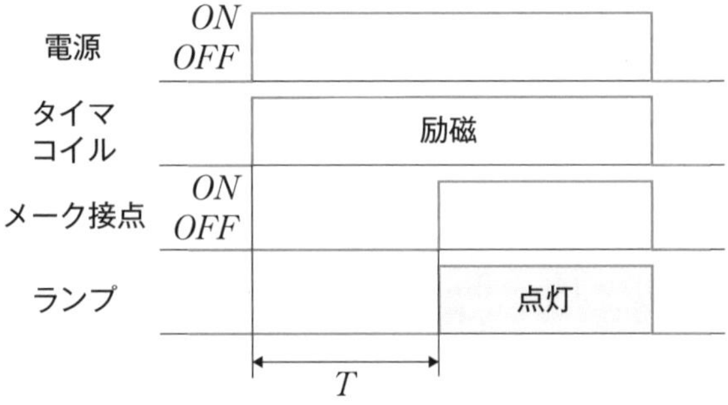

(b) タイムチャート

図7−18 タイマ回路とタイムチャート

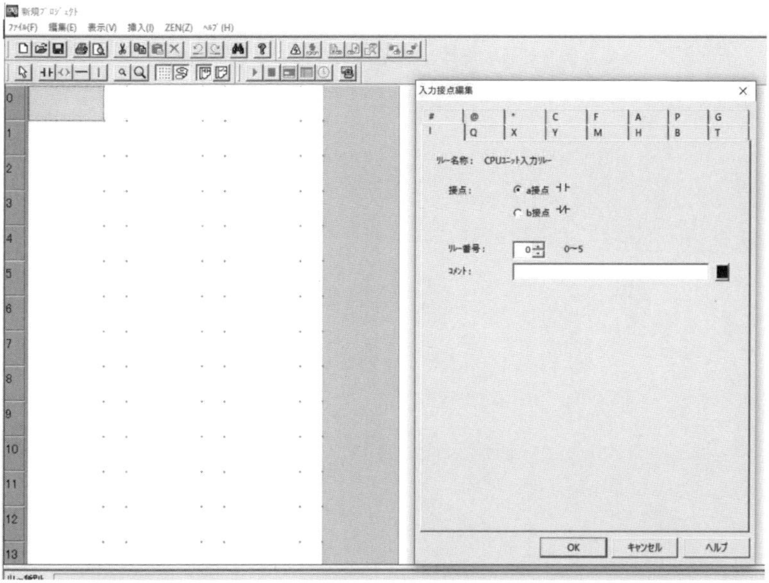

図7－19　スイッチ *SW* のリレー種別とリレー番号を指定

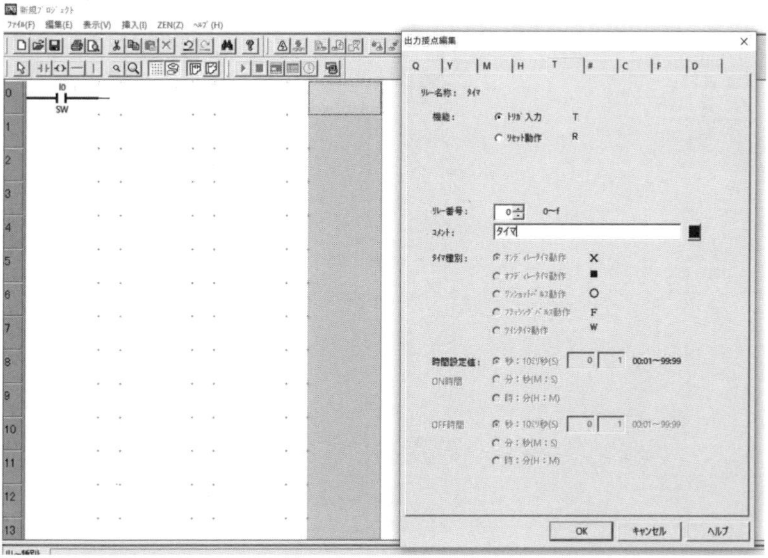

図7－20　タイマの出力接点編集のダイアログボックスが開く

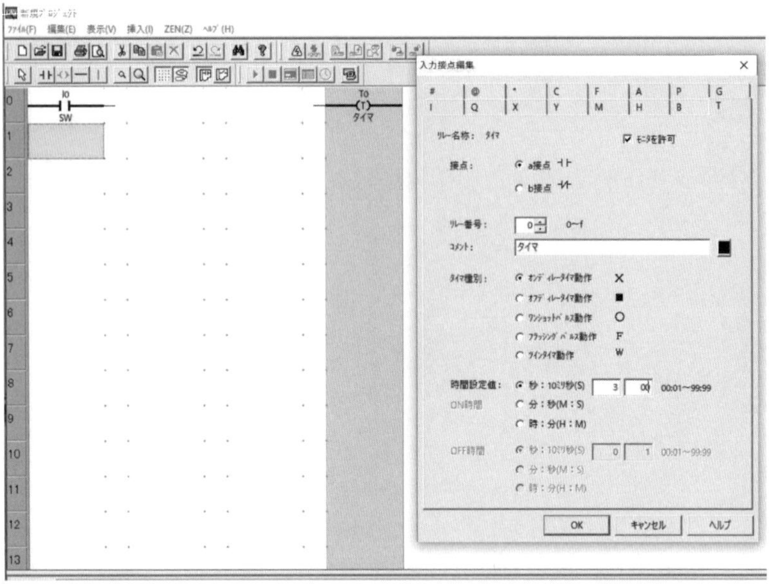

図7−21　タイマの出力接点編集のダイアログボックスが開く

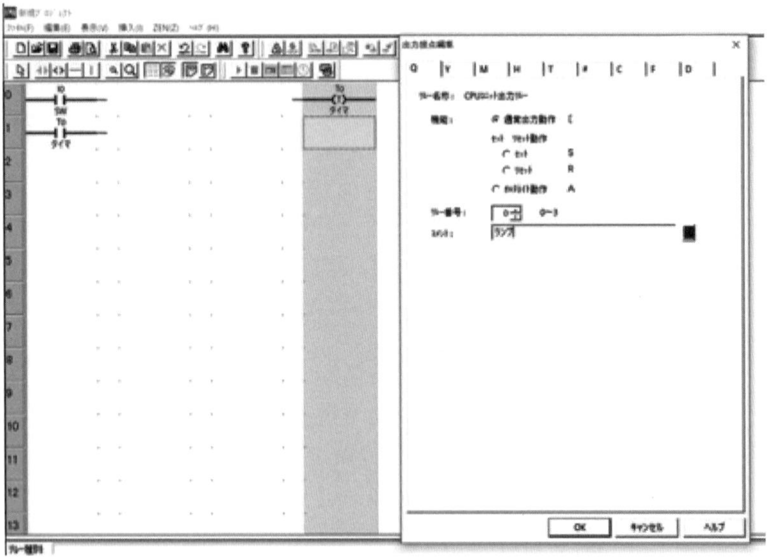

図7−22　ランプの出力接点編集のダイアログボックスが開く

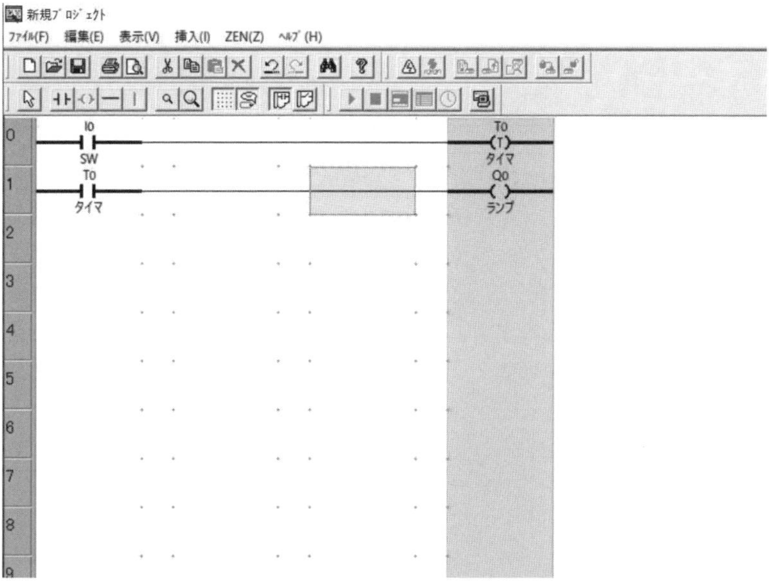

図 7－23　接続線を引いてタイマ回路のラダー図が完成する

7-3 パソコンとPLCの接続

PLC（形 *ZEN*-10*C*1*DR*-*D*-*V*2）と *Windows* パソコンのシリアルポート（*COM* ポート）を専用のパソコン接続ケーブル（形 *ZEN*-*CIF*01）で接続します（図7－24）。パソコンに *RS*-232*C* シリアルポートがない場合は、専用の *USB*-シリアル変換ケーブル（形 *CS*1*W*-*CIF*31）を使用します。本書では、*USB*-シリアル変換ケーブルを使用します。変換ケーブルに付属の *CD*－*ROM* から必要なドライバをインストールすることにより、*Windows* パソコンの *USB* を通して *PLC* と接続することが可能です。

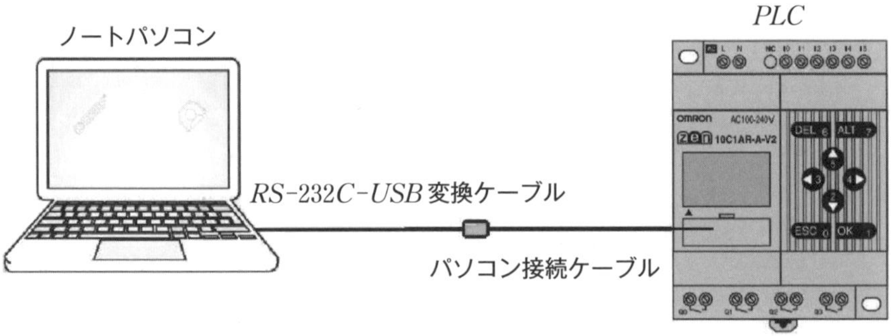

図7－24　PLC と Windows パソコンをパソコン接続ケーブルで接続する

最初に、通信設定をします。

プログラム作成ソフト（*ZEN* サポートソフト形 *ZEN*-*SOFT*01-*V*4）の「ファイル」メニューから「通信設定（パソコン⇔ *ZEN*)」を実行します。通信設定ダイアログボックスが表示されるのでポート設定でポート名（例えば「*COM*3」）を設定します（図7－25）。

次に、オンライン接続の設定をします。すなわち、プログラム転送、照合を行う前に、*PLC* との通信を確立します。

プログラム作成ソフトの「ファイル」メニューから「プロパティ」を実行すると、プロパティ設定ダイアルグボックスが開くので、*PLC* の機種や拡張ユニットを使用している場合にはユニット番号を指定します（図7－26）。

図7－15で作成したラダー図（ラダープログラム）“自己保持回路”を開きます。メニューバーの「*ZEN*)」から「オンライン」を実行します。*PLC* である

“*ZEN*” に接続するかどうかの確認のダイアログボックスが表示されるので「*OK*」ボタンをクリックします。ステータスバーの表示が「オフライン」から「オンライン」に変更されます（図 7 －27）。オンライン状態になるとラダービューの背景色がグレーに変化します。

以上で、オンライン接続によるパソコンと *PLC* の通信が確立されました。

次に、プログラム作成ソフト（サポートソフト）で作成したラダー図を *PLC* に転送します。

メニューバーの「*ZEN*」―「転送」―「ダウンロード（パソコン→ *ZEN*）」を実行します（図 7 －28）。転送（パソコン→ *ZEN*）ダイアログボックスが表示されるので（図 7 －29）、確認して「*OK*」ボタンをクリックします。

最後に、*PLC* に転送されたラダー図とサポートソフトのラダー図の照合を行います。メニューバーの「*ZEN*」―「転送」―「照合（パソコン－*ZEN*）」を実行します（図 7 －30）。照合（パソコン― *ZEN*）ダイアログボックスが表示されるので（図 7 －31）、「*OK*」ボタンをクリックします。照合が正常に行われた場合は、照合一致の確認ダイアログボックスが表示されます（図 7 －32）。「*OK*」ボタンをクリックします。

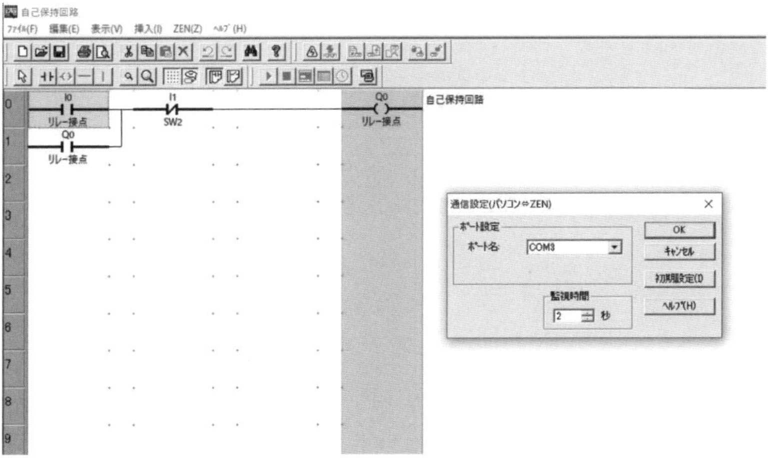

図 7 －25　通信設定ダイアログボックスでポート設定をする

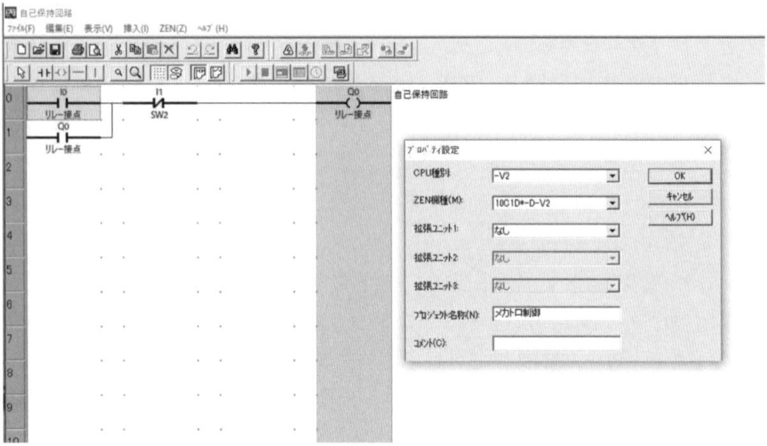

図7-26 プロパティ設定ダイアルグボックスで設定情報を指定する

図7-27 ステータスバーに「オンライン」表示される

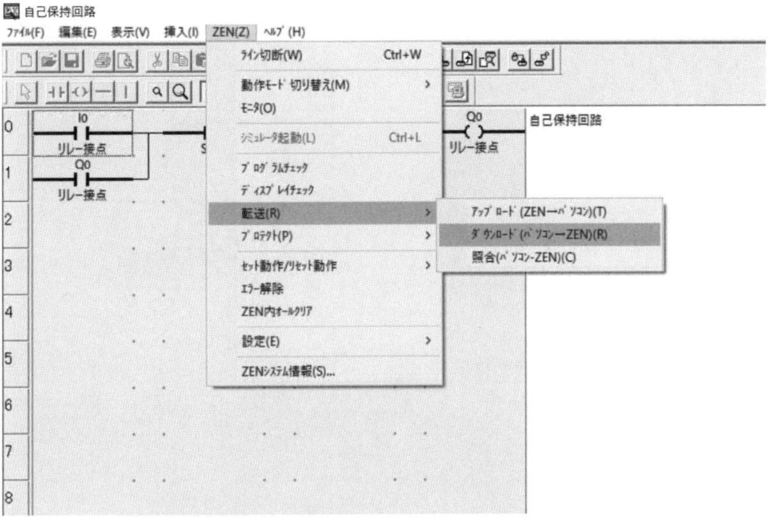

図7－28　メニューバーの「*ZEN*」から
ダウンロード（パソコン→ *ZEN*)」を実行する

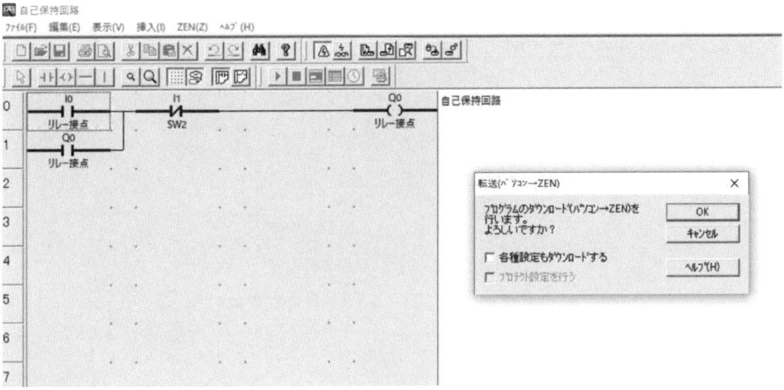

図7－29　転送（パソコン→ *ZEN*）ダイアログボックスが表示される

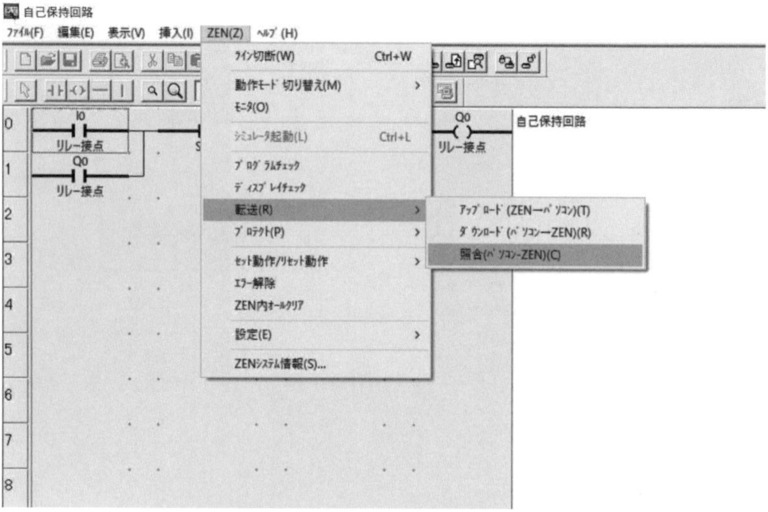

図7－30　メニューバーの「ZENから「照合（パソコン— ZEN)」を実行する

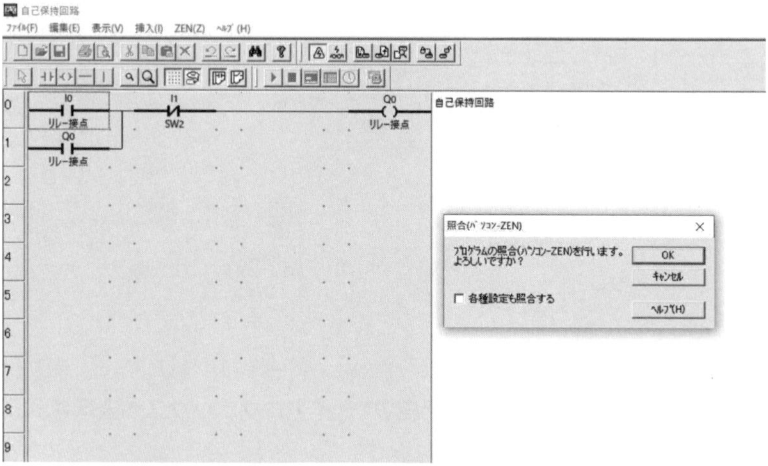

図7－31　照合確認のダイアログボックスが表示される

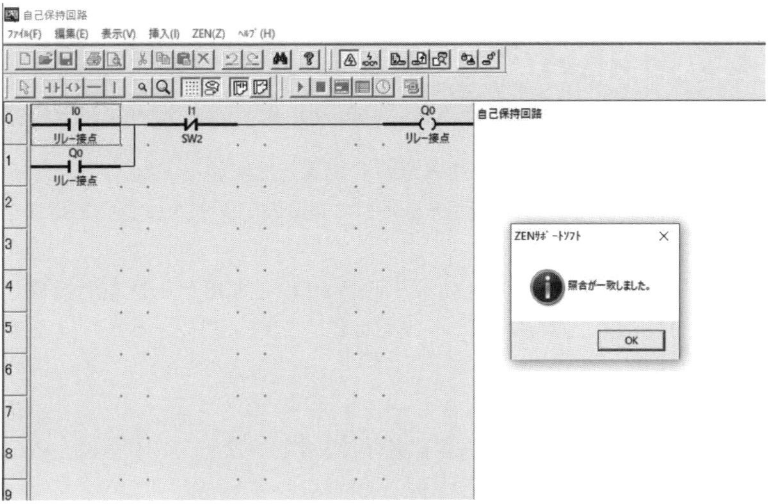

図7－32　照合確認の結果が表示される

7−4 PLCの運転

*PLC*とスイッチ、ランプ類を組み合わせ配線した実験用*PLC*ボード※注を使用して、前節で作成した自己保持回路とタイマ回路のラダー図について運転を模擬します。

パソコンの*USB*と実験用*PLC*ボードの*PLC*を専用ケーブルで接続します（写真7－2）。*PLC*と電源ライン（*DC*24*V*）、*SW*1、*SW*2、パイロットの接続図を図7－33に示します。

プログラム作成ソフト（*ZEN*サポートソフト）のメニューバーの「*ZEN*」—「動作モード切り替え」—「*RUN*」を実行します。ステータスバーに「*RUN*」が表示されていることを確認します（図7－34）。

※注：実験用PLCボードの製作例については本章末のコラムを参照。

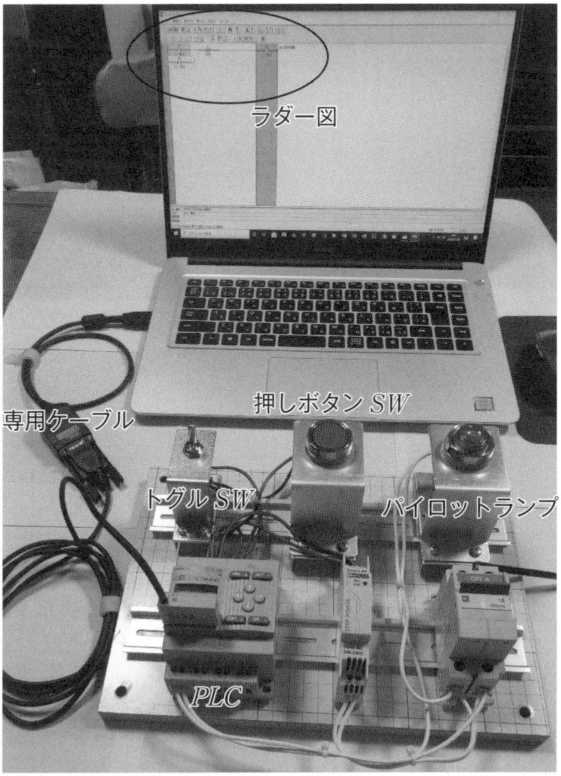

写真7－2　パソコンと *PLC* を専用ケーブルで接続する

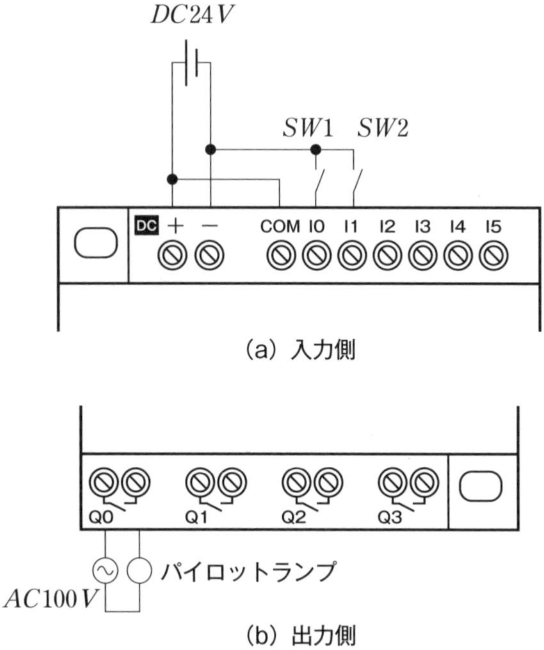

図7−33　*PLC*の入出力端子の接続（自己保持回路の場合）

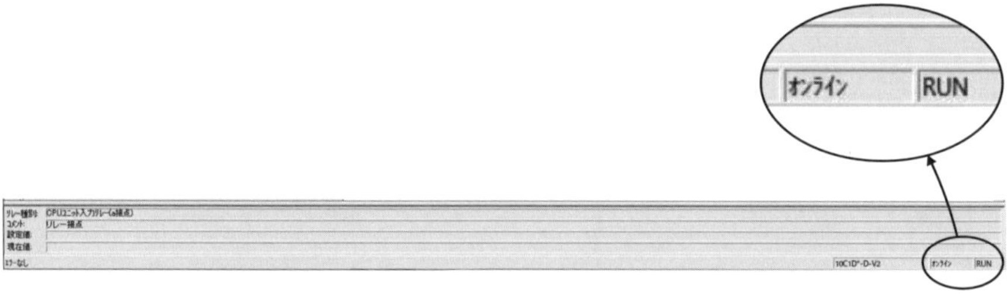

図7−34　ステータスバーに「*RUN*」が表示される

この後、実験用*PLC*ボードのトグルスイッチを*ON*にしてすぐに*OFF*にします。パイロットランプが点灯を継続し、その後、リセットスイッチである押しボタンスイッチを押すとランプは消灯します（写真7−3）。自己保持の動作を確認することができます。

次に、実行中のプログラムをモニタします。

メニューバーの「*ZEN* (*Z*)」から「モニタ (*O*)」を実行します（図7−35)。

モニターモードに移行し、ラダー図で実行された回路が緑色で強調表示されます（図 7 −36）。この状態で、押しボタンスイッチを押して自己保持を解除すると、リセットスイッチである $SW2$ のみが緑色で強調表示されます（図 7 −37）。

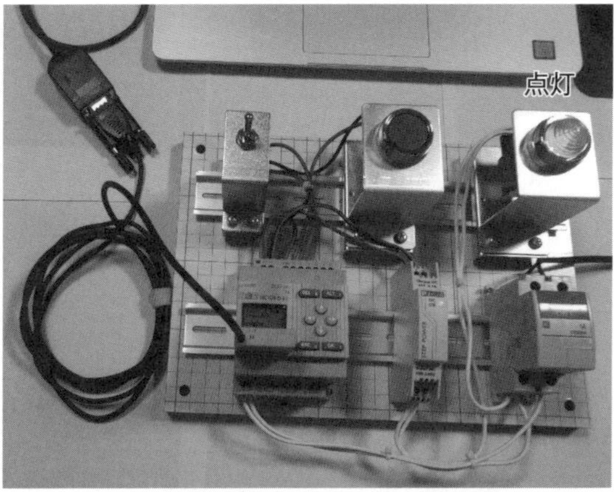

（a）パイロットランプが点灯する

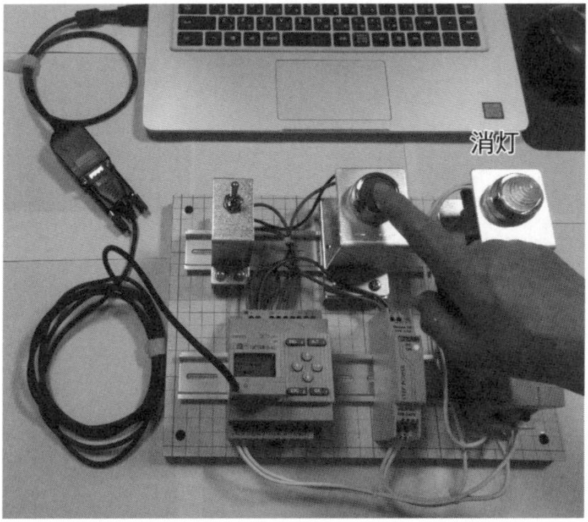

（b）押しボタンスイッチを押すとパイロットランプが消灯する

写真 7 − 3　自己保持回路の動作確認

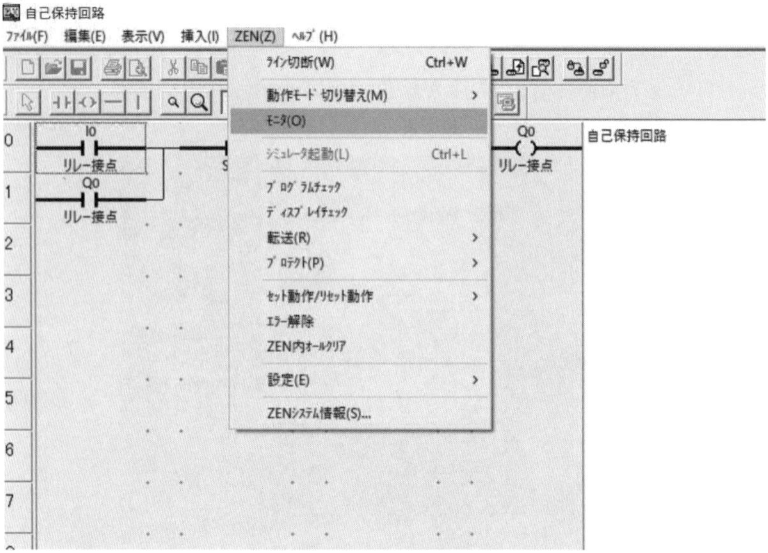

図7−35　メニューバーの「*ZEN*」から「モニタ」を実行する

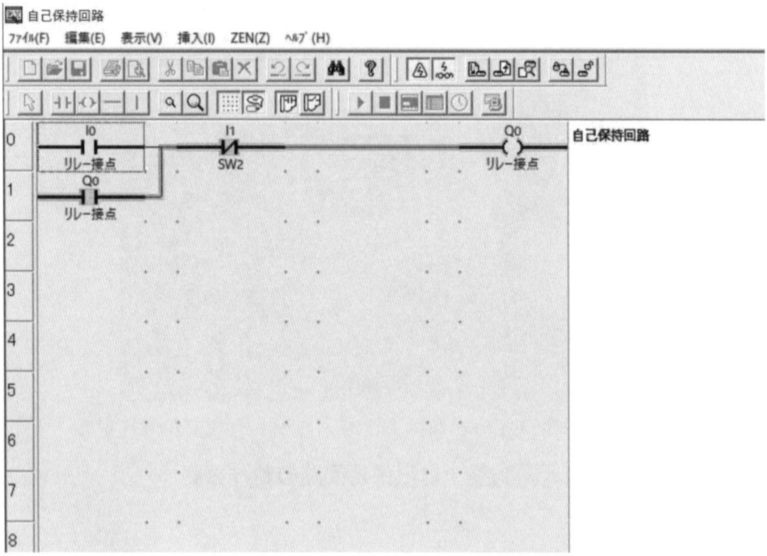

図7−36　ラダー図で実行された回路が緑色で強調表示される

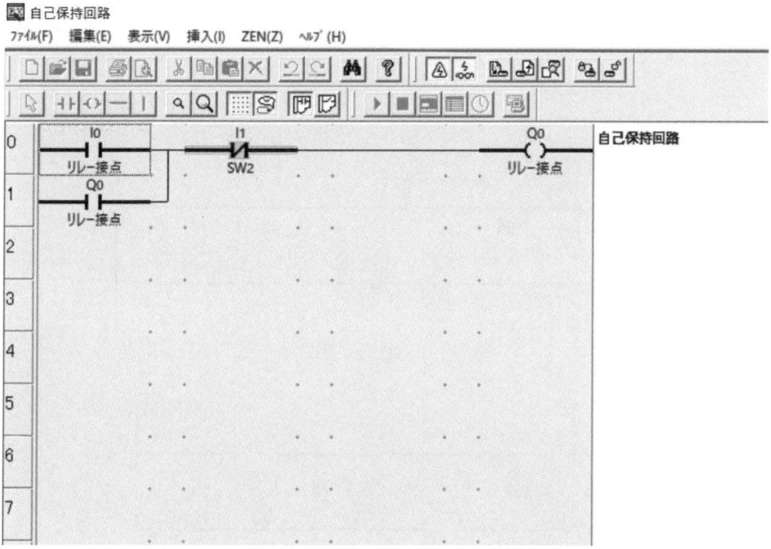

図7－37　SW2のみが緑色で強調表示される

次に、タイマ回路のラダー図について模擬実験します。

PLCとパソコンを接続し、自己保持回路のときと同じように通信設定します。作成したラダー図をPLCにダウンロードします。PLCとSW、パイロットランプとの接続は図7－38のようにします。入力側はスイッチが1個なので、I0の端子のみを使用します。出力側の配線は同じです（変更はありません）。

プログラム作成ソフトのメニューバーの「ZEN」―「動作モード切り替え」―「RUN」を実行します。

その後、実験用PLCボードのトグルスイッチをONにすると、整定時間の3秒後にパイロットランプが点灯します。トグルスイッチをOFFにするとパイロットランプは消灯します。タイマ回路の動作を確認することができます。

次に、実行中のプログラムをモニタします。モニターモードで実行された回路が緑色で強調表示されます（図7－39）。

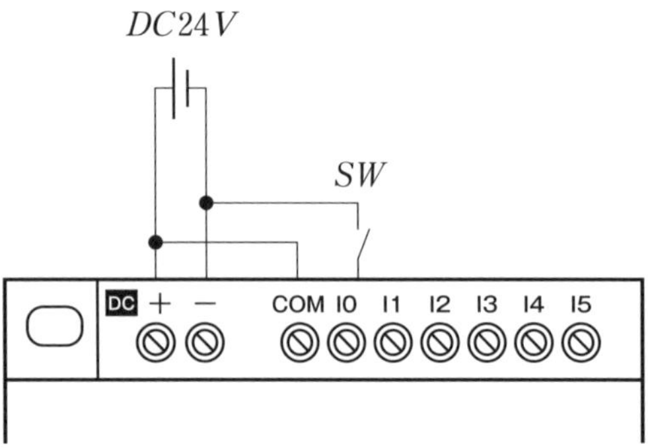

（a）入力側

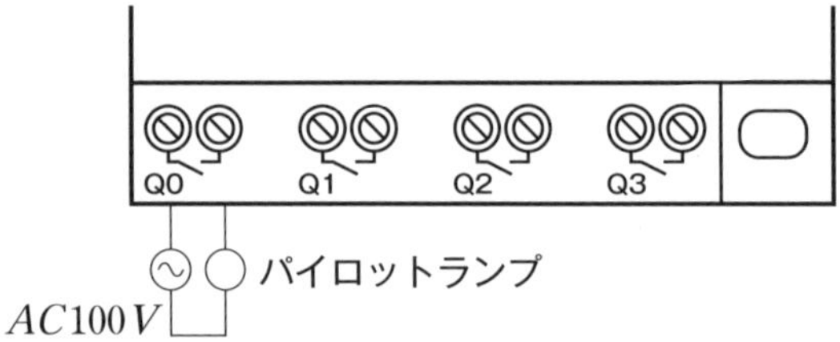

（b）出力側

図 7−38　PLC の入出力端子の接続（タイマの場合）

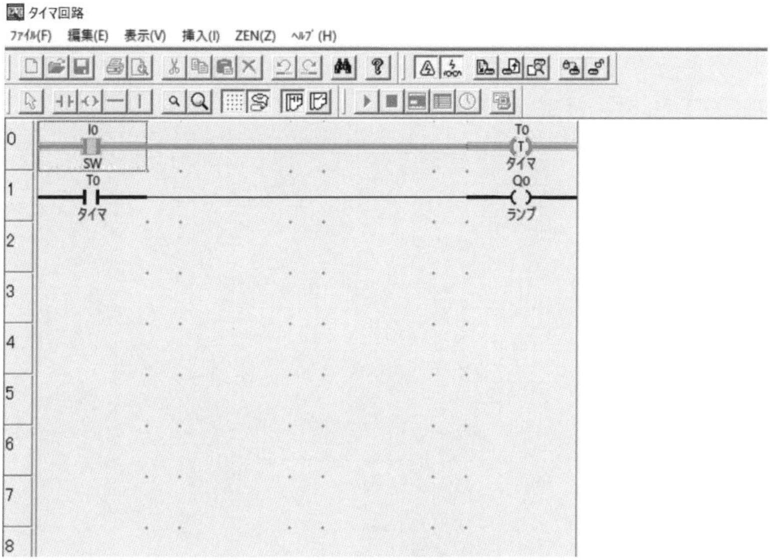

(a) タイマ動作前

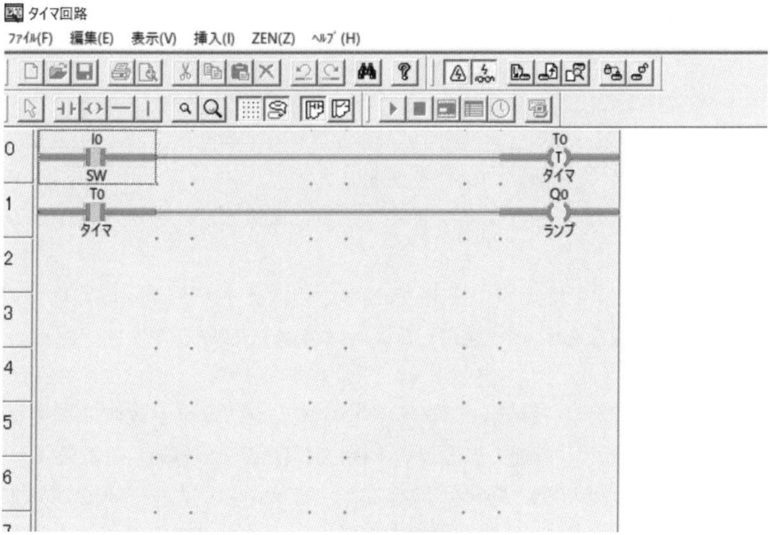

(b) タイマ動作後

図7－39　ラダー図でタイマ動作が緑色で強調表示される

［例題7－1］

次のシーケンス回路をラダー図に書き直しなさい。ただし、タイマの整定時間を $T1=0.6$秒、$T2=0.4$秒とする。

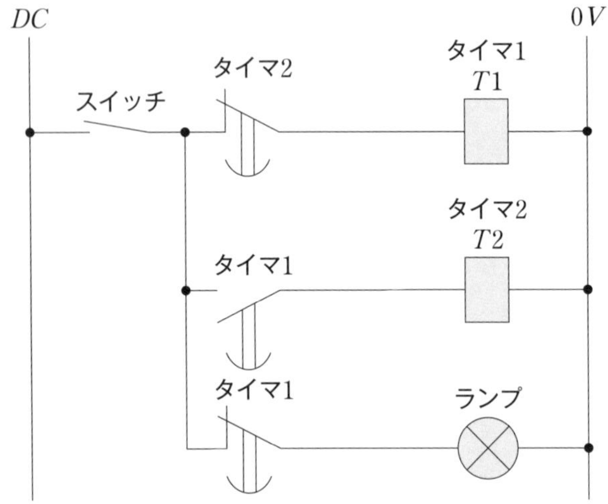

図7－40　シーケンス回路

［解答］

図7－40のシーケンス回路の動作を説明します。

・スイッチを *ON* にすると、タイマ1のコイルに電流が流れ、タイマ1がカウントを開始する。

・この時点でタイマ1はカウント中であるため、タイマ1の *a* 接点はまだ *ON*（導通）状態にはならない。逆に、*b* 接点は導通しているのでランプは点灯する。

・タイマ1の整定時間0.7秒後に、タイマ1のコイルに電流が流れるので、タイマ1の *a* 接点が *ON*（導通）になり、*b* 接点は *OFF*（非導通）になる。

・タイマ1の *a* 接点が *ON*（導通）になると、タイマ2がカウントを開始する。この時点でタイマ2はカウント中であるため、タイマ2の *b* 接点は導通状態のままである。

・タイマ1の *b* 接点が *OFF*（非導通）になることで、ランプは消灯する。

・タイマ2の整定時間0.3秒後に、タイマ2のコイルに電流が流れるので、*b* 接点が *OFF*（非導通）になる。

・タイマ2の *b* 接点が *OFF*（非導通）になるとタイマ1のコイルが *OFF* になる。

・タイマ１がカウントを開始し、最初のスイッチを押した時点の状態に戻る。
・スイッチを押している間、上記の動作を繰り返す。

上記の動作をタイムチャートで表すと図７－41のようになります。ランプがタイマの整定時間で *ON*（点灯）/*OFF*（消灯）を繰り返します。このような回路をフリッカ回路といいます。

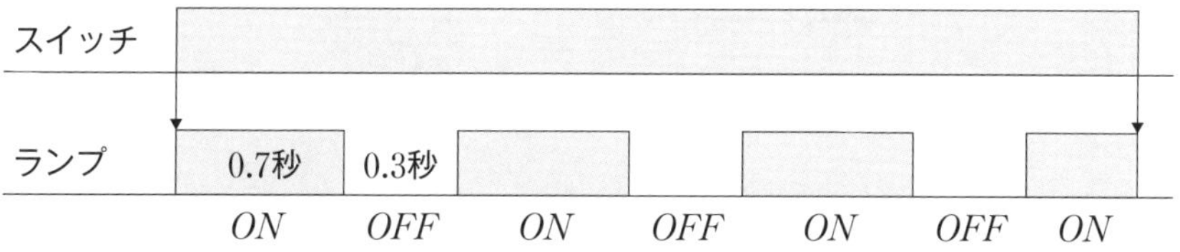

図７－41　フリッカ回路のタイムチャート

プログラム作成ソフトと通常の作成法で作成したラダー図を図７－42に示します。実際に、実験用 *PLC* ボードで動作を試すと、トグルスイッチを *ON* にすると、同時にランプが点灯します。７秒後にランプが消灯し、３秒後に再度ランプが点灯します。スイッチが *ON* している間、この動作を繰り返します。

プログラムソフトのメニューバーからモニタを実行すると、ランプ点灯と消灯のラダー図の回路動作が確認できます（図７－43）。

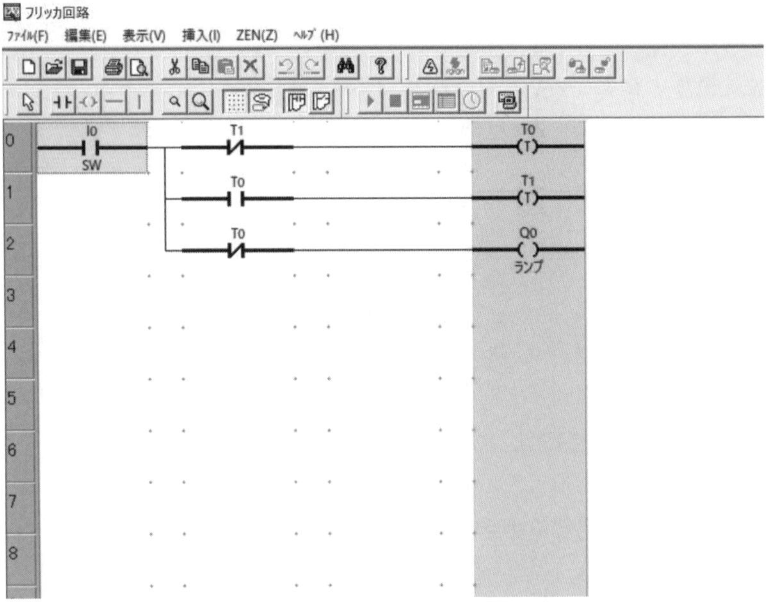

(a) プログラム作成ソフトで作成

(b) 通常の作成法

図7−42　フリッカ回路のラダー図

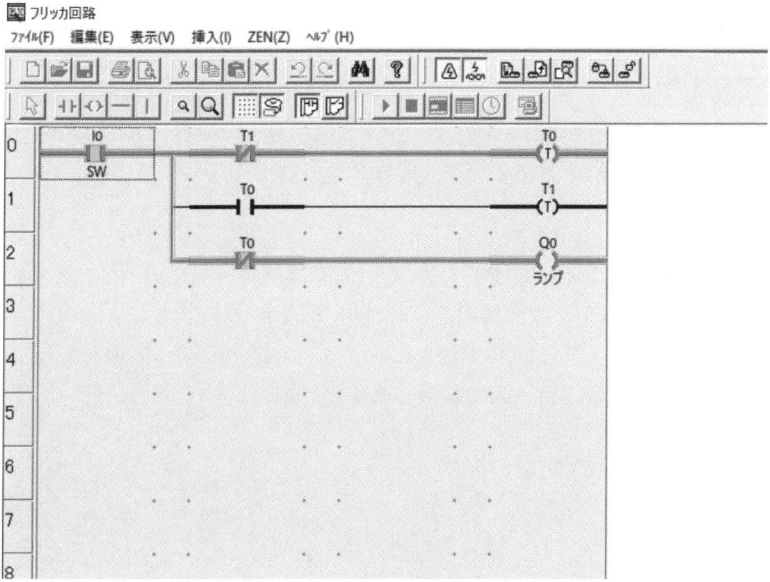

（a）ランプ点灯

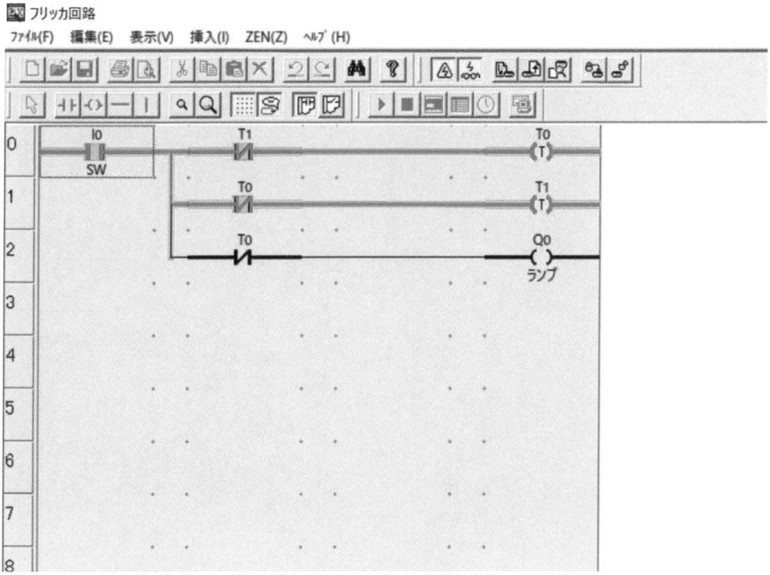

（b）ランプ消灯

図 7 −43　ラダー図（フリッカ回路）のモニタ動作

<u>答：図7−42</u>

[例題7−2]

例題7−1において、ランプを1個追加し、$T1=0.7$秒間にランプ1が点灯、$T2=0.3$秒間にランプ2が点灯するダラー図を作成しなさい。

[解答]

プログラム作成ソフトで作成したラダー図は図7−44（a）になります。また、電気回路のシーケンス図は図7−44（b）になります。

図7−42（a）のラダー図の4行目にタイマ$T0$のa接点と追加したランプの出力接点$Q1$を追加し、接続線で結線します。

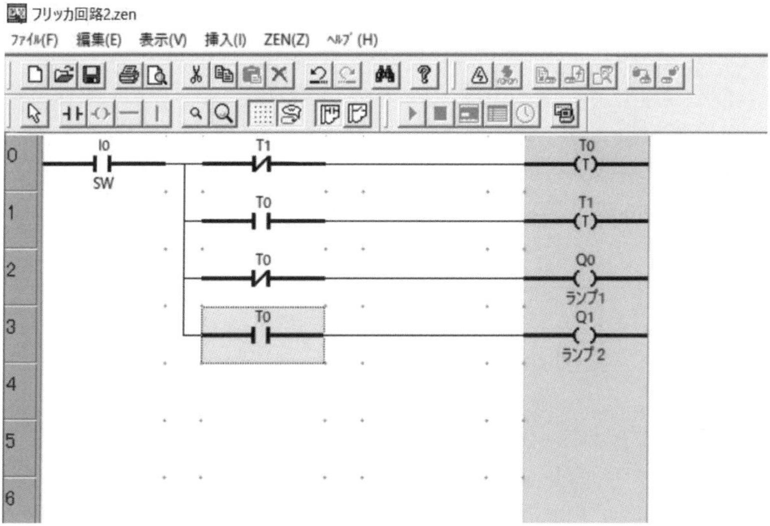

（a）ラダー図

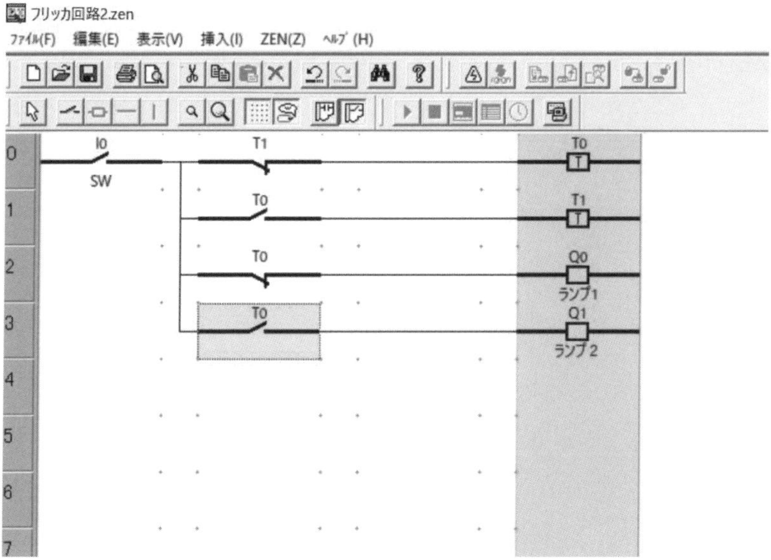

（b）シーケンス図

図7－44　ランプ1個を追加したラダー図とシーケンス図

実際に、実験 *PLC* ボードにパイロットランプを 1 個追加し、*Q*2の配線を追加し、動作確認します。２個のランプは0.7秒、0.3秒間交互に点灯消灯をくり返します。

また、ラダー図のモニタ動作で２個のランプの点灯・消灯の回路動作を確認することができます。

答：図７−44（*a*）

コラム　実験 PLC ボードの製作

本章で使用した「実験用 PLC ボード」の製作例を説明します。

使用した部品を表 7 − 3 に示します。すべての機器は DIN レールに取り付けます。トグルスイッチ、押しボタンスイッチ、パイロットランプは専用の取り付け金具に固定し、この状態で DIN レール固定金具を介して DIN レールに取り付けます。

サーキットプロテクタを ON にすると、PLC の電源となるスイッチング電源（DC24V 出力）に電源が供給されます。また、AC100V 用パイロットランプの電源となります。

表 7 − 3　実験用 PLC ボードの部品表

部品名	メーカ	型式	個数
標準 LCD タイプ PLC CPU ユニット ZEN	オムロン	ZEN-10C1DR-D-V2	1
ZEN サポートソフト	オムロン	ZEN-SOFT01-V4	1
パソコン接続ケーブル	オムロン	ZEN-CIF01 ZEN	1
USB−シリアル変換ケーブル（ドライバソフト付き）	オムロン	CS1W-CIF31	1
スイッチング電源	フエニックス・コンタクト社	STEP-PS/100V/24DC/0.5A	1
サーキットプロテクタ	富士電機	CP30FM-2P001(AC250V/DC65V, 2P, 1A)	1
押しボタンスイッチ	モノタロウ	MB110, 30Φ, 1a	1
LED パイロットランプ	モノタロウ	M30ILT100GLE(30Φ, AC100/110V)	1
押しボタンスイッチ＆パイロットランプ取り付け金具	ユーボン	DHPB-30(30Φ用)	2
トグルスイッチ	NKK スイッチズ	S-6A	1
トグルスイッチ取り付け金具	ユーボン	DHSW-S	1
DIN レール取り付け金具	ユーボン	DHNF	3
DIN レール	ユーボン	C-DINR280-OU	2
木製取り付けベース	タカチ電機工業	BMP2535W	1

DIN レールとは、制御盤内にサーキットプロテクタやリレー、タイマなどの制御機器を取り付ける際に利用される DIN 規格に基づいた金属製のレールのことです。ネジによる取り付けに比較して着脱が容易であるので、施工、メンテナンス工数の削減をはかることができます

DIN 規格とは、ドイツ規格協会が制定するドイツ工業規格の略称で、日本の JIS に相当するものです。DIN レールはこの規格に準拠しているため、どのメーカの DIN レールであっても統一された寸法になっています。制御盤内で一般に使用される DIN レールは35mm 幅の仕様ものです。実験用 PLC ボートに使用した DIN レールは同じ仕様のものです。

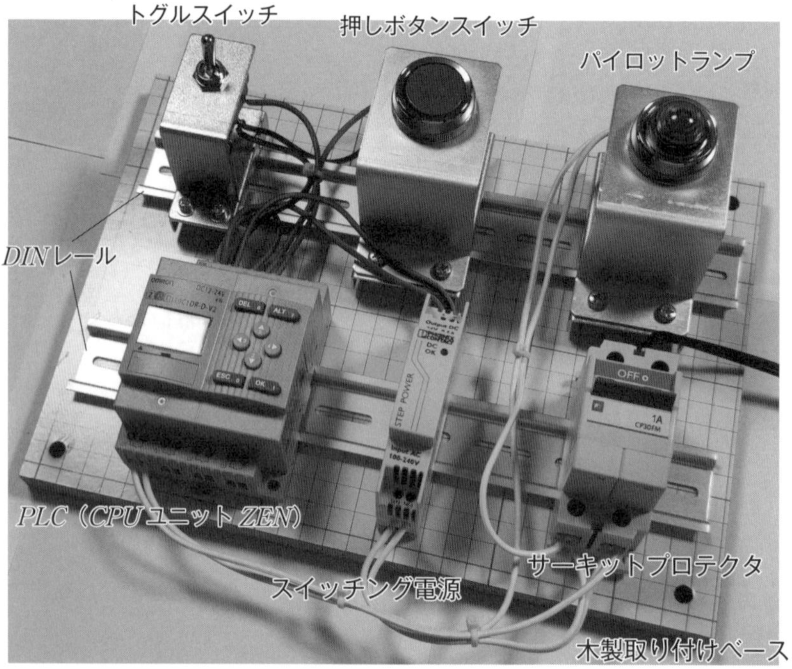

写真 7−4 実験用 PLC ボード

付録

付録A トグルスイッチ、押しボタンスイッチ、パイロットランプ

実験*PLC*ボードで使用したトグルスイッチと押しボタンスイッチ、パイロットスイッチについて説明します。これらの入出力機器は、シーケンス制御で使用される代表的な制御機器です。

A－1 トグルスイッチ

トグルスイッチとは、レバーを倒すことで切り替え操作を行うスイッチです(写真*A*－1)。トグルスイッチにはオルタネイト方式とモーメンタリ方式があります。トグルスイッチの操作方式を表*A*－1に示します。表に記載されている〈*ON*〉はモーメンタリ動作方式を示しています。*No.*1は単投、*No.*2～6は双投方式になります。表の*No.*2の*ON*－*ON*（左右オルタネイト）のスイッチ機構（シーソー方式）を図*A*－1に示します。

写真A－1　トグルスイッチの例

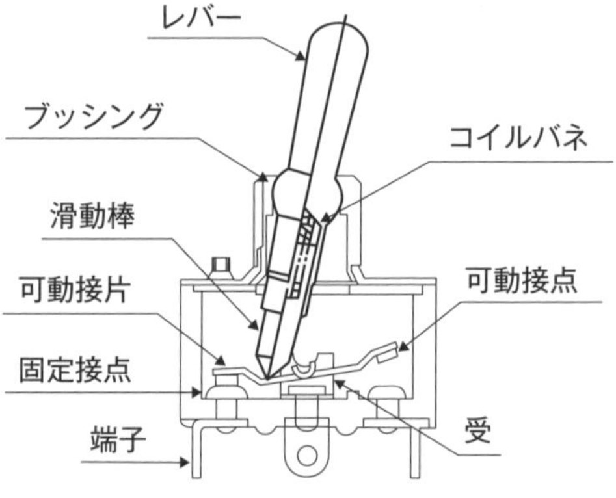

図A－1　トグルスイッチの内部構成（左右オルタネイト）

表A－1　トグルスイッチの操作方式

No.	動作形式	動作内容	図
1	*ON*－*OFF*	左がオルタネイト接点 右が *OFF*	
2	*ON*－*ON*	左右オルタネイト接点	
3	*ON*－*OFF*－ *ON*	真ん中が *OFF* 左右がオルタネイト接点	
4	*ON*－〈*ON*〉	左がオルタネイト接点 右がモーメンタリ接点	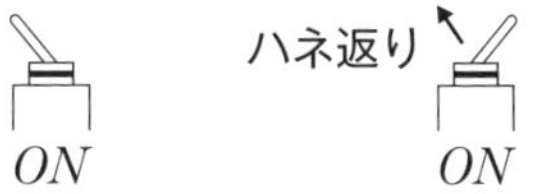
5	〈*ON*〉－*OFF*－ 〈*ON*〉	真ん中が *OFF* 左右がモーメンタリ接点	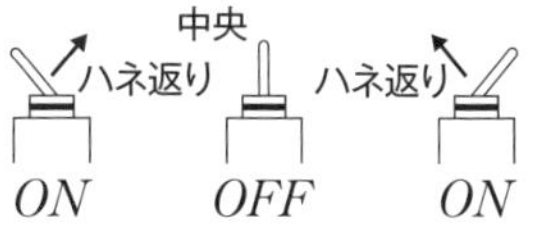
6	*ON*－*OFF*－ 〈*ON*〉	真ん中が *OFF* 左がオルタネイト接点 右がモーメンタリ接点	

A－2　押しボタンスイッチ

押しボタンスイッチは、人の手（指）で操作することで、押し動作または引き動作によって操作部がその軸方向に動くことで接点の開閉（*ON*/*OFF*）を行う操作スイッチです（写真 *A*－２）。操作部は一般的に白熱ランプや *LED* による照光や表示機能を兼ね備えています。

接点の動作状態から自動復帰形（モーメンタリ動作、*momentary action*）と保持型（オルタネイト動作、*altanate action*）に分けることができます。自動復帰形は、ボタンを押している間だけ、接点が開または閉となり、手を放すとバネの力で元に戻る機構のスイッチです。保持形は、ボタンを１回押すと、接点が開または閉の状態で保持します。２回目の押し操作でロックが解除されて、接点が元に戻る機構のスイッチです。押しボタンスイッチの接点は、トグルスイッチや電磁リレーなどの接点と同じように、*a* 接点と *b* 接点があります。

自動復帰形の押しボタンスイッチで、スイッチを押すと接点が閉じ、手を放すと接点が開くスイッチを“a接点方式の押しボタンスイッチ”といいます。スイッチは通常状態では、接点が開いているので接続端子間は導通しません。ボタンを押している間は、可動接点と固定接点が接触し、接続端子間は導通します。

また、ボタンを押すと接点が開き、手を放すと接点が閉じるスイッチを“b接点方式の押しボタンスイッチ”といいます（図$A-2$）。この方式のスイッチは通常状態では、接点が閉じており接続端子間は導通します。ボタンを押している間は、可動接点と固定接点が離れ、接続端子間は導通しません。

この他に、押しボタンスイッチには、ボタンを押すと内部に設けた機械的なロック機構により動作状態が保持され、引き戻すことでロックが解除されるスイッチ動作（プッシュプル動作）のタイプと、ボタンを押すと、内部に設けた機械的なロック機構により動作状態が保持され、ひねりによりロックが解除されるスイッチ動作（プッシュロック・ターンリセット動作）のタイプがあります。

写真A－2　自動復帰形押しボタンスイッチの例

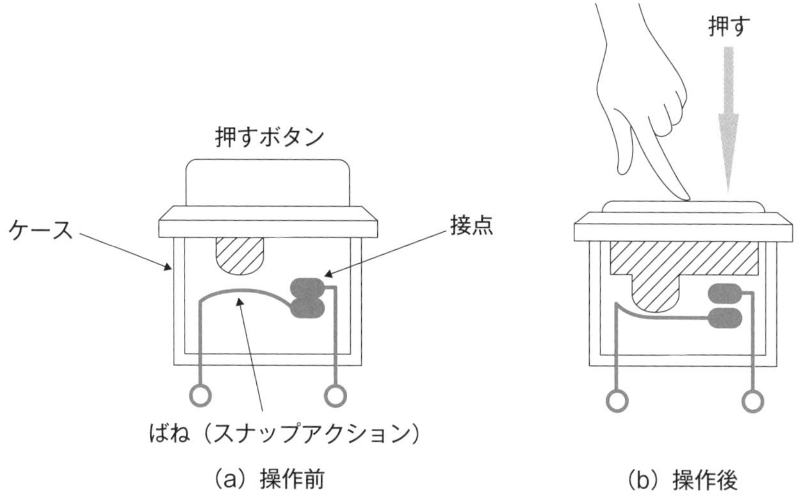

図A－2　押しボタンスイッチ（*b* 接点）の操作イメージ

A－3　パイロットランプ

パイロットランプ（*pilot lamp*、写真 *A*－3）とは、電気回路に電圧が印加されたかを確認する表示ランプで、スイッチの連用枠※注に取り付けて使用します。表示灯とも呼ばれています。パイロットランプの点灯方式は、スイッチの状態にかかわらずランプが点灯したままとする“常時点灯”、対象器具の点灯に合わせる“同時点灯”、対象器具の点灯時に消灯する“異時点灯”の3方式に分類されます。

また、スイッチにパイロットランプが内蔵された製品が開発されており、使用に応じて、個別にパイロットランプを設ける必要がなくなります。

パイロットランプの点灯方式は、*LED* や白熱球を使用したトランス式（*AC*100/110、200/220*V*）とダイレクト式（*AC*/*DC*6、12、18、24*V* など）があり、それぞれシンプルな外観で構成されています（図 *A*－3）。トランス式は、入力電圧100*VAC* をトランスによって *AC* 電圧を降圧（変圧）し、所定の *DC* 電圧を得るようにします。ダイレクト式は、*DC*24*V* 電源などで直接 *LED* 式の照光ランプを点灯します。ランプ形状は丸突形や角形突形に対応したパネルカット寸法の多くのバリエーションがあります。

※注：コンセントやタンブラスイッチ、パイロットランプなどの器具を必要に応じて自由に取り付けられる枠を連用取付枠または埋込取付枠と呼んでいる。

写真A－3　パイロットランプの例（ダイレクト式 *AC/DC*24*V*）

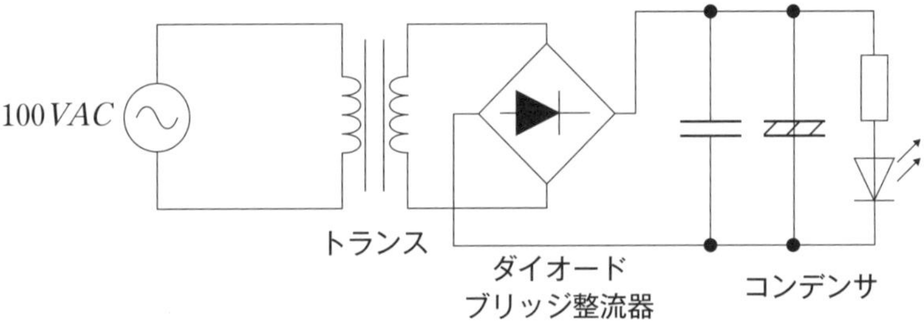

(a) トランス式

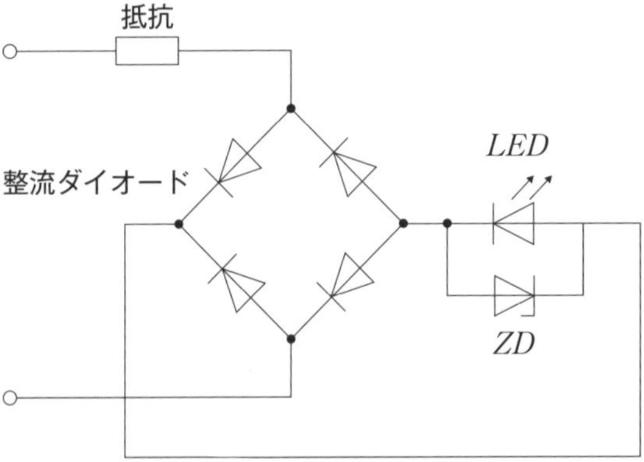

(b) ダイレクト式

図A－3　パイロットランプの点灯方式

付録B　パワー・トランジスタとフォトカプラを組み合わせた直流無接点スイッチ

電子機器の回路保護を目的としたサーキットプロテクタや一般家庭や工場の配電盤に設置された配線用遮断器は、バイメタルや電磁コイルを使用した有接点型の回路遮断器です。これらは定格電流を超えた過大電流が持続的に回路に流れると回路を遮断する仕組みになっています。通常は、過大電流が大きいほど遮断時間が早くなります。また、モータやランプ負荷を起動させるときに瞬時に発生する過大電流（起動電流）には誤動作しないようにメカ機構に工夫が施されています。

無接点型のスイッチは、スイッチ機構にメカ動作による接点を用いるのではなく、半導体であるトランジスタで回路を*ON*/*OFF*します。無接点スイッチの回路設計と実験例を説明します。

B－1　パワー・ダーリントン・トランジスタの基本構成と基本実験

基本実験に使用するパワー・ダーリントン・トランジスタ2*SD*1415*A*（写真*B*－1）の基本構成を図*B*－1に示します。トランジスタ*Tr*1と*Tr*2がダーリントン接続されているのでこのように呼称されています。特徴は、電流増幅率が高いことがあげられます。実験に使用する2*SD*1415*A*は、直流電流増幅率がh_{FE}＝2000（最小）です。通常のトランジスタに比較すると2桁も大きい電流増幅率をもちます。これにより少ないベース電流（I_B）で大きなコレクタ電流（I_C）を制御することができます。

写真B－1　パワー・ダーリントン・トランジスタ2*SD*1415*A* 外観

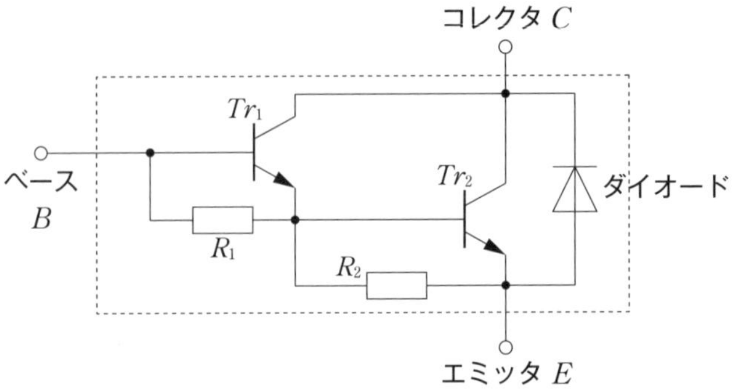

図B－1 パワー・ダーリントン・トランジスタ2SD1415Aの基本構成

2SD1415Aを使用したトランジスタ基本特性について実験例を説明します。

トランジスタは放熱フィンに1体取り付けます（写真B－2）。実験回路を図B－2に示します。トランジスタのベース回路には、可変型直流電源、抵抗（10kΩ）、整流ダイオード（1S2076A、60V－150mA）を接続し、トランジスタに注入するベース電流（I_B＝0.3mA最大）を可変します。トランジスタのコレクタ側には、直流電源（DC5V）と電子負荷装置を接続し、コレクタ電流（I_C）は電子負荷で最大1Aを流すように調整します。また、このとき、遮断回路設計で必要となる整流ダイオード1S2076Aのアノード―カソード間電圧V_{AK}とトランジスタのベース―エミッタ間電圧V_{BE}を測定します。

測定結果を表B－1に示します。h_{FE}は$\frac{I_C}{I_B}$から求めた直流電流増幅率です。データシートの増幅率h_{FE}＝2000を超えた値が得られます。また、表B－1から得られるトランジスタのI_B－I_C特性、I_B－V_{BE}特性、整流ダイオードのI_B－V_{AK}特性をそれぞれ図B－3、図B－4、図B－5に示します。図B－3からベース電流がI_B＝0.2mAぐらいからコレクタ電流I_Cが流れ始めます。図B－4からトランジスタのベース―エミッタ間電圧の飽和値はほぼV_{BE}＝1.3Vが得られます。また、図B－5から整流ダイオードのアノード―カソード間電圧はI_B＝0.3mA最大で、V_{AK}＝0.54Vであることがわかります。このV_{BE}とV_{AK}の値は、フォトカプラを使用したベース電流遮断回路を検討する際に必要となります。

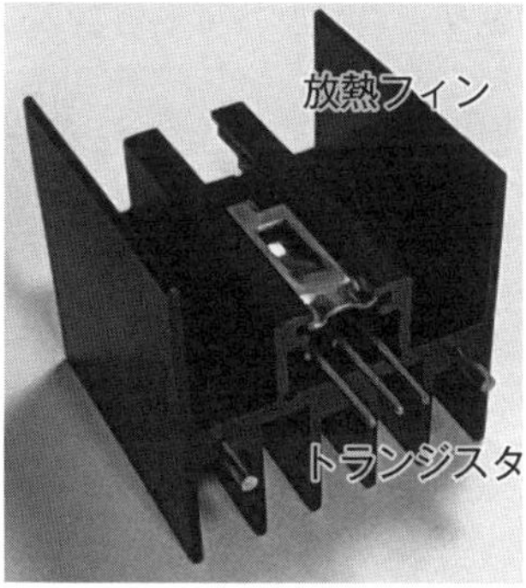

写真B－2　トランジスタを放熱フィンに取り付ける

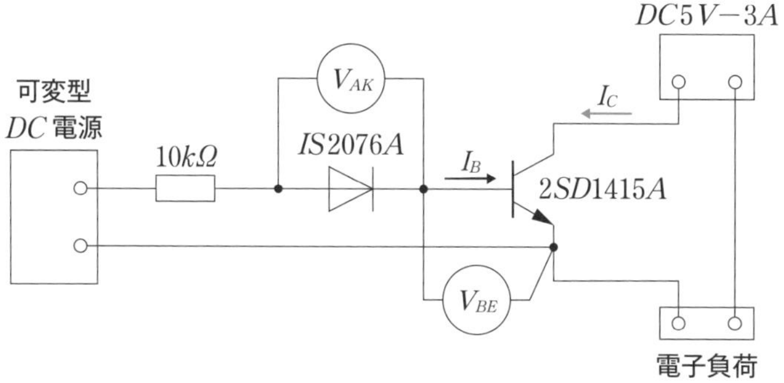

図B－2　パワー・ダーリントン・トランジスタの基本実験回路

表B－1 パワー・ダーリントン・トランジスタの基本特性※注

I_B [mA]	V_{AK} [V]	V_{BE} [V]	I_C [A]	h_{FE}
0.05	0.454	0.261	0	0
0.10	0.486	0.528	0	0
0.15	0.505	0.814	0	0
0.20	0.519	1.231	0.01	50
0.22	0.523	1.274	0.25	1136
0.24	0.528	1.266	0.55	2292
0.25	0.529	1.288	0.60	2400
0.26	0.531	1.298	1.0	3846
0.28	0.535	1.308	1.0	3571
0.30	0.538	1.330	1.0	3333

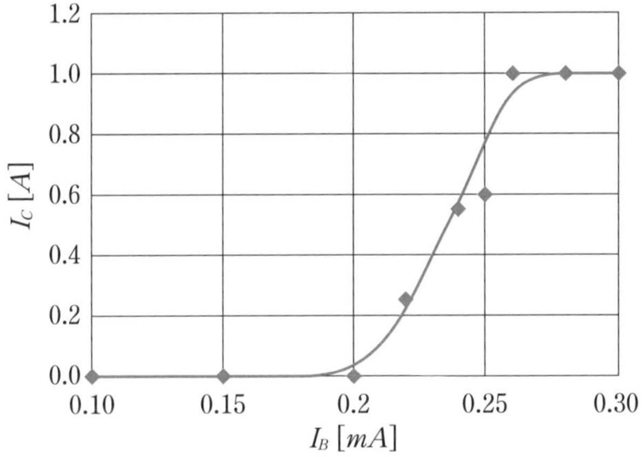

図B－3 2SD1415A の I_B－I_C 特性

※注：整流ダイオード1S2076Aのアノード―カソード間電圧 V_{AK} を含む。

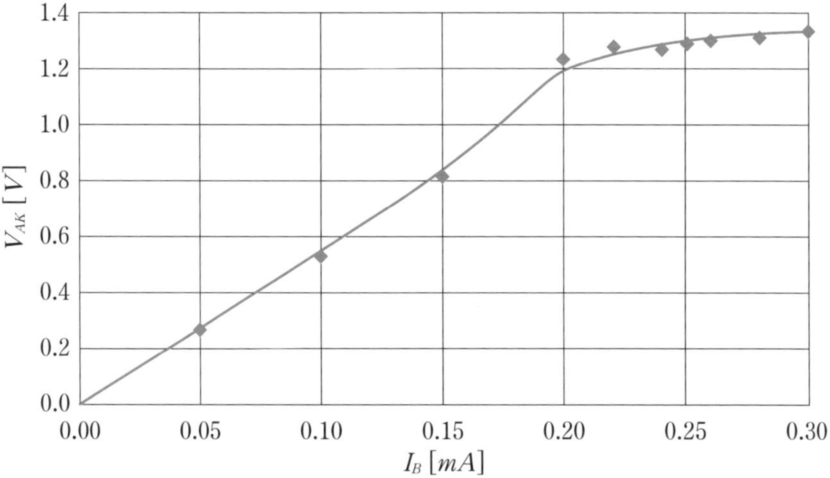

図B－4　2*SD*1415*A* の I_B－V_{BE} 特性

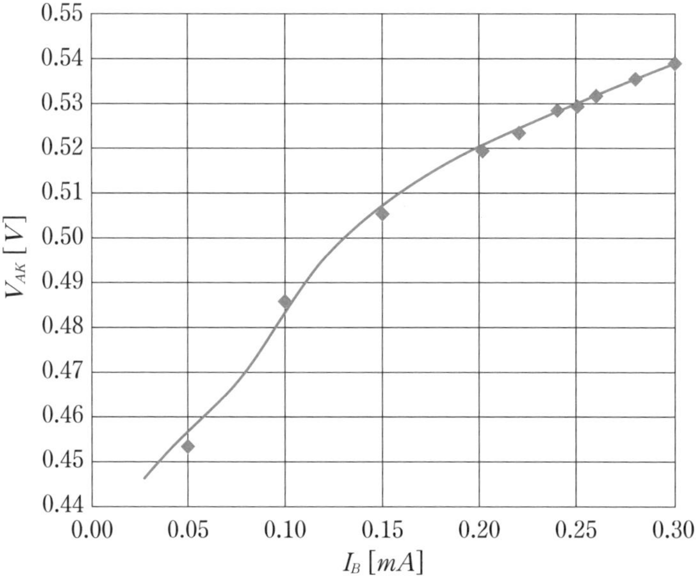

図B－5　整流ダイオード1*S*2076*A* の I_B－V_{AK} 特性

B－2 フォトカプラの基本構成と基本実験

フォトカプラとは、発光素子（赤外*LED*）と受光素子（フォトトランジシタ）を対抗させ、光によって入出力信号が得られるようにカプリングさせた素子です。基本構成を図*B*－6に示します。フォトカプラの最大の特徴は入力端子と出力端子が完全に絶縁されていることです。入出力間は光のみで結合されているので、入力信号にノイズが入ってきても出力側には伝播されません。このためフォトカプラは耐ノイズ性に優れています。

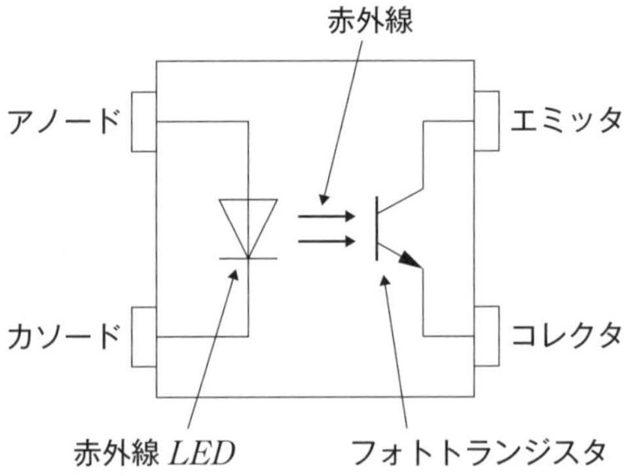

図B－6 フォトカプラの基本構成

次に、*TLP*521－1（東芝製、1回路、4ピン（写真*B*－3））を使用したフォトカプラの基本特性の実験例について説明します。

実験回路を図*B*－7に示します。フォトカプラの入力側である赤外*LED*に入力電流（直流順電流）I_Rを$50mA$（最大定格$70mA$）まで流します。そのときの出力側フォトトランジスタのコレクタ―エミッタ間電圧V_{CE}と出力側回路のコレクタ電流I_Cを測定します。測定結果を表*B*－2に、得られた特性を図*B*－8、図*B*－9に示します。

図*B*－8から赤外*LED*の入力電流I_Rが大きくなれば、フォトトランジスタのコレクタ―エミッタ間電圧V_{CE}が小さくなっていきます。$I_R > 30mA$では、$V_{CE} < 2V$になります。

また、図*B*－9から入力電流I_Rが大きくなれば、コレクタ電流I_Cも大きくなり、次第に飽和してきます。

写真B－3　フォトカプラ *TLP*521-1

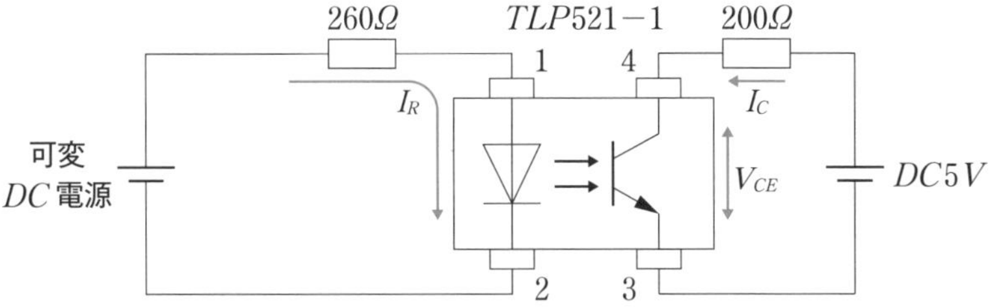

図B－7　フォトカプラの基本実験回路

表B－2　フォトカプラの基本特性

I_R [mA]	V_{CE} [V]	I_C [mA]
3	5.57	2.0
5	4.14	8.7
10	2.67	15.7
15	2.36	17.2
20	2.17	18.2
25	2.03	18.9
30	1.91	19.5
35	1.80	20.0
40	1.71	20.5
45	1.63	20.8
50	1.56	21.2

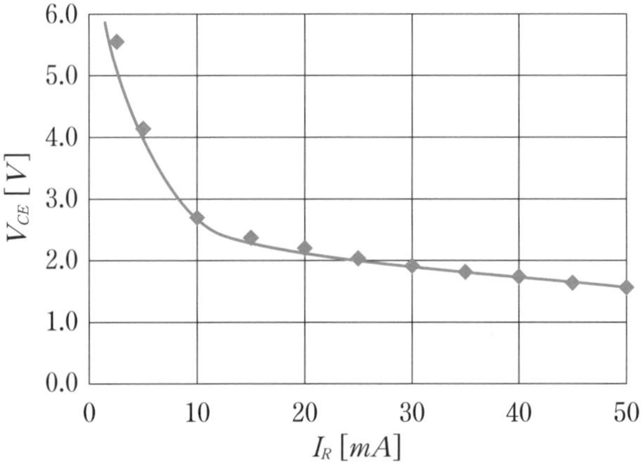

図B－8　フォトカプラの直流順電流 I_R とコレクターエミッタ間電圧 V_{CE} の関係

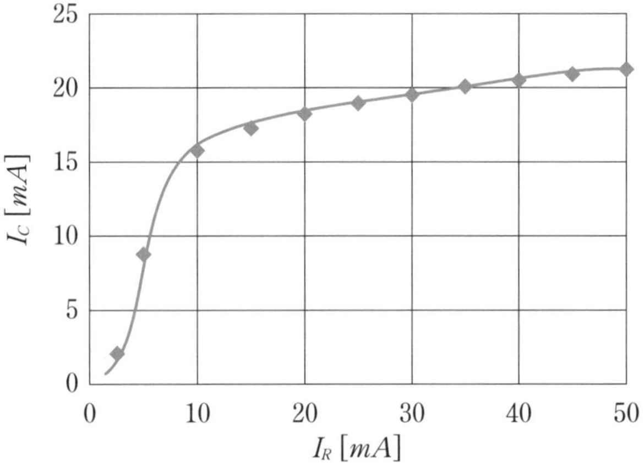

図B－9　フォトカプラの直流順電流 I_R とコレクタ電流 I_C の関係

B－3　パワー・ダーリントン・トランジスタとフォトカプラを組み合わせた無接点スイッチ

主回路素子としてパワー・ダーリントン・トランジスタ2*SD*1415*A* を使用した無接点スイッチの *ON*/*OFF* 実験をします。上記で説明した、パワー・ダーリントン・トランジスタ2*SD*1415*A* とフォトカプラ *TLP*521－1を組み合わせた無接点スイッチを回路構成します（図B―10）。ブレッドボード上で組み立てた無接点スイッチを写真B―4に示します。

トランジスタ2SD1415Aのベース回路を短絡するように、TLP521―1の出力側であるフォトトランジスタのコレクタとエミッタをベース回路に接続します。

フォトカプラの入力回路のスイッチSをONにしたとき、赤外LEDに40mAの入力電流が流れるように調整します。このときフォトトランジスタのコレクタ―エミッタ間電圧V_{CE}は、表B―2より1.71Vになります。

一方、トランジスタ2SD1415Aのベース回路には0.3mAのベース電流が流れるように調整します。トランジスタのコレクタ側には負荷電流として飽和値に近い1.0Aが流れます。このとき、トラジスタのベース―エミッタ間電圧V_{BE}は1.33Vです。

また、このとき整流ダイオード1S2076Aのアノード―カソード間電圧V_{AK}は約0.54Vです。これらの値は表B―1から参照できます。

スイッチSをONにすると、フォトトランジスタのコレクタ―エミッタ間電圧V_{CE}（1.71V）は、トランジスタ2SD1415Aのコレクタ―エミッタ間電圧V_{CE}（1.33V）と整流ダイオード1S2076Aのアノード―カソード間電圧V_{AK}（0.54V）を加えた電圧1.33V+0.54V=1.87Vより小さくなるので、DC電源からトランジスタ2SD1415Aに供給されたベース電流はフォトカプラのフォトトランジスタにバイパスして流れ込み、トランジスタ2SD1415Aのベース電流は遮断されます。

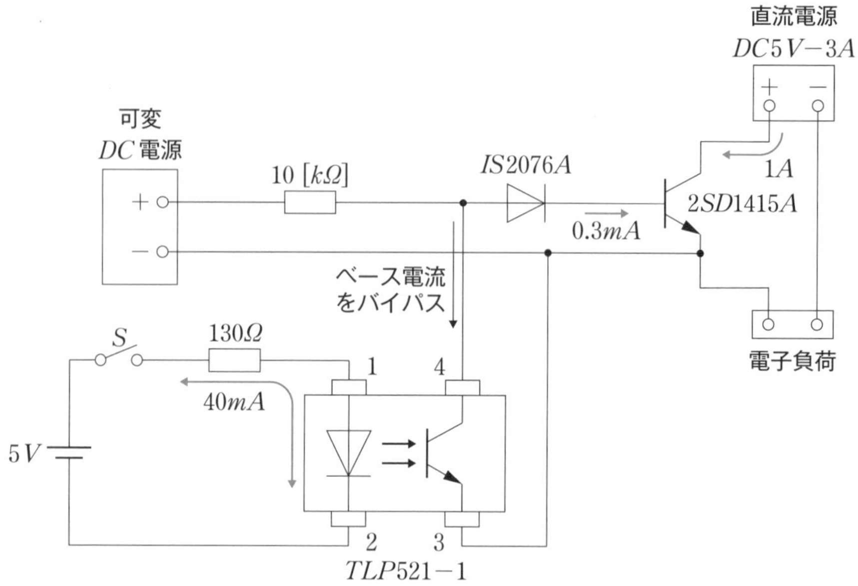

図B−10　トランジスタとフォトカプラを組み合わせた無接点スイッチ回路

写真B−4　ブレードボードで組み立てた無接点スイッチ

これにより、電子負荷に接続された主回路素子であるトランジスタ2SD1415Aは遮断状態を持続し、負荷への電流供給を遮断します。スイッチSをOFFにすれば、フォトトランジスタはOFFになるので、ベース電流は再びトランジスタ

$2SD1415A$ に流れ込み、ON 状態に復帰します。

実際に、スイッチ S を ON/OFF して遮断動作を確認することができました。

付録C　デジタル・マルチ・サーキットプロテクタ

デジタル・マルチ・サーキットプロテクタとは、オムロン社製の多機能型直流回路保護装置（形 *S8M*、*https://www.fa.omron.co.jp/products/family/*1768/）のことです。

通常、サーキットプロテクタといえば、電子回路保護を目的とした回路遮断器を意味します※注1。デジタル・マルチ・サーキットプロテクタは、遮断電流値や警報値をデジタルで設定できる新しいコンセプトの回路保護装置といえます。入力電圧表示、出力電流表示、積算稼動時間表示などのデジタル表示機能、異常電圧遮断、異常電流遮断などの遮断機能、過電圧および不足電圧警報、過電流警報、積算稼動時間警報などの警報機能を備えた無接点リレー型の半導体直流保護装置です（以下、サーキットプロテクタ）。

サーキットプロテクタを使用した簡単な実験例について説明します。

C－1　サーキットプロテクタの基本仕様と測定回路

サーキットプロテクタの全体構成を写真 *C*－1に、基本仕様を表 *C*－1に、全体の回路構成を図 *C*－1に示します。主回路部に *P* チャネル型のパワー *MOSFET*※注2を使用しています。また、プロテクタの動作確認のための測定回路を図 *C*－2に示します。電源入力端子に直流電源（*DC*20*V*－3*A*（*MAX*））を接続し、負荷側の分岐出力端子の１回路分に電子負荷を接続します。また、警報端子 *ALM* には *DC*12*V* 直流電源と電磁リレー（*DC*12*V*）を直列接続します。*ALM* 端子はオープンコレクタ出力（*DC*30*V*（*MAX*）、50*mA*（*MAX*））なのでサーキットプロテクタが正常に動作しているときは、電磁リレー（*a* 接点）は常に *ON* になります。このとき *LED* は *b* 接点を介して接続されているので消灯します。サーキットプロテクタが過電圧や過電流による警報動作の設定値を超えると、電磁リレーは *OFF* になり *LED* は点灯します。このように *LED* と電磁リレーを組み合わせた警報回路を構成します。

※注１：サーキットプロテクタについては、『例題で学ぶはじめての電気機器』（臼田昭司 著／技術評論社）の p. 383を参照。

※注２：Pチャネルの MOS 型 FET については、『例題で学ぶはじめての電気機器』（臼田昭司 著／技術評論社）の p. 85～87を参照。

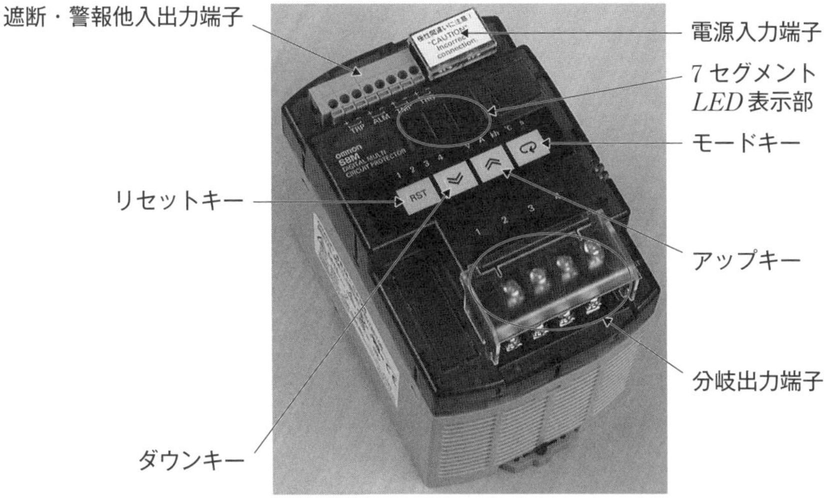

写真C－1　デジタル・マルチ・サーキットプロテクタ（形 *S8M*－*CP*04）

表C－1　デジタル・マルチ・サーキットプロテクタ（形 S8M-CP04）の基本仕様

分岐回路数			4
入出力特性	定格入力電圧		DC24V（DC19.2～26.4V）
	許容入力電流		17.0A 以下
	最大連続遮断出力電流		4.0A
	内部電圧降下		DC0.5V 以下（4.0A 時）
	出力漏れ電流		10mA 以下
	消費電力	4分岐出力 通常動作時	10W 以下（4.0A 時）
		4分岐出力 遮断動作時	3W 以下
各種機能	遮断機能	異常電圧遮断	28.8V 固定, 異常遮断出力
		異常電流遮断	設定範囲：20.0～28.84.0A（0.1A 単位）， 異常遮断出力
		異常遮断出力	オープンコレクタ出力 (DC30Vmax,50mAmax)
	警報機能	過電圧警報	設定範囲：20.0～28.8V（0.1V 単位）， 警報出力
		不足電圧警報	設定範囲：18.0～26.4V（0.1V 単位）， 警報出力
		過電流警報	設定範囲：0.5～4.0A（0.1A 単位）， 警報出力
		積算稼働時間 警報	設定範囲：0.0～99.9kh（0.1kh 単位）， 警報出力
		警報出力	オープンコレクタ出力 (DC30Vmax,50mAmax)
	温度機能	温度	設定範囲：25～80℃, 温度出力
		温度出力	オープンコレクタ出力 (DC30Vmax,50mAmax)
	表示機能	入力電圧表示	表示範囲：17.0～20.0V, 2%rdg±1ディジット以下
		出力電流表示	分岐出力表示範囲：0.0～4.0A ピーク電流表示範囲：0.0～10.0A トータル電流表示範囲：0.0～40.0A 表示精度：5%FS (4A)±1ディジット以下
		精算稼働時間	表示範囲：0.0～99.9kh, 2%rdg±1ディジット以下
		温度表示	表示範囲：－10～＋100℃, 2℃±1ディジット以下
その他	使用周囲温度		ディレーティング曲線参照
	保存温度		－25～＋65℃
	耐電圧		AC10kV 1min（充電部と非充電部間） AC500V 1min（入力信号部と出力信号部間）
	絶縁抵抗		100MΩ
	質量		400g 以下

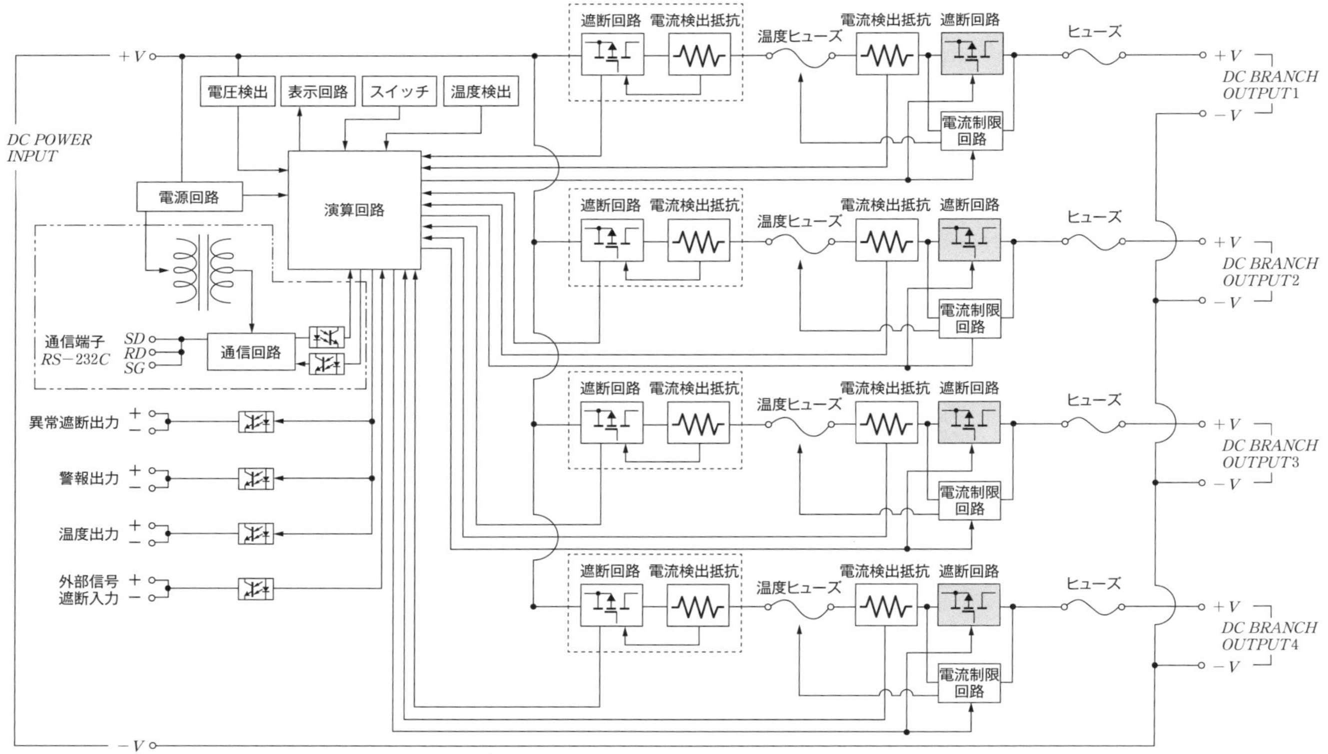

図C−1 サーキットプロテクタの回路構成

C－2　異常電流遮断と過電流警報の測定

異常電流遮断と過電流警報の動作実験をします。測定回路は図 *C*－2を使用します。それぞれの設定値を決めます。実際の測定方法は、電子負荷に流れ込む電流値を可変しながら、電流遮断したときの電流値と過電流警報用の *LED* が点灯したときの電流値を測定します。

測定結果を表 *C*－2に示します。実測で得られた異常遮断出力と警報出力の動作電流は、設定値とほぼ同じ値が得られます。

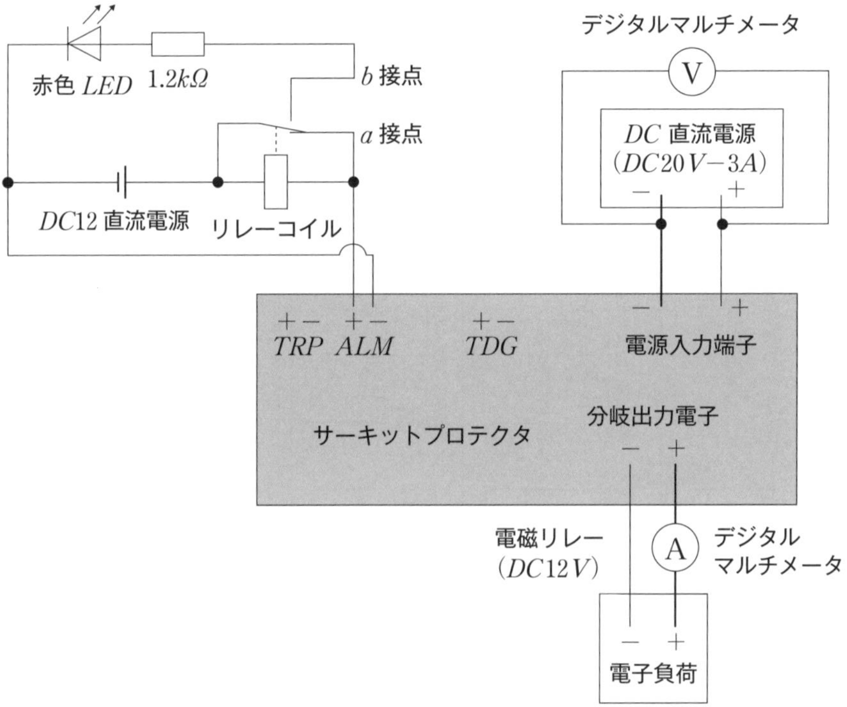

図C－2　サーキットプロテクタの測定回路

表C－2　サーキットプロテクタの遮断機能と警報機能の実験結果

設定値 (A)		実測値 (A)	
異常遮断出力	警報出力	異常遮断出力	警報出力
1	0.7	1	0.72
2	1.7	1.99	1.71
2.5	2.2	2.49	2.21

C－3　時延特性の測定

サーキットプロテクタの遮断電流と遮断時間の関係について測定します。この電流と時間の関係はサーキットプロクタまたは配線用遮断器では時延特性[※注1]といいます。遮断時間の測定は、デジタルオシロスコープを負荷側に接続し、遮断時の出力電圧の変化を波形観測して測定します。

測定回路を図*C*－3に示します。電子負荷に流れ込む電流を可変し、サーキットプロテクタが異常電流の設定値で遮断したときの負荷側（出力端子）の電圧波形を観測します。測定した電圧の波形例を図*C*－4に示します。電圧波形の変化（*DC*20*V*－>0*V*）から遮断時間を読み取ります。

このようにして測定した遮断電流と遮断時間の関係を表*C*－3、図*C*－5に示します。測定結果から、異常電流が大きいほど、プロテクタはより短い時間で電流遮断しているといえます。この特性を反限時特性[※注2]といいます。

遮断時間が数100μsと短いのは、回路遮断素子に半導体無接点素子（パワー*MOSFET*）を使用しているためです。

※注1：時延特性については、『例題で学ぶはじめての電気機器』（臼田昭司 著／技術評論社）の p.377～378を参照。

※注2：反限時特性については、『例題で学ぶはじめての電気機器』（臼田昭司 著／技術評論社）の p.377～378を参照。

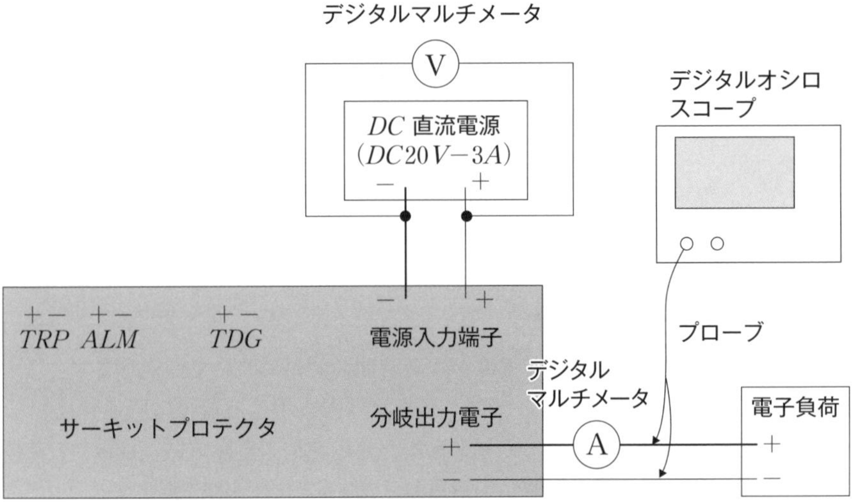

図C−3 サーキットプロテクタの遮断時間測定回路

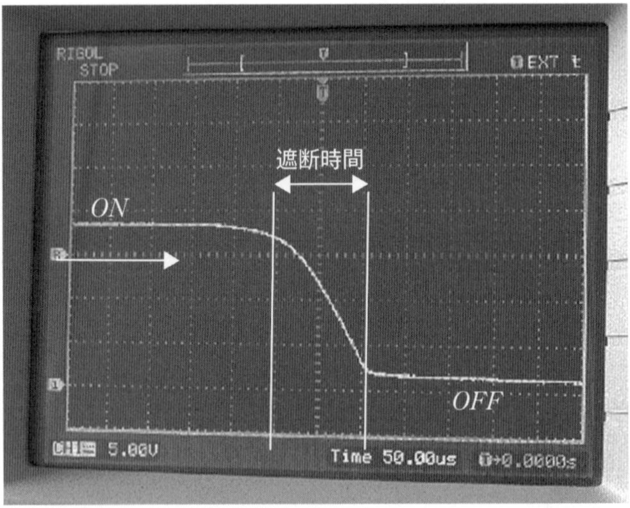

図C−4 サーキットプロテクタ負荷側の電圧波形

表C－3　遮断電流と遮断時間の測定

遮断電流（A）	遮断時間（μs）
2.5	150
2.3	160
2	170
1.8	175
1.5	180
1.3	190
1	230
0.8	240
0.5	250

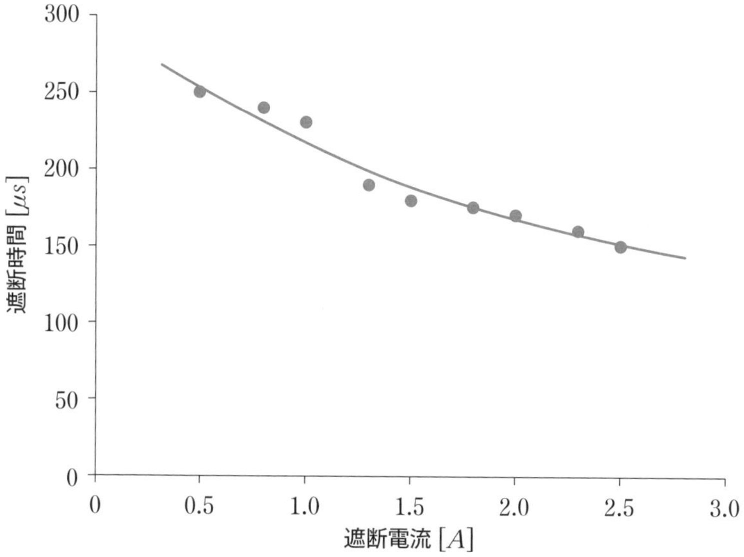

図C－5　サーキットプロテクタの遮断電流と遮断時間の関係

付録D　LEDレベル表示センサ回路

機械装置や機械系システムにはバッテリを必要とするものが多くあります。バッテリの端子電圧は、バッテリの充電状態や放電状態、バッテリが置かれた環境や使用状態によって異なります。充放電中のバッテリの端子電圧を知ることは、バッテリを正常に使用するためには必要不可欠です。充放電時のバッテリ電圧を常時モニタすることによって過充電や過放電を事前にチェックし、稼働中のバッテリの使用状態を把握することができます。

バッテリの端子電圧をレベル表示する *LED* レベル表示センサ回路を設計し、ブレッドボード上で組み立て、動作確認します。

D−1　LEDレベル表示センサ回路の回路構成と設計

測定対象となるバッテリは、一般によく使われている12*V*バッテリとします。バッテリ端子電圧を4個の *LED* でレベル表示する *LED* レベル表示センサ回路の回路構成を図 *D*−1に、構成部品を表 *D*−1に示します。回路全体は、定電圧電源部、電圧比較部、*LED* 表示部から構成されています。

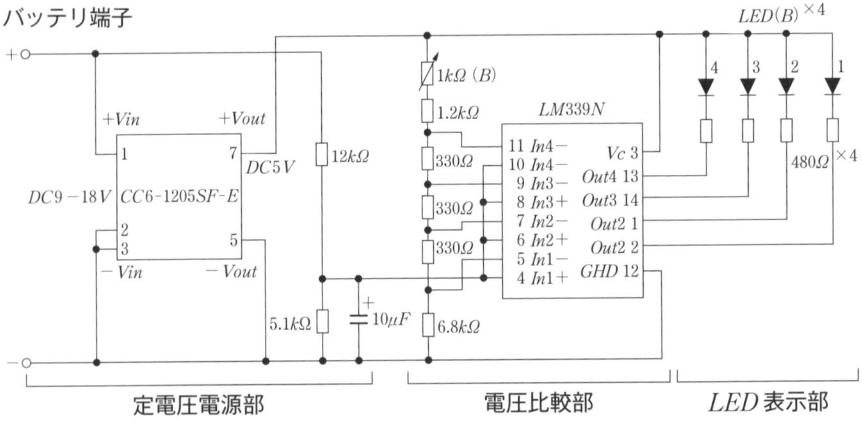

図D−1　*LED* レベル表示センサ回路の回路構成

表D－1 LEDレベル表示回路の構成部品

品名	メーカ	個数	型式、仕様	備考
DC−DC コンバータ	TDK	1	CC6−1205SF−E	入力：9V−18V、出力：5V± 3％、1.2A
コンパレータ IC	STM	1	LM339	クワッド型、DIP14パッケージ
抵抗	Panasonic	1	12kΩ（1/2W）	金属皮膜抵抗、５％
		1	5.1kΩ（1/2W）	
		1	12kΩ（1/4W）	
		1	1.2kΩ（1/4W）	
		3	330Ω（1/4W）	
		1	6.8kΩ（1/4W）	
		4	480Ω（1/4W）	
可変抵抗	TOCOS	1	RV24YN20S	B102（B型1kΩ）
LED	共立電子	4	LP−50HSB3（5Φ青色）	V_F＝3.2V（I_F＝20mA）、7000mcd
電解コンデンサ	ニチコン	1	10μF（25V）	−

定電圧電源部は、電圧比較部で使用する電圧コンパレータIC用の電源供給とLED表示部のLED点灯電源として使用します。定電圧電源部にはDC−DCコンバータを使用しています。バッテリ電圧は充放電により大きく変化するので、DC−DCコンバータを使用することにより、入力電圧がDC9V〜18Vの変化範囲に対して、出力電圧は常にDC5Vの一定電圧を供給することができます。これにより定電圧電源部は、12Vバッテリの放電に対してはDC9Vまでの電圧低下を、充電に対してはDC18Vまでの電圧上昇をカバーすることができます。

電圧比較部は、汎用のクワッド型の電圧コンパレータICを使用します（図D−２、図D−３）。ICパッケージの中に４個のコンパレータが組み込まれています。ICのピン番号５、７、９、11は基準電圧を設定します。基準電圧を４段階で設定します。ピン番号４、６、８、10は比較する対象の電圧を入力します。

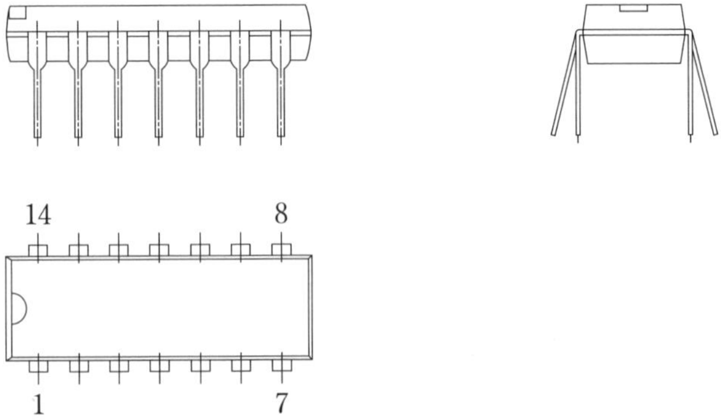

図D－2 クワッド型電圧コンパレータ*IC*（*DIP*14ピン仕様）の概観

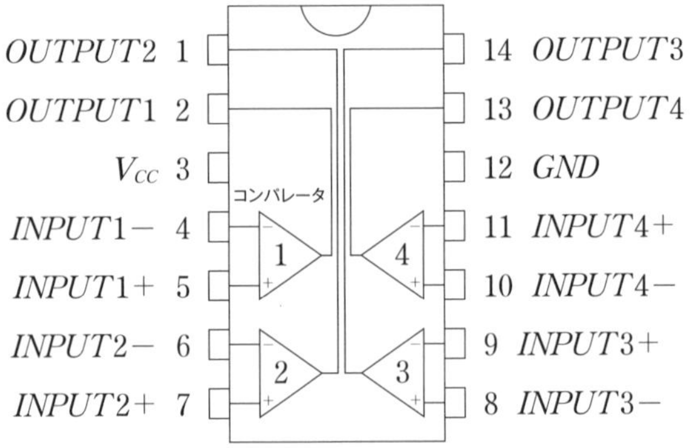

図D－3 クワッド型電圧コンパレータ*IC*のピン配置と内部構成

基準電圧は以下のように計算して設定します。

図*D*－4に示すように、可変抵抗と固定抵抗を直列接続します（合成抵抗値：$1k\Omega\ (B)+1.2k+330k\Omega\times 3+6.8k\Omega=10k\Omega$）。接続点*A*、*B*、*C*、*D*から4段階の基準電圧V_A、V_B、V_C、V_Dを設定します。具体的には次のように基準値を設定します。定電圧電源部の*DC*－*DC*コンバータの出力電圧5*V*を抵抗分圧します。

$$V_A=\frac{6.8k\Omega}{10k\Omega}\times 5V=3.4V$$

$$V_B=\frac{6.8k\Omega+330\Omega}{10k\Omega}\times 5V=3.565V$$

$$V_C = \frac{6.8k\Omega + 330\Omega \times 2}{10k\Omega} \times 5V = 3.730V$$

$$V_D = \frac{6.8k\Omega + 330\Omega \times 3}{10k\Omega} \times 5V = 3.895V$$

各基準電圧 V_A、V_B、V_C、V_D をコンパレータ *IC* の5ピン、7ピン、9ピン、11ピンの順に加えておきます。この設定電圧とバッテリの端子電圧を比較します。可変抵抗（1$k\Omega$）は基準電圧の微調整用に使用します。可変抵抗は、抵抗変化特性が *B* 型（直線性）のものを使用します。

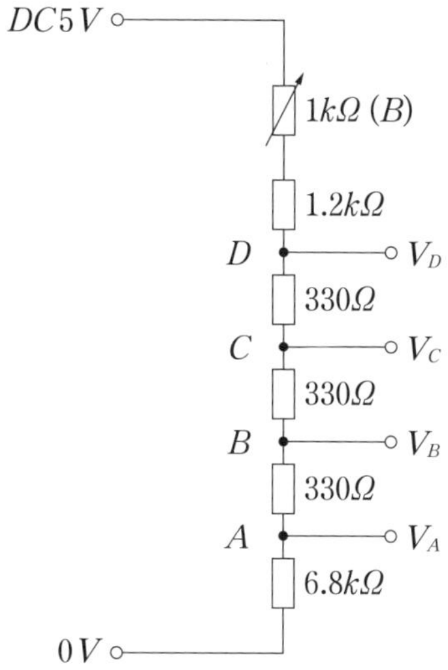

図D－4　基準電圧の設定

次に、対象のバッテリの端子電圧のコンパレータ *IC* への取り込み方法について説明します。バッテリの端子電圧を抵抗分圧で取り出します（図 *D*－5）。バッテリの端子電圧を12$k\Omega$と5.1$k\Omega$の抵抗で分圧します。バッテリの端子電圧 $V_{Battery}$ が11.5V～13.2Vの範囲で変化したとすると、抵抗分圧回路の出力電圧 V_P は次のように得ることができます。

$V_{Battery} = 11.5V$ のとき、$V_P = \dfrac{5.1k\Omega}{12k\Omega + 5.1k\Omega} \times 11.5V = 3.430V$

$V_{Battery} = 12.0V$ のとき、$V_P = \dfrac{5.1k\Omega}{12k\Omega + 5.1k\Omega} \times 12.0V = 3.579V$

$$V_{Battery}=12.6V のとき、V_P=\frac{5.1k\Omega}{12k\Omega+5.1k\Omega}\times 12.6V=3.757V$$

$$V_{Battery}=13.2V のとき、V_P=\frac{5.1k\Omega}{12k\Omega+5.1k\Omega}\times 13.2V=3.937V$$

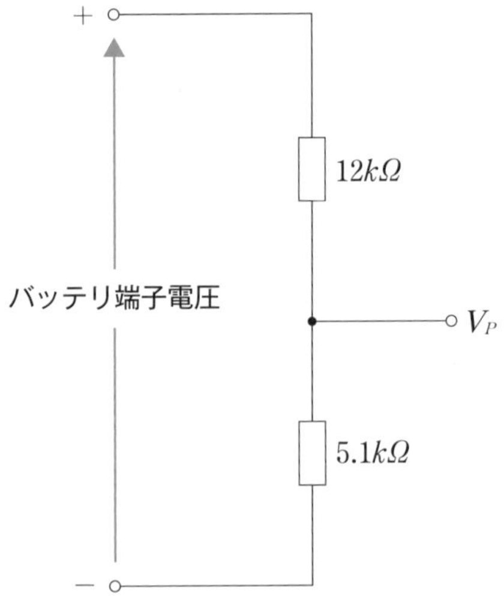

図D－5 バッテリ端子電圧の抵抗分圧回路

出力電圧 V_P と各基準電圧 V_A、V_B、V_C、V_D を比較します。

$V_{Battery}=11.5V$ ときは、$V_P=3.430V>V_A=3.4V$ となってコンパレータ1の *OUTPUT*1が *LowLevel*（"*L*" レベル）になり、*LED* 表示部の *LED*1が点灯します。

$V_{Battery}=12.0V$ ときは、$V_P=3.579V>V_B=3.565V$ となってコンパレータ2の *OUTPUT*2が *LowLevel*（"*L*" レベル）になり、*LED* 表示部の *LED*1、*LED*2が点灯します。

$V_{Battery}=12.6V$ ときは、$V_P=3.757V>V_C=3.630V$ となってコンパレータ3の *OUTPUT*3が *LowLevel*（"*L*" レベル）になり、*LED* 表示部の *LED*1、*LED*2、*LED*3が点灯します。

$V_{Battery}=13.2V$ ときは、$V_P=3.937V>V_D=3.895V$ となってコンパレータ4の *OUTPUT*4が *LowLevel*（"*L*" レベル）になり、*LED* 表示部の *LED*1、*LED*2、*LED*3、*LED*4が点灯します。

このようにして、バッテリの端子電圧が上昇していくに従って、4個の *LED* が順次点灯していきます。逆に、バッテリの端子電圧が低下していけば、*LED*

は順次消灯していきます。

D－2　LEDレベル表示センサ回路の製作と動作確認

図D－1の回路構成に従って、ブレッドボード上に配線します。動作確認では、バッテリの代わりに直流電源を使用します。直流電源の電圧を可変して4個のLEDの点灯を確認します。ブレッドボード上に配線したLEDレベル表示センサ回路を写真D－1に示します。基準電圧微調整用の可変抵抗を、200Ω、400Ω、600Ω、800Ω、1kΩ、に調整して4個のLEDが点灯するときの電圧値を測定します。測定結果を図D－6に示します。可変抵抗で抵抗値を変えることにより4個のLEDが点灯開始する電圧値が変化します。このように4個のLEDが点灯開始するタイミングは、基準電圧微調整用の可変抵抗器を変えることによって変化します。

直流電源の電圧を上昇していく場合と下降していく場合のLEDの点灯開始電圧はわずかな差異があります。直流電圧を可変してLEDが点灯開始する電圧値を測定している様子を写真D－2に示します。

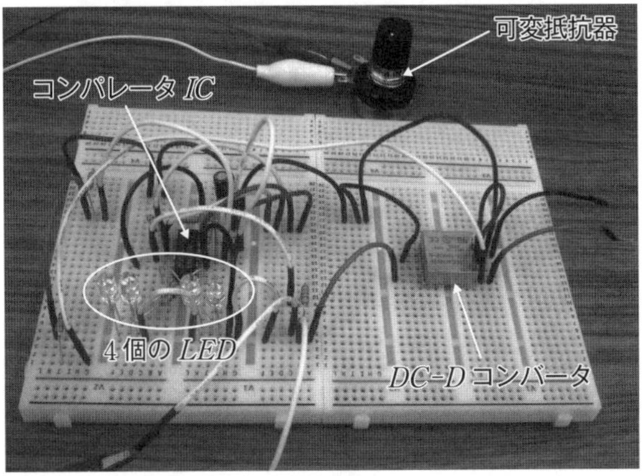

写真D－1　ブレッドボードに配線したLEDレベル表示回路

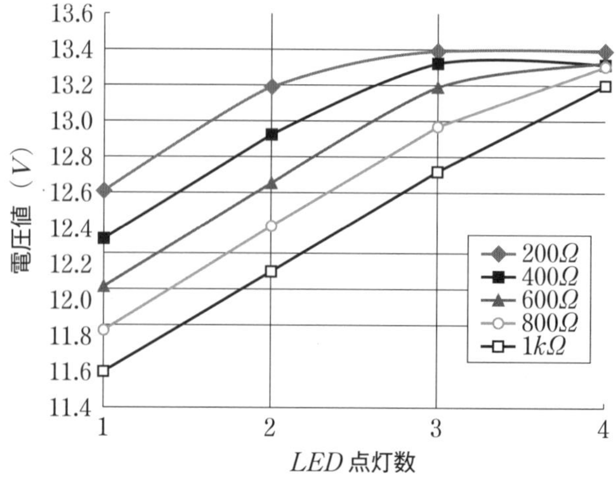

図D－6 可変抵抗値と *LED* 点灯数の関係

(a) 12.33 V で LED2 個点灯

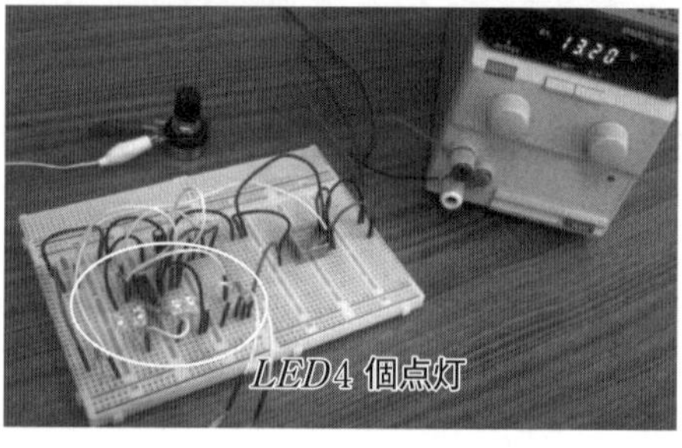

(b) 12.20 V で LED4 個点灯

写真D－2 直流電源の電圧と *LED* 点灯動作実験

D－3　リチウムイオン電池を使用した動作実験

製作した *LED* レベル表示回路をリチウムイオン電池に接続し、リチウムイオン電池を充電したときに4個の *LED* が順次点灯していくときの充電電圧を測定をします。

リチウムイオン電池は機械システムや電源装置に多く組み込まれています。

使用するリチウムイオン電池は、筆者の研究室で製作したもので、円筒型リチウムイオン電池（12.8*V*、2200*mAh*）を4個直列接続したものを専用のホルダー紙で巻いて一体化したホルダー型リチウムイオン電池（12.8*V*、2200*mAh*）を使用します（写真 *D*－3）。測定回路を図 *D*－7に示します。直流電源はリチウムイオン電池の充電用に使用し、充電回路に接続したダイオードと抵抗（0.1*Ω*、10*W*）は逆流防止と充電電流制限用のためです。充電中のリチウムイオン電池の端子電圧はテスタでモニタし、*LED* レベル表示回路の4個の *LED* が点灯開始するときの端子電圧を測定します。測定時の様子を写真 *D*－4に示します。

LED レベル表示センサ回路の可変抵抗値を800*Ω* に設定した場合の測定結果を表 *D*－2に示します。図 *D*－6の測定結果をほぼ追従した結果が得られています。充電開始時のリチウムイオン電池の端子電圧は10.19*V*なので、この場合は、*LED* は1個も点灯しません。

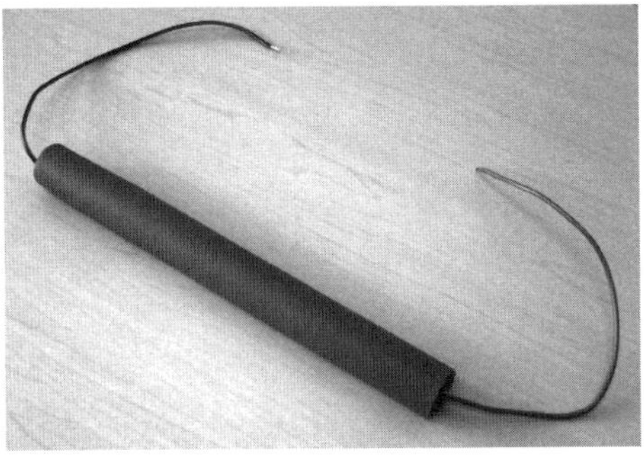

写真D－3　ホルダー型リチウムイオン電池

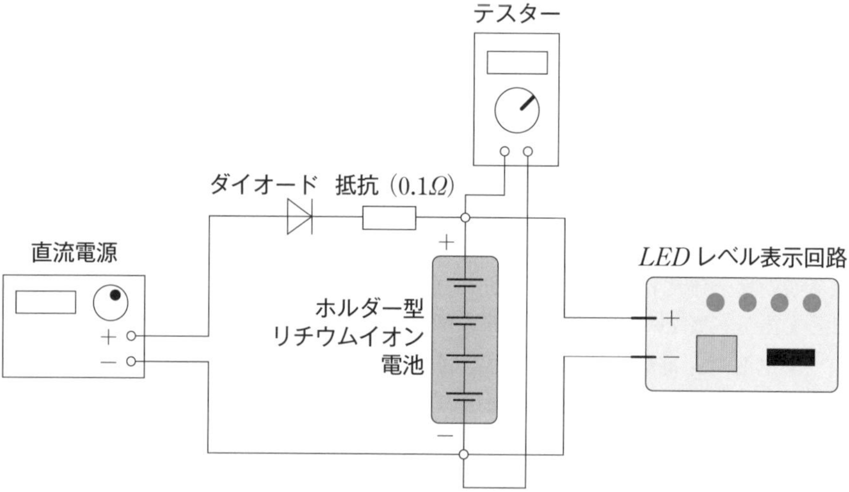

図D－7　*LED* レベル表示回路の動作回路

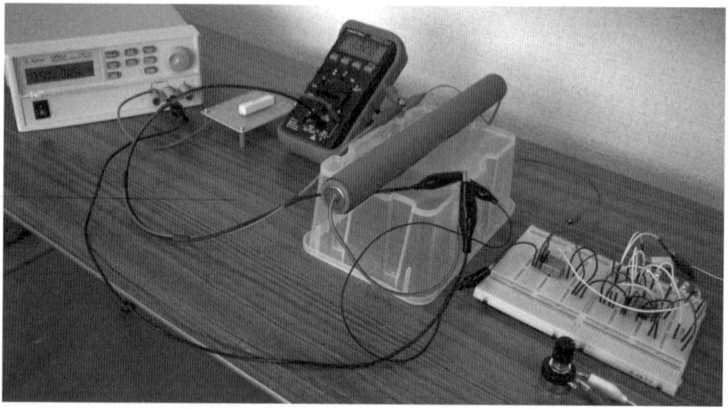

写真D－4　*LED* レベル表示回路の動作実験

表D－2 ホルダー型リチウムイオン電池の端子電圧と *LED* 点灯数の関係

端子電圧（*V*）	*LED* 点灯数
10.19	0
11.78	1
12.47	2
12.85	3
13.18	4

（可変抵抗値：800*Ω* の場合）

D－4　LED レベル表示センサ回路基板の設計と製作

ブレッドボードで配線した *LED* レベル表示センサ回路を専用のプリント基板に実装して *LED* レベル表示回路基板として製作します。設計したプリント基板のパターン図を図 *D*－8 に示します。基板左側のパターン図が *LED* レベル表示回路です。基板右側は、充電の際に使用する整流ダイオードと電流制限抵抗の直列回路部です（必要に応じて使用する）。同じ基板上に 2 回路を構成します。

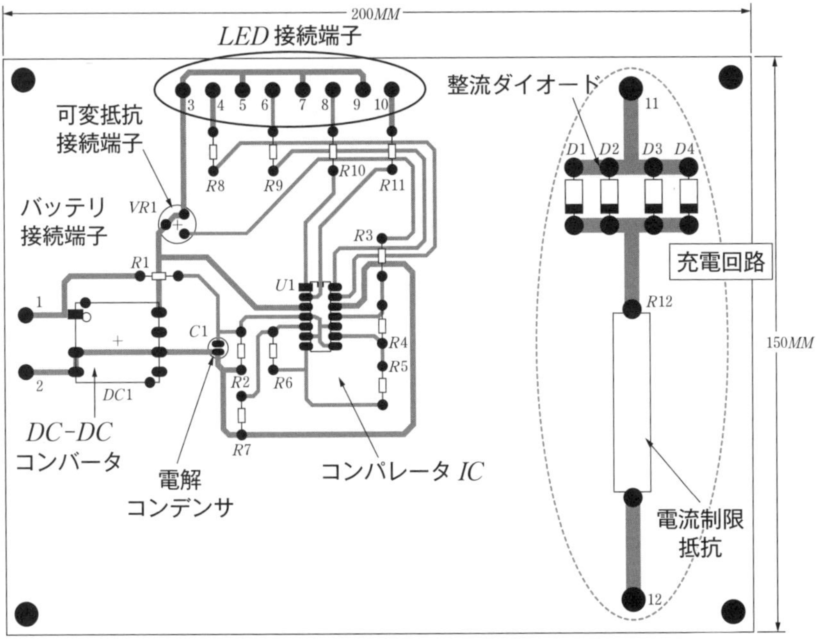

図D－8 *LED* レベル表示回路基板のパターン図

製作したプリント基板と*LED*レベル表示センサ回路の構成部品（表*D*－1参照）を写真*D*－5、写真*D*－6に示します。実際に、プリント基板に構成部品を実装した例を写真*D*－7に示します。4個の*LED*は別に用意したブレッットボード上に配置し（機器の前面パネルなどに取り付けることができる）、プリント基板からリード線を使用して*LED*表示部と接続します。

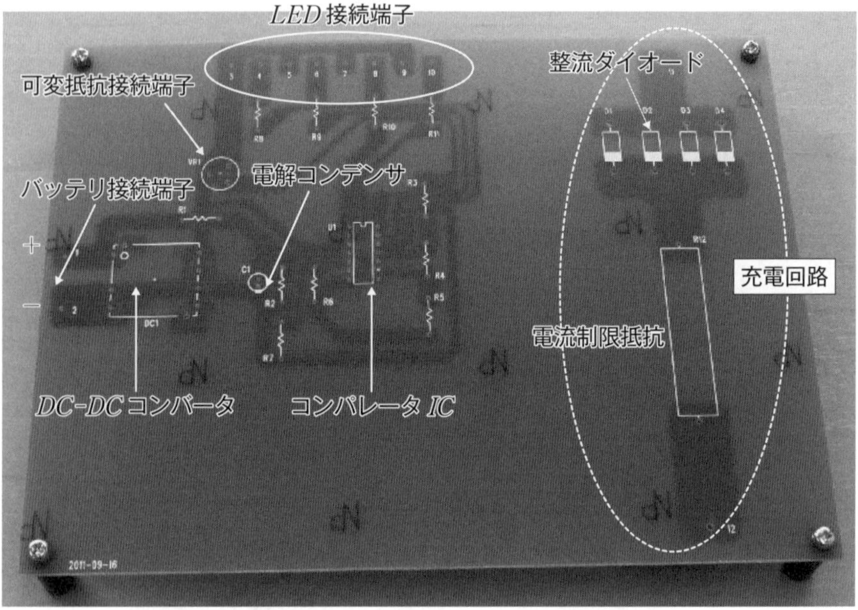

写真D－5　製作したプリント基板

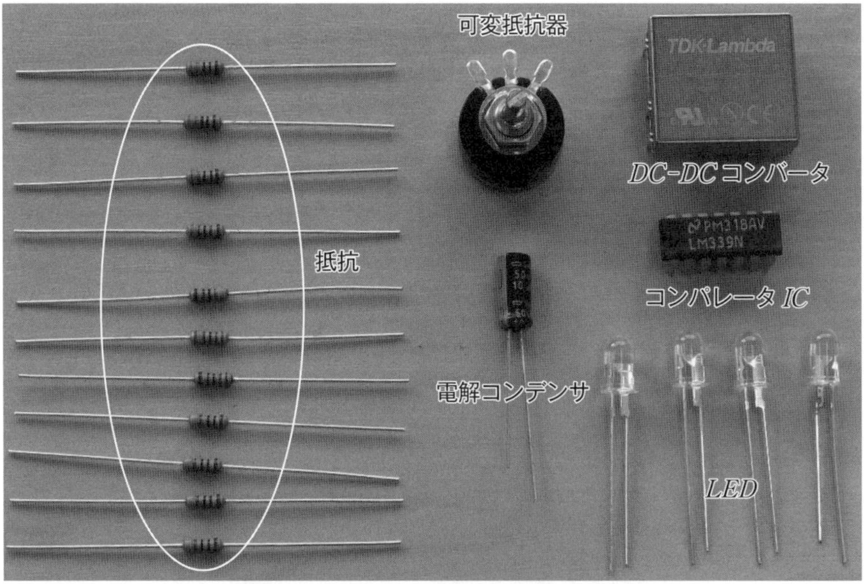

写真D－6　*LED* レベル表示回路の構成部品

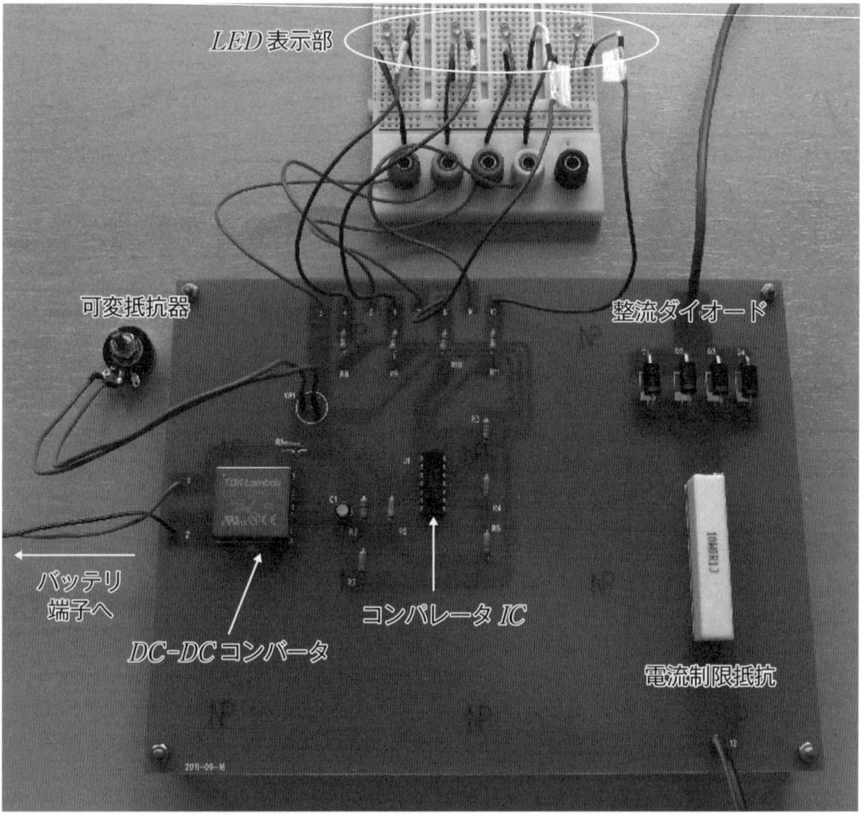

写真D－7 構成部品を実装したLEDレベル表示回路基板

実装したLEDレベル表示センサ回路基板の動作確認をします。バッテリの代わりに直流電源を使用し、可変抵抗を可変し、同様の動作確認をします（写真D－8）。図D－7とほぼ同じようなLED点灯数の動作を確認することができます。

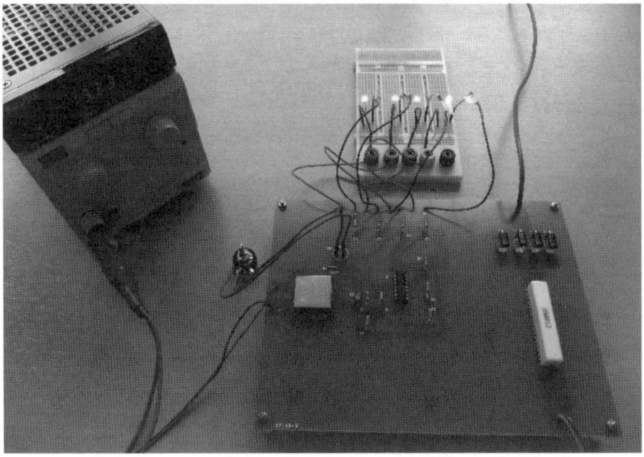

写真D－8　*LED* レベル表示回路基板の動作確認

索 引

こ

さ

し

す

せ

そ

た

ち

つ

て

と

に

ね

の

は

ひ

む

め

も

ゆ

よ

ら

り

れ

ろ

■著者略歴

臼田 昭司（うすだ しょうじ）

1975年　北海道大学大学院工学研究科修了
1975年　工学博士
1975年　東京芝浦電気（株）（現・東芝）などで研究開発に従事
1994年　大阪府立工業高等専門学校総合工学システム学科・専攻科　教授
2008年　大阪府立工業高等専門学校地域連携テクノセンター・産学交流室長
　　　　華東理工大学（上海）客員教授　山東大学（中国山東省）客員教授
　　　　ベトナム・ホーチミン工科大学名誉教授
2013年　大阪電気通信大学客員教授
　　　　立命館大学理工学部兼任講師
2020年　ミヤンマー・マンダレー工科大学 客員教授
　　　　法政大学大学院 気候変動・エネルギー政策研究所　特任研究員
　　　　現在にいたる

専門：電気・電子工学、計測工学、実験・教育教材の開発と活用法

研究：リチウムイオン電池と蓄電システムの研究開発、リチウムイオンキャパシタの応用研究、企業との奨励研究や共同開発の推進など
平成25年度「電気科学技術奨励賞」（リチウムイオン電池の製作研究に関する研究指導）受賞

主な著書：

・「リチウムイオン電池回路設計入門」日刊工業新聞社、2012年
・「はじめての電気工学」森北出版社、2014年
・「例題で学ぶはじめての電気回路」2016年、「例題で学ぶはじめての電磁気」2017年、「例題で学ぶはじめての半導体」2017年、「例題で学ぶはじめての自動制御」2018年、「例題で学ぶはじめての電気電子工学」2019年、「例題で学ぶはじめての電気機器」2019年（以上全て技術評論社）　他数

●装丁　　　　　　　辻聡
●組版＆トレース　　株式会社キャップス
●編集　　　　　　　谷戸伸好

例題《れいだい》で学《まな》ぶ
はじめてのメカトロ制御《せいぎょ》

2021年５月28日　初版　第１刷発行

著　者　　臼田昭司
発行者　　片岡　巌
発行所　　株式会社 技術評論社
　　　　　東京都新宿区市谷左内町21-13
　　　　　電話　03-3513-6150　販売促進部
　　　　　　　　03-3267-2270　書籍編集部
印刷／製本　日経印刷株式会社

定価はカバーに表示してあります。

ISBN978-4-297-12009-2 C3054
Printed in Japan

■お願い

本書に関するご質問については、本書に記載されている内容に関するもののみとさせていただきます。本書の内容と関係のないご質問につきましては、一切お答えできませんので、あらかじめご了承ください。また、電話でのご質問は受け付けておりませんので、FAXか書面にて下記までお送りください。

なお、ご質問の際には、書名と該当ページ、返信先を明記してくださいますよう、お願いいたします。

宛先：〒162-0846
　　　東京都新宿区市谷左内町21-13
　　　株式会社技術評論社　書籍編集部
　　　「はじめてのメカトロ制御」質問係
　　　FAX：03-3267-2271

ご質問の際に記載いただいた個人情報は質問の返答以外の目的には使用いたしません。また、質問の返答後は速やかに削除させていただきます。